数控机床现代加工工艺

陈吉红　胡　涛
李　民　王　军

华中科技大学出版社
中国·武汉

图书在版编目(CIP)数据

数控机床现代加工工艺/陈吉红　胡　涛　李　民　王　军.—武汉：华中科技大学出版社,2009年2月(2024.7重印)
　ISBN 978-7-5609-5011-2

Ⅰ.数…　Ⅱ.①陈…　②胡…　③李…　④王…　Ⅲ.数控机床-加工
Ⅳ.TG659

中国版本图书馆CIP数据核字(2008)第187102号

数控机床现代加工工艺　　　　　陈吉红　胡　涛　李　民　王　军

责任编辑：姚　幸　　　　　　　　　　　　　　　　　封面设计：刘　卉
责任校对：朱　霞　　　　　　　　　　　　　　　　　责任监印：周治超

出版发行：华中科技大学出版社(中国·武汉)　　电话：(027)81321913
　　　　　武汉市东湖新技术开发区华工科技园　　邮编：430223

印　　刷：广东虎彩云印刷有限公司

开　本：710mm×1000mm　1/16　　印张：20　　　　　　　字数：365 000
版　次：2009年2月第1版　　　　　印次：2024年7月第8次印刷　　定价：58.00元
ISBN 978-7-5609-5011-2/TG·95

(本书若有印装质量问题，请向出版社发行部调换)

内 容 提 要

在数控机床加工过程中,在加工工艺上寻找实现低成本、高质量、高产出、缩短非工作时间及加快投资回报的解决方案,都将转化为更低的单件成本、更高的投资回报率及更好的收益率。

根据数控机床切削加工的特点,本书以制造流程为核心,以刀具、刀具运用、刀具路径处理为主线,着重介绍数控机床切削加工的工艺技术,并介绍相关的金属切削原理、工件材料、刀具材料、热处理、基本加工工艺原则等基本工艺知识,力图确定出一个内容不空泛的体系和相对实用的通则,同时补充一些实用的工艺经验、相关知识和高速切削方面的内容,并配有案例分析。本书力求将专业知识与专业技能相结合,进一步扩充该书的知识面,希望能够体现具体性、实用性、先进性、广泛性的特点,能够找出适合专业生产的最佳方法及需要予以改进的具体环节。

为了使读者更好地理解书中讲述的内容,本书在重点部分还配有视频(可向华中数控股份有限公司胡涛和华中科技大学出版社姚幸免费索取,约１Ｇ),可在计算机上播放。

本书可作为普通高等学校工科类机械制造专业、高职高专机械制造专业及数控专业学生的教材,也可作为从事数控机床应用相关人员的参考用书。

前　言

　　制造业已成为我国工业的支柱产业,机械制造加工业则为制造业中的重中之重,而数控机床以其高速度、高精度、高自动化程度的特点,在机械制造加工中得到广泛应用。

　　数控机床的应用除需掌握机械制造、电工电子、计算机、自动控制、数控编程、CAD/CAM 等方面的知识外,熟练掌握数控机床的加工工艺知识是非常关键的。数控机床加工工艺是一门实用技术,经验性很强,没有统一的标准,在教学中一直是个薄弱环节。在现行的教学体系中,内容往往分散在机械制造基础、金工实习等课程当中,尚不能系统阐述这方面的知识,而数控机床又有自己的特点,这导致学生难以系统掌握数控机床加工工艺方面的知识。2008 年天津数控大赛就暴露了参赛选手这方面的不足。有鉴于此,非常有必要在教学中强化这方面的知识,提高学生的就业能力;若能把相关的内容与知识整合为一门课程则更好。也正是基于这一考虑,我们组织华中数控股份有限公司编写了本书。

　　根据数控机床切削加工的特点,本书以制造流程为核心,以刀具、刀具运用、刀具路径处理为主线,着重介绍数控机床切削加工的工艺技术,并介绍相关的金属切削原理、工件材料、刀具材料、热处理、基本加工工艺原则等基本工艺知识,力图确定出一个内容不空泛的体系和相对实用的通则;同时补充一些实用的工艺经验、相关知识和高速切削方面的内容,力求将专业知识与专业技能相结合,进一步扩充该书的知识面,希望能够体现具体性、实用性、先进性、广泛性的特点,能够找出适合专业生产的最佳方法及需要予以改进的具体环节。

　　第 1 章金属切削加工基本知识,介绍了金属切削原理、金属材料的使用性能及分类、金属热处理和金属切削刀具及刀具选择;第 2 章数控加工工艺基础,介绍了工艺过程及组成、生产类型及其工艺特点、工件的安装及定位基准的选择、常见定位方式及定位元件、夹具概述及典型机床夹具、机械加工质量等内容;第 3 章数控车削加工工艺,介绍了车削类型与刀具选择、典型零件的走刀路径及刀片形状的选择、螺纹加工等内容,并配有 4 个案例分析;第 4 章数控铣削(加工中心)、钻削加工工艺,介绍了常见铣削加工分类和铣削的基本定义、型腔的加工、CAM 使用技巧、钻削工艺等内容;第 5 章金属切削加工实用工艺知识,介绍了选择切削参数实用技巧、刀具振动及消振、模具加工工艺、切削液等内容;第 6 章高速切削加工常识及其在模具加工中的应用,介绍了高速切削加工常识、高速切削的应用、数据传输和刀具平衡等内容。在附录中,还介绍了切削加工中的毛刺及处理、模具制造领域的 25 个常见问题及解答。

为了使读者更好地理解书中讲述的内容,本书在重点部分还配有视频(可向华中数控股份有限公司胡涛和华中科技大学出版社姚幸免费索取,约 1 G),可在计算机上播放。

本书由陈吉红主编并统稿。第 1、5 章及附录 A、附录 C 由胡涛编写,第 2 章由王军编写,第 3、4 章及附录 B 由李民编写,第 6 章及附录 D 由陈吉红编写。

限于作者水平和时间仓促,书中难免有错误和不妥之处,敬请读者朋友指正。

作者

2008 年 12 月

目 录

第1章 金属切削加工基本知识 (1)
1.1 金属切削原理 (1)
1.1.1 零件表面的形成及切削运动 (1)
1.1.2 切削要素 (2)
1.1.3 切削力 (3)
1.1.4 切削热和切削温度 (4)
1.1.5 切削参数选择 (7)
1.1.6 切屑与断屑 (10)
1.1.7 车削加工中相关计算公式 (13)
1.2 金属材料的使用性能及分类 (14)
1.2.1 金属材料及其使用性能 (14)
1.2.2 金属材料的切削加工性能 (15)
1.2.3 金属材料的分类 (17)
1.3 金属热处理 (25)
1.3.1 金属热处理工艺 (25)
1.3.2 表面热处理 (27)
1.4 金属切削刀具及刀具选择 (28)
1.4.1 刀具的主要几何参数及其作用 (28)
1.4.2 常用刀具材料及性能 (31)
1.4.3 数控车削刀具的种类及特点 (38)
1.4.4 数控铣刀的种类及特点 (42)
1.4.5 机夹不重磨刀具几何尺寸选择次序 (47)
1.4.6 可转位车刀刀片型号编制规则及说明 (47)
1.4.7 数控机夹可转位车、铣刀片的选择 (49)
1.4.8 刀具寿命与磨损 (51)
1.4.9 刀具安装中的注意事项 (56)
1.4.10 加工中心(铣床)用刀柄 (57)

第2章 数控加工工艺基础 (66)
2.1 基本概念 (66)

2.1.1　工艺过程及组成 …………………………………… (66)
　　2.1.2　生产类型及其工艺特点 …………………………… (69)
　　2.1.3　机械加工工艺规程 ………………………………… (70)
　　2.1.4　常用工艺文件 ……………………………………… (72)
2.2　工件的安装及定位基准的选择 …………………………… (76)
　　2.2.1　工件的装夹方式 …………………………………… (76)
　　2.2.2　工件的定位原理 …………………………………… (78)
　　2.2.3　定位基准的选择 …………………………………… (81)
2.3　常见定位方式及定位元件 ………………………………… (86)
　　2.3.1　工件以平面定位 …………………………………… (86)
　　2.3.2　工件以内孔定位 …………………………………… (89)
　　2.3.3　工件以外圆柱面定位 ……………………………… (92)
　　2.3.4　工件以一面两孔定位 ……………………………… (95)
　　2.3.5　定位误差的分析与计算 …………………………… (95)
2.4　夹紧装置 …………………………………………………… (99)
　　2.4.1　夹紧装置的组成和基本要求 ……………………… (99)
　　2.4.2　夹紧力方向和作用点的选择 ……………………… (100)
　　2.4.3　典型夹紧机构 ……………………………………… (103)
　　2.4.4　气液夹紧装置 ……………………………………… (112)
2.5　夹具概述及典型机床夹具 ………………………………… (118)
　　2.5.1　机床夹具概述 ……………………………………… (118)
　　2.5.2　车床夹具及装夹 …………………………………… (120)
　　2.5.3　铣床夹具 …………………………………………… (124)
2.6　制订机械加工工艺规程 …………………………………… (127)
　　2.6.1　零件的工艺分析 …………………………………… (127)
　　2.6.2　毛坯的确定 ………………………………………… (132)
　　2.6.3　加工路线的确定 …………………………………… (135)
　　2.6.4　加工余量及工序尺寸的确定 ……………………… (146)
　　2.6.5　制订工艺规程实例 ………………………………… (153)
2.7　机械加工质量 ……………………………………………… (158)
　　2.7.1　机械加工精度 ……………………………………… (158)
　　2.7.2　表面质量 …………………………………………… (163)

第3章　数控车削加工工艺 …………………………………… (166)
3.1　车削类型与刀具选择 ……………………………………… (167)

3.2 单纯外圆车削的走刀路径与刀片形状的选择 ……………………… (168)
3.3 台肩类零件车削的走刀路径与刀片形状的选择 …………………… (170)
3.4 外圆端面车削的走刀路径与刀片形状选择 ………………………… (171)
3.5 仿形车削的走刀路径与刀片形状选择 ……………………………… (172)
3.6 退刀槽或越程槽的车削方法 ………………………………………… (174)
3.7 陶瓷刀片车削的走刀路径安排 ……………………………………… (174)
3.8 现代切槽、切断刀具及其加工 ……………………………………… (175)
3.9 螺纹加工 ……………………………………………………………… (178)
 3.9.1 螺纹进刀方式 ………………………………………………… (179)
 3.9.2 螺纹加工横向进给量的确定 ………………………………… (181)
 3.9.3 螺纹车刀工作后角的确定 …………………………………… (183)
 3.9.4 螺纹车削加工中的问题及处理方法 ………………………… (184)
 3.9.5 常见螺纹种类、用途、牙型 ………………………………… (185)
 3.9.6 螺纹车削加工的注意事项 …………………………………… (188)
 3.9.7 螺纹切削方法——右手、左手螺纹和刀片选择 …………… (188)
3.10 数控车床加工台阶轴不可同时保证各外径尺寸时的处理方法 …… (189)
3.11 案例分析 …………………………………………………………… (190)
 3.11.1 粗车钢质小齿轮 …………………………………………… (190)
 3.11.2 车削及钻削不锈钢法兰 …………………………………… (194)
 3.11.3 轴类工件的成形车削 ……………………………………… (198)
 3.11.4 钢质实心毛坯加工轴套 …………………………………… (201)
 3.11.5 航空发动机涡轮盘面槽与冠齿顶槽的车削工艺安排 …… (204)

第 4 章 数控铣削(加工中心)、钻削加工工艺 ……………………… (206)
4.1 常见铣削加工分类 …………………………………………………… (206)
4.2 铣削的基本定义 ……………………………………………………… (207)
4.3 切削中的有效直径 …………………………………………………… (211)
4.4 铣削刀具的齿距 ……………………………………………………… (212)
4.5 铣削位置和长度 ……………………………………………………… (213)
4.6 面铣刀的直径和位置 ………………………………………………… (213)
4.7 铣削加工的切入和退出 ……………………………………………… (214)
4.8 铣刀的主偏角 ………………………………………………………… (216)
4.9 型腔的加工 …………………………………………………………… (217)
 4.9.1 型腔粗加工 …………………………………………………… (217)
 4.9.2 型腔的半精铣加工 …………………………………………… (221)

4.10 整体硬质合金立铣刀的使用方法和编程要点 ……………………… (224)
4.11 CAM 使用技巧 ……………………… (227)
4.12 钻削工艺 ……………………… (227)

第5章 金属切削加工实用工艺知识 ……………………… (232)
5.1 选择切削参数实用技巧 ……………………… (232)
5.2 刀具振动及消振 ……………………… (237)
  5.2.1 刀具振动的原因和消振三原则 ……………………… (237)
  5.2.2 减小切削振动的 12 种方法 ……………………… (240)
  5.2.3 提高刀具系统的静态刚度 ……………………… (244)
  5.2.4 提高刀具的动态刚度——被动阻尼避振刀杆 ……………………… (246)
  5.2.5 机夹刀片钻头的消振 ……………………… (249)
5.3 模具加工工艺 ……………………… (250)
  5.3.1 模具加工工艺规划 ……………………… (250)
  5.3.2 模具加工的工艺措施 ……………………… (251)
  5.3.3 正确选择高生产率的切削刀具 ……………………… (252)
  5.3.4 多功能圆刀片刀具的应用 ……………………… (254)
  5.3.5 模具加工中的应用技术 ……………………… (255)
  5.3.6 加长刀具在型腔粗加工中的应用 ……………………… (257)
  5.3.7 加工问题处理 ……………………… (258)
  5.3.8 圆角和型腔的高效切削 ……………………… (259)
  5.3.9 曲面铣削时的注意事项 ……………………… (261)
5.4 切削液 ……………………… (262)
  5.4.1 切削液的分类 ……………………… (262)
  5.4.2 切削液的作用机理 ……………………… (263)
  5.4.3 切削液使用基础知识 ……………………… (265)
  5.4.4 切削液的日常管理 ……………………… (265)
5.5 卧式加工中心和立式加工中心 ……………………… (266)
5.6 数控机床的润滑及维护保养 ……………………… (267)

第6章 高速切削加工常识及在模具加工中的应用 ……………………… (269)
6.1 高速切削加工常识 ……………………… (269)
6.2 高速切削的应用 ……………………… (274)
6.3 数据传输和刀具平衡 ……………………… (282)
  6.3.1 数据传输对高速切削的影响 ……………………… (282)
  6.3.2 刀具平衡对高速切削的影响 ……………………… (285)

附录 A　常见工件材料单位切削力 K_c 值表 ……………………………（290）
附录 B　山特维克可乐满面铣刀的芯轴接口的产品应用标准 ………（291）
附录 C　切削加工中的毛刺及处理 ……………………………………（293）
附录 D　模具制造领域的 25 个常见问题及解答 ……………………（297）
参考文献 …………………………………………………………………（308）

第1章 金属切削加工基本知识

不论是数控机床还是普通机床在进行金属切削加工时,其切削时的运动、切削工具以及切削加工的机理等都有着共同的现象和规律。只是数控加工工艺中自动控制、多工步合一(复合工步)等特点,其更适合高效率、高精度加工复杂形状的零件和中、小批量的零件。下面简要介绍金属切削加工中的现象、规律及其特点。

1.1 金属切削原理

1.1.1 零件表面的形成及切削运动

由金属切削成工件的形状,分析起来不外乎由下列几种表面组成,即外圆面、内圆面(孔)、平面、成形面。要对这些表面进行加工,刀具与金属之间必须有相对运动,即所谓的切削运动。按其在切削过程中所起的作用,可分为主运动和进给运动两种。

切下切屑所必需的最基本的运动称为主运动,一般主运动是切削运动中速度最高、消耗功率最大的运动,如车削中的工件旋转运动,铣削中的刀具旋转运动。

使新的金属不断投入切削,从而加工出完整表面的运动称为进给运动。一般主运动多为旋转运动,进给运动多为线性运动。

在主运动和进给运动合成的切削运动的作用下,工件表面的金属不断被刀具切下并变为切屑,从而加工出所需的工件新表面。在新表面的形成过程中,工件上有三个依次变化着的表面:待加工表面,加工表面,已加工表面。如图1-1所示。

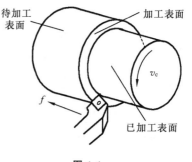

图 1-1

1.1.2 切削要素

在切削过程中,需要针对不同的工件材料、刀具材料和其他技术经济要求来选定适宜的切削速度 v_c、进给量 f,还要选定适宜的切削深度值(吃刀量)a_p。

1. 切削速度 v_c

主运动的线速度即为切削速度,单位为 m/min。大多数的主运动为回转运动,回转体(刀具或工件)上某一点的切削速度为

$$v_c = \frac{\pi d n}{1\,000} \text{ (m/min)}$$

式中:d 为工件或刀具直径(mm);n 为工件或刀具的转速(r/min)。

在转速 n 一定时,切削刃上各点的切削速度是不同的。按照金属切削行业的应用习惯,在计算时,应取最大切削速度。如外圆车削时,按待加工表面上的速度计算;内孔车削时,按已加工表面上的速度计算;钻孔时,按钻头外径处的速度计算。

2. 进给量 f

在主运动的一个循环(或单位时间)内,刀具和工件之间沿进给运动方向相对运动的位移称为进给量。

如在车床切削或铣床切削中,每分钟刀具相对工件的位移即分进给 v_f,其单位为 mm/min。而工件或刀具每转一转刀具相对工件的位移即转进给 f_r 或 f_n,其单位为 mm/r。在铣削加工中,后一个刀齿相对于前一个刀齿的进给量即齿进给 f_z,其单位为 mm/z,即

$$v_f = f_r \cdot n = f_z \cdot z \cdot n$$

通常,切削加工中的主运动只有一个,而进给运动可能是一个或数个。

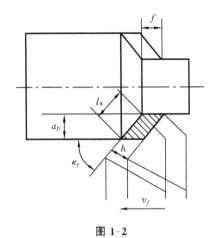

图 1-2

3. 切削深度 a_p

切削深度 a_p 为工件上已加工表面和待加工表面间的垂直距离,单位为 mm。

4. 切削厚度 h

切削厚度 h 为在垂直于切削刃的方向上度量的切削层尺寸。

若车刀主刀刃为直线,且刃倾角 $\lambda_s = 0°$,则 $h = f_r \cdot \sin\kappa_r$($f_r$ 为进给速度,κ_r 为主偏角),它的大小能代表单位长度切削刃上工作负荷的大小。若车刀刃为圆弧或任意曲线,则对应于切削刃上各点的切削厚度是不相等的。

5. 切削长度 l_a

切削长度 l_a 为沿加工表面度量的切削层尺寸。

若车刀主刀刃为直线,且当 $\lambda_s=0°$ 时,$l_a=\dfrac{a_p}{\sin\kappa_r}$;当 $\lambda_s=0°$ 且 $\kappa_r=90°$ 时,$h=f$,$l_a=a_p$。

6. 切削面积 A_c

切削面积 A_c 为切削层在基面 P_r 内的面积,即
$$A_c = h \cdot l_a = f \cdot a_p$$

各参数的含义如图 1-2 所示。

1.1.3 切削力

研究切削力,对进一步弄清切削机理,计算功率消耗,刀具、机床、夹具的设计,制订合理的切削用量,优化刀具几何参数等,都具有非常重要的意义。

当金属切削时,刀具切入工件,使被加工材料发生变形并成为切屑所需的力称为切削力。切削力来源于三个方面:

- 克服被加工材料对弹性变形的抗力;
- 克服被加工材料对塑性变形的抗力;
- 克服切屑对前刀面的摩擦力和刀具后刀面对过渡表面与已加工表面之间的摩擦力。

上述各力的总和形成作用在刀具上的合力 F_r(国标为 F)。为了方便应用,F_r 可分解为相互垂直的 F_x(国标为 F_f)、F_y(国标为 F_p)和 F_z(国标为 F_c)三个分力。

影响切削力的因素有以下三个。

1. 被加工材料对切削力的影响

被加工材料的物理性质、化学成分、热处理状态以及切削前材料的加工状态都对切削力的大小产生影响。

一般情况下,被加工零件的强度愈高,硬度愈大,切削力就愈大。但切削力的大小不单纯受材料原始强度和硬度的影响,它还受到材料的加工强化能力大小的影响。如不锈钢和高温合金等材料,本身强度和硬度都不高,但强化系数大,较小的变形就会引起硬度大大提高,从而使切削力增大。

化学成分也会影响材料的物理性能,从而影响切削力的大小。如碳钢中含碳量的多少,是否含有合金元素等都会影响钢材的强度和硬度,从而影响切削力。

在加工铸铁及其他脆性材料时,切屑层的塑性变形很小,加工硬化小。此外,铸铁等脆性材料切削时形成崩碎切屑,且集中在刀尖,切屑与前刀面的接触面积小,摩擦力也小。因此,加工铸铁的切削力比钢小。

2. 切削用量对切削力的影响

- 切深 a_p 增大,切削面积成正比增大,从而使变形力增大,摩擦力增大,因而切

削力也随之增大,且切削力基本与切深成正比。

◦ 进给量 f 增大,切削面积成正比增大,从而使变形力增大,摩擦力增大,使切削力随之增大。但是进给量 f 增大的同时,切削厚度 $h=f_r \cdot \sin\kappa_r$ 也成正比增大,使得变形系数减小,摩擦力也降低,又会使切削力减小。这正反两方面的结果使得切削力的增加与进给量 f 的增大不成正比。可以得出结论:用大的进给量 f 工作,比用大的切深工作更有利。

◦ 加工铸铁等形成崩碎切屑的材料时,其塑性变形小,切屑对前刀面的摩擦力小,所以切削速度对切削力的影响小。

◦ 加工不锈钢件等产生塑性变形的材料时,由于积屑瘤的产生和消失,使刀具的实际前角增大和减小,导致了切削力随切削速度的降低而增大(积屑瘤产生)。

3. 刀具几何参数对切削力的影响

(1) 刀具前角对切削力的影响

当加工钢件时,切削力随刀具前角的增大而减小,但刀具前角对切削力的影响程度,随切削速度的增大而减小。

当加工脆性材料如铸铁和青铜等时,由于切屑变形和加工硬化很小,所以刀具前角对切削力的影响不显著。

(2) 刀具主偏角对切削力的影响

◦ 当切削面积不变时,刀具主偏角增大,切削厚度也随之增大,切屑变厚,切削层的变形将减小,因而主切削力 F_c 也随主偏角的增大而减小;但当刀具主偏角增加到 $60°\sim70°$ 时,F_c 又逐渐增大。

◦ 背向力 F_p 随刀具主偏角的增大而减小,而进给力 F_f 随刀具主偏角的增大而增大。

1.1.4 切削热和切削温度

1. 切削热的产生和传导

在刀具的作用下,被切削的金属发生弹性和塑性变形而耗功,这是切削热的一个重要来源。此外,切屑与前刀面、工件与后刀面之间的摩擦也要耗功,也产生大量的热量。因此,切削时共有三个发热区域:剪切面,切屑与前刀面接触区,后刀面与过渡表面接触区。所以,切削热的来源就是切屑变形和前、后刀面的摩擦。

2. 切削温度

尽管切削热是切削温度上升的根源,但直接影响切削过程的却是切削温度,切削温度一般指前刀面与切屑接触区域的平均温度。前刀面的平均温度可近似地认为是剪切面的平均温度和前刀面与切屑接触面的摩擦温度之和。

3. 影响切削温度的主要因素

根据理论分析和大量的实验研究得知,切削温度主要受切削用量、刀具几何参数、工件材料、刀具磨损和高压切削液的影响,下面对这几个主要因素加以分析。

(1) 切削用量对切削温度的影响

分析各因素对切削温度的影响,主要应从这些因素在单位时间内产生的热量和传出的热量的影响入手。如果产生的热量大于传出的热量,则这些因素将使切削温度增高;某些因素使传出的热量增大,则这些因素将使切削温度降低。切削速度对切削温度影响最大,随切削速度的提高,切削温度迅速上升;进给量的影响次之;吃刀量 a_p 变化时,散热面积和产生的热量亦作相应变化,故 a_p 对切削温度的影响很小。

(2) 几何参数对切削温度的影响

- 切削温度 θ 随刀具前角 γ_o 的增大而降低。这是因为刀具前角增大时,单位切削力下降,使产生的切削热减少的缘故。但刀具前角大于 $18°\sim20°$ 后,对切削温度的影响减小,这是因为楔角变小而使散热体积减小的缘故。但是刀具前角的增大会降低刀具刃口的强度。

- 当主偏角 κ_r 增大时,切削刃工作长度缩短,刀尖角减小,切削宽度 l_a 减小,切削厚度 h 增大,故切削温度会上升。

- 负倒棱的宽度 $b_{\gamma1}$ 在 $(0\sim2)f$ 范围内变化,刀尖圆弧半径 r_ε 在 $0\sim1.5$ mm 范围内变化,基本上不影响切削温度。因为负倒棱宽度及刀尖圆弧半径的增大,会使塑性变形区的塑性变形增大,这两者都能使刀具的散热条件有所改善,传出的热量也有所增加,两者趋于平衡,所以对切削温度影响很小。

(3) 刀具磨损对切削温度的影响

在刀具后刀面的磨损值达到一定数值后,对切削温度的影响增大。切削速度愈高,影响就愈显著。合金钢的强度大,导热系数小,所以在切削合金钢时,刀具磨损对切削温度的影响,就比切削碳素钢时大。

(4) 工件材料对切削温度的影响

若工件材料的强度和硬度越高,切削时消耗的功率越大,则切削温度越高。反之,若工件材料的热导率大,散热好,则切削温度低。

(5) 切削液的影响

切削液对切削温度的影响,与切削液的导热性能、比热、流量、浇注方式以及本身的温度有很大的关系。从导热性能来看,油类切削液不如乳化液,乳化液不如水基切削液。

4. 切削温度的分布

- 剪切面上各点温度几乎相同。
- 刀具前刀面和后刀面上的最高温度都不在刀刃上,而是在离刀刃有一定距离的地方。

- 在剪切区域中,垂直剪切面方向上的温度梯度很大。
- 在切屑靠近前刀面的一层(简称底层)上的温度梯度很大,在离前刀面 0.1～0.2 mm 处,温度就可能下降一半。
- 刀具后刀面的接触长度较小,因此温度的升降是在极短时间内完成的。
- 工件材料的导热系数越低,则刀具的前、后刀面的温度越高。
- 工件材料塑性越大,则刀具前刀面上的接触长度越大,切削温度的分布越均匀。反之,工件材料的脆性越大,则最高温度所在的点离刀刃越近。

5. 切削温度对工件、刀具和切削过程的影响

切削温度高是刀具磨损的主要原因,它将限制生产率的提高。切削温度过高还会使加工精度降低,使已加工表面产生残余应力以及其他缺陷。

(1) 切削温度对工件材料强度和切削力的影响

在切削时的温度虽然很高,但是切削温度对工件材料的硬度及强度的影响并不很大,对剪切区域的应力影响不很明显。

(2) 对刀具材料的影响

适当地提高切削温度,对提高硬质合金刀具的韧度是有利的。因为在高温时,硬质合金刀具的强度比较高,不易崩刃,磨损强度亦将降低。

(3) 对工件尺寸精度的影响

在切削过程中,工件本身受热膨胀,工件直径发生变化,切削后不能达到所要求的精度。另外,刀杆受热膨胀,切削时实际切削深度增加使工件直径减小。另外,在切削过程中,工件受热变长,但因为其固定在机床上不能自由伸长而发生弯曲,故车削后工件中部直径变大。

6. 散热

(1) 切屑散热

切屑能带走 80% 的切削中产生的热量,这是最理想状态。

钢的切屑颜色分别为蓝白色、深蓝色、浅棕色,都说明切屑过程是良好的,但是反映了切削区域温度逐渐增高,深棕色的钢切屑说明切削参数选择过高或刀具磨损严重。

(2) 切削液散热

- 切削液的应用有助于控制零件尺寸。
- 切断、镗削、钻孔工序需要大量供应切削液。
- 切削液应从一开始加入。
- 切削液有可能使刀具切削刃产生热裂。

(3) 高压空气及油雾冷却

干切削时需采用高压空气及油雾冷却等无水冷却方式。

1.1.5 切削参数选择

1. 影响切削参数选择的因素

确定合理的切削深度、进给量和切削速度对保证产品质量、充分利用刀具、提高机床生产效率是非常关键的。选择切削用量必须考虑加工的性质,通常金属切削分为粗加工、半精加工、精加工、精细加工。一般状态下粗精加工所能达到的表面加工质量如下:粗加工表面粗糙度 R_a 为 80~10 μm,精度为 12~15 级;半精加工表面粗糙度 R_a 为 10~1.25 μm,精度为 8~10 级;精加工表面粗糙度 R_a 为 1.25~0.32 μm,精度为 6~7 级;精细加工表面粗糙度 R_a 为 0.32~0.08 μm,精度大于 5 级。选择切削参数通常根据下述因素综合考虑。

(1) 切削参数与刀具寿命

图 1-3 所示为切削参数与刀具寿命之间的关系。

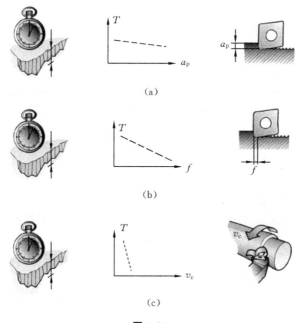

图 1-3

● 切削深度的增加不是缩短刀具寿命的主要因素,在刀具强度范围内,每增加 50% 的切削深度,刃口磨损加快 15%(见图 1-3(a))。

● 进给速度的增加影响刀具寿命的比例,大约为每提高 20% 的走刀量,刃口磨损加快 20%(见图 1-3(b))。

● 切削速度明显地影响刀具寿命,每提高 20% 的线速度,刀具寿命缩短 50%(见

图 1-3(c))。

(2) 切削参数选择的关键因素

选择切削参数一般从以下四个方面考虑。

- 在很大程度上取决于加工类型。
- 粗加工中的机床功率、稳定性、加工状态。
- 精加工中的精度、表面粗糙度、切屑的控制。它们主要由进给速度、刀尖半径的综合因素及切削速度来决定。
- 精加工中的切削速度是生产率的主要因素,其次是进给速度。

(3) 切削参数选择原则

- 高生产效率与刀具寿命的平衡。
- 工件材料类型、状态、硬度(工件硬则 v_c 小)。
- 刀具材料对加工材料及刀片断屑槽型与零件粗精加工的匹配。
- 机床功率、主轴转速、稳定性等方面的能力(功率小则 a_p 和 f 小)。
- 产生切削热、积屑瘤倾向。
- 有关断续切削和振动方面的加工状态。
- 切屑控制和表面粗糙度。
- 有些专门的机加工手段,比如高速铣、深孔钻、减振镗削等,对于刀具的使用和切削参数的应用有相应的选择规范。

2. 切削深度、进给量和切削速度的一般选择原则

(1) 切削深度的选定

- 在粗加工时,在机床、刀具等工艺系统刚度允许的情况下,尽可能一次切去全部粗加工余量,即选择切削深度值等于余量值。
- 当毛坯粗大必须切除较多余量时,应考虑机床、刀具、工件的系统刚度和机床的有效功率,尽可能选择较大的切削深度和最少的进给次数。
- 在切削表面有硬皮的铸锻件或切削不锈钢等冷硬较严重的材料时,应尽量使切削深度超过硬皮或冷硬层厚度,以预防刀尖过早磨损或损坏。
- 在粗加工时,切削深度也不可选得太大,否则会引起振动,如果超过机床和刀具能力就会损坏机床和刀具。
- 在半精加工时,余量 h 一般约为 $1\sim 3$ mm(单边),如余量大于 2 mm,则应分在两次行程中切除:第 1 次为 $(2/3\sim 3/4)h$。第 2 次为 $(1/3\sim 1/4)h$。如 h 小于 2 mm,亦可一次切除。
- 在精加工时,精加工余量可按工艺手册和刀具厂家的刀具选定手册来选定,一般约为 $0.2\sim 0.5$ mm(单边),应在一次行程中切除精加工余量。精车余量一般不小于 0.2 mm。

● 在数控仿形加工中,切削深度是变化的,应注意在最大切削深度处不应超过刀具强度允许值。

(2) 进给量的选择

当切削深度选定后,进给量直接决定了切削面积,因而决定了切削力的大小。因此进给量的值受到机床的有效功率和扭矩、机床刚度、刀具强度和刚度、工件刚度、工件表面粗糙度和精度、断屑条件等的限制。一般在上述条件允许的情况下,进给量也应尽可能选大些,但选得太大,会引起机床最薄弱的地方振动,造成刀具损坏、工件弯曲、工件表面粗糙度变差等。进给量的选择可按工艺手册或刀具厂家的刀具选择手册来选定,一般粗车时取 0.3～0.8 mm/r,精车时取 0.08～0.3 mm/r。数控仿形加工中,切削深度不均匀,切削速度可相对小一些。

(3) 切削速度的选择

当切削深度、进给速度选定后,切削速度应在考虑提高生产率、延长刀具寿命、降低制造成本的前提下,根据下列因素来选择。

● 刀具材料:使用陶瓷刀具、硬质合金刀具可比高速钢刀具的切削速度高许多。

● 工件材料:在切削强度和硬度较高的工件时,因刀具易磨损,所以切削速度应选得低些。脆性材料如铸铁,虽强度不高,但切削时形成崩碎切屑,热量集中在刀刃附近不易传散,因此,切削速度应选低些。切削有色金属和非金属材料时,切削速度可选高一些。

● 表面粗糙度:表面粗糙度要求较高(俗称光洁度较高)的工件,切削速度应选高一些。

● 切削深度和进给量:当切削深度和进给量增大时,切削热和切削力都较大,所以应适当降低切削速度;反之,可适当提高切削速度。

● 总的来说,实际生产中,情况比较复杂,切削用量一般可根据工艺手册或在刀具厂家的刀具选择手册的推荐值范围内进行调整。在粗加工时选择切削用量的顺序,应把切削深度放在首位,其次是进给量,最后是切削速度。如果用硬质合金刀具,在精加工时,应尽可能提高切削速度,进给量因受工件精度和表面粗糙度要求的不同,选择范围较广,但当表面粗糙度要求较高时,进给量更应选得小些。在精加工工序,切深一般不会预留很大。

(4) 机夹可转位螺纹车刀的切削用量选择

在车削螺纹时,由于刀片散热状况不佳,所以其切削速度要比通常车削速度低 25%左右。车削螺纹要经过几次进给才切成,数控机床用机夹刀车制螺纹的进给次数,要比普通车床多 1～2 次,各次进给累计的切削深度应稍大于螺纹的牙型高度,具体情况随加工材料弹性恢复及加工系统刚度而定。每次径向进刀量不宜过大,避免刀具过载或振动,但也不宜过小,一般不小于 0.05～0.08 mm。制订每次径向进刀量的原则是:每次进给切下同样面积的金属。

1.1.6 切屑与断屑

1. 切屑的类型及控制

在金属切削加工中,切屑是加工优劣的重要标志之一。不利的屑形将严重影响操作安全、加工质量、刀具寿命、机床精度和生产率。由于工件材料不同,切削过程中的变形程度也就不同,因而产生的切屑种类也就多种多样,如图1-4所示。图1-4(a)、图1-4(b)、图1-4(c)所示为切削塑性材料的切屑,图1-4(d)所示为切削脆性材料的切屑。

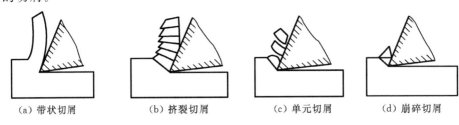

(a) 带状切屑　　(b) 挤裂切屑　　(c) 单元切屑　　(d) 崩碎切屑

图 1-4　切屑的类型

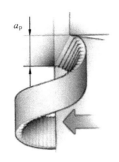

图 1-5　带状切屑

(1) 带状切屑

如图1-5所示,带状切屑的内表面光滑,外表面毛茸。在加工塑性金属材料时,当切削厚度较小、切削速度较高、刀具前角较大时,一般常得到这类切屑。它的切削过程平衡,切削力波动较小,已加工表面粗糙度值较小。

(2) 挤裂切屑

这类切屑与带状切屑不同之处在于外表面呈锯齿形,内表面有时有裂纹。这种切屑大多在切削速度较低、切削厚度较大、刀具前角较小时产生。

(3) 单元切屑

如果在挤裂切屑的剪切面上,裂纹扩展到整个面上,则整个单元被分离,成为梯形的单元切屑。

以上三种切屑只有在加工塑性材料时才可能得到。其中,带状切屑的切削过程最平稳,单元切屑的切削力波动最大。在生产中最常见的是带状切屑,有时得到挤裂切屑,单元切屑则很少见。假如改变挤裂切屑的条件,如进一步减小刀具前角,减低切削速度,或加大切削厚度,就可以得到单元切屑。反之,则可以得到带状切屑。这说明切屑的形态是可以随切削条件而转化的。掌握了它的变化规律,就可以控制切屑的变形、形态和尺寸,以达到卷屑和断屑的目的。

(4) 崩碎切屑

这是切削脆性材料时产生的切屑。这种切屑的形状是不规则的,加工表面是凹凸不平的。从切削过程来看,切屑在破裂前变形很小,它与塑性材料的切屑形成机理也不同。它的脆断主要是由于材料所受应力超过了它的抗拉极限。加工脆硬材料,如高硅铸铁、白口铁等,特别是当切削厚度较大时常得到这种切屑。由于它的切削过程很不平稳,容易破坏刀具,已加工表面又粗糙,也有损于机床,因此在生产中应力求避免。其方法是减小切削厚度,使切屑成针状或片状;同时适当提高切削速度,以增加工件材料的塑性。

以上是四种典型的切屑,但加工现场获得的切屑,其形状是多种多样的。在现代切削加工中,切削速度与金属切除率达到了很高的水平,切削条件也很恶劣,常常产生大量"不可接受"的切屑。所谓切屑控制(又称切屑处理,工厂中一般简称为"断屑")是指在切削加工中采取适当的措施来控制切屑的卷曲、流出与折断,使形成"可接受"的良好屑形。在实际加工中,应用最广的切屑控制方法就是在前刀面上磨制断屑槽或使用压块式断屑器。

2. 切屑的卷曲形式与断屑方法

一般切屑应被控制为适当的螺旋状或 C 形切屑形式。切削深度和进给量的搭配,是决定切屑理想的横断面,确定切屑理想的成形和断裂效果的关键因素。切削深度决定切屑宽度,进给量决定切屑厚度。浅切深、轻负荷时在近于刀尖半径处切削;大切深时在切削刃长度处切削。轻负荷加工,通常产生螺旋状切屑;中负荷加工,常常在另一个方向将切屑扭断;重负荷加工,会得到崩碎切屑。

图 1-6 所示为车刀的理想切屑断屑区域,可以看出切屑主要随着走刀量的增加而变短。

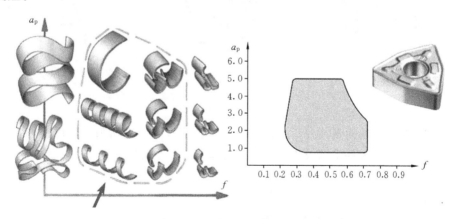

图 1-6 车刀的理想断屑区域

(1) 切屑卷曲形式

在塑性金属切削加工过程中,由于切屑向上卷曲和横向卷曲的程度不同,所产生的切屑形态也各不相同。为了便于分析切屑卷曲的形式,可将切屑分为向上卷曲型、复合卷曲型和横向卷曲型三大类。在脆性金属切削加工中,容易产生粒状切屑和针状切屑,只有在高速切削、刀具前角较大、切削厚度较小时,此类切屑的卷曲方向才与一般情况下略有差异。

在切削塑性金属时,如刀具刃倾角为0°,有卷屑槽且切削宽度较大,切屑大多向上卷曲。在其他情况下,切屑大都为横向卷曲。

(2) 断屑方法

一般切屑长度在50 mm以内称断屑,否则称为不断屑。在塑性金属切削中,直带状切屑和缠绕形切屑是不受欢迎的,而在脆性金属切削中,又希望得到连续型切屑。目前主要有三种断屑方法。

- 自断屑:金属材料从刀具前刀面剪切出后自然弯曲折断并剥离,如图1-7(a)所示。
- 切屑碰到刀具而断裂:切屑呈周圆折弯,与刀片或刀杆后刀面接触扭弯而突然折断。该方式可导致切屑撞击刀片使刀片受损,但仍是一种可以接受的断屑方式,如图1-7(b)所示。
- 切屑碰到工件而断裂:该方式可导致工件的表面质量被破坏,是一种不可取的断屑方式,如图1-7(c)所示。

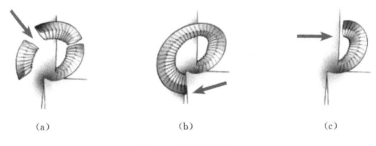

(a)   (b)   (c)

图1-7 断屑方法

通常,改变切削用量或刀具几何参数都能控制屑形。在切削用量已定的条件下加工塑性金属时,大都采用设置断屑台和卷屑槽来控制屑形。

(3) 切屑与加工

根据力学分析可知以下断屑的基本要点。

- 若被切削材料的屈服极限越小,则弹性恢复小,切屑越容易折断。
- 被切削材料的弹性模量大时,切屑也容易折断。

- 被切削材料的塑性越低,切屑越容易折断。
- 若切削厚度越大,则应变增大,切屑容易折断,而薄切屑则难折断。
- 若径向进刀量增加,则断屑难度加大。
- 切削速度提高,断屑效果降低。
- 刀具前角越小,切屑变形越大,越容易折断。

机夹刀片常用的卷屑槽形式如图 1-8 所示,有直线形(见图 1-8(a))、直线-圆弧形(见图 1-8(b))以及全圆弧形(见图 1-8(c))。

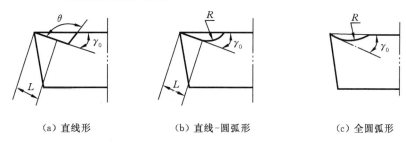

(a) 直线形　　　　(b) 直线-圆弧形　　　　(c) 全圆弧形

图 1-8　机夹刀片常用的卷屑槽形式

直线形和直线-圆弧形卷屑槽适合切削碳素钢、合金结构钢、工具钢等,一般前角在 5°～15°范围内。全圆弧形卷屑槽适用于切削紫铜、不锈钢等高塑性材料,其前角可增大至 25°～30°。

1.1.7　车削加工中相关计算公式

切削速度　　　$v_c = \dfrac{\pi d n}{1\,000}$,　单位为 m/min

金属去除率　　$Q = v_c a_p f_r$,　单位为 mm³/min

单件加工时间　$T_{\min} = \dfrac{l}{f_r \cdot n}$,　单位为 min

车削力　　　　$F_r = K_c f_r a_p$,　单位为 N

车削功率　　　$P = \dfrac{v_c a_p f_r K_c}{60\,037.2}$,　单位为 kW

车削扭矩　　　$T = \dfrac{d F_r}{2} = \dfrac{9\,549 P}{n}$,　单位为 N·m

例如车削奥氏体不锈钢外圆,工件硬度 HB200,工件直径 d 为 75 mm,切深 a_p 为 3 mm,走刀量 f_r 为 0.2 mm/r,切削速度 v_c 为 230 m/min,材料单位切削力 K_c 为 2 900 N/mm²(详见附录 A),加工长度 l 为 100 mm。

$$n = (230 \times 1\,000)/(3.14 \times 75) = 976\ (\text{r/min})$$

$$Q = 230 \times 3 \times 0.2 = 138\ (\text{mm}^3/\text{min})$$

$$T_{min} = 100/(0.2 \times 976) = 0.51 \text{ (min)}$$
$$P = (230 \times 3 \times 0.2 \times 2900)/60037.2 = 6.7 \text{ (kW)}$$
$$K_c = 2900 \times 0.2 \times 3 = 1740 \text{ N} = 177.5 \text{ (kg)}$$
$$T = 1740 \times 37.5 = 65 \text{ (N·m)}$$

1.2 金属材料的使用性能及分类

1.2.1 金属材料及其使用性能

金属材料的使用性能包括物理性能(如密度、熔点、导电性、导热性、热膨胀性、磁性等)、化学性能(如耐腐蚀性、抗氧化性)、力学性能(也称机械性能)。材料的工艺性能通常是指材料适应冷、热加工方法的能力。

1. 机械性能

机械性能是指金属材料在外力作用下所表现出来的特性。

① 强度:指材料在外力(载荷)作用下,抵抗变形和断裂的能力。材料单位面积所承受的载荷称为应力。

② 屈服点:也称屈服强度,指材料在拉抻过程中,材料所受的应力达到某一临界值时,载荷不再增加而变形却继续增加($0.2\%l$)时的应力值,单位为 N/mm^2。

③ 拉伸强度:也叫强度极限,指材料在拉断前可承受最大应力值,单位为 N/mm^2。

④ 伸长率:指材料在拉伸断裂后,总伸长与原始标称长度的百分比。

⑤ 断面收缩率:指材料在拉伸断裂后,断面最大缩小面积与原断面面积的百分比。

⑥ 硬度:指材料表面抵抗其他更硬物压力的能力,常用硬度按其范围分为布氏硬度(HBS、HBW)和洛氏硬度(HKA、HKB、HRC)。

⑦ 冲击韧度(a_K):指材料抵抗冲击载荷的能力,单位为 J/cm^2。

2. 工艺性能

工艺性能指材料承受各种加工、处理的能力。

① 铸造性能:指金属或合金是否适合铸造的一些工艺性能,主要包括流动性(充满铸模能力)、收缩性(铸件凝固时体积收缩的能力)、偏析性(即指化学成分不均性)。

② 焊接性能:指金属材料通过加热或加热和加压的方法,把两种或两种以上的金属材料连接到一起,接口处满足使用要求的特性。

③ 顶气段性能:指金属材料能承受预顶锻而不破裂的性能。

④ 冷弯性能：指金属材料在常温下能承受弯曲而不破裂的性能。弯曲程度一般用弯曲角度 α（外角）或弯心直径 d 对材料厚度 a 的比值表示，α 越大或 d/a 越小，则材料的冷弯性愈好。

⑤ 冲压性能：指金属材料承受冲压变形而不破裂的能力。在常温下进行冲压叫冷冲压。检验方法用杯突试验进行检验。

⑥ 锻造性能：指金属材料在锻压加工中能承受塑性变形而不破裂的能力。

3. 化学性能

化学性能是指金属材料与周围介质接触时发生化学或电化学反应的性能。

① 耐腐蚀性：指金属材料抵抗各种介质侵蚀的能力。

② 抗氧化性：指金属材料在高温下抵抗氧化的能力。

1.2.2 金属材料的切削加工性能

金属材料的加工性能没有简单的通用或者标准化的定义，通常说来，它是指工件材料被加工的能力，即毛坯被刀具加工成产品的容易程度。相对于耐热合金来说，中碳钢更易加工。然而，由于加工方法和工况的不同，也由于切削刀具的发展，加工性能的概念已变得模糊，不容易用具有可比性的数值来衡量。

工件材料本身的特性直接影响到它的加工方法，这是由材料的综合特性决定的。有关材料特性的详细资料，材料供应商一般可以提供较为详细的材料组成清单，从中可以了解一些成分对材料切削粘性和硬度的影响。工件材料的冶金方法、化学处理、机加工过程、热处理、添加剂、杂质、表面等，与刀具切削刃、刀柄、刀片、工序和加工条件一样，都会影响金属材料的加工性能。值得注意的是，材料的加工性能值，甚至在最好的情况下，也只能作为加工前定义初始值的一个参考。

首先要了解工件材料，再灵活运用现代方法去评估这些因素，以获得合适的加工工艺。通常，单件成本的考虑、生产效率、可预测的刀具寿命一致性的要求，可重叠生成一个明确的对刀具选择和切削参数运用的结果。在评估与某一个产品相关的加工能力时，加工的安全性是最重要的。根据材料的加工性能，在不同工序采用不同的加工方法。要提高加工性能，可以通过很多方式，如：提高铸件的质量；改用更易切削的材料；选用更适合的刀具材料和槽形；改善装夹方式或改善排屑等。

综合工件材料的硬度，以及加工性能指标和加工测试，加工性能的评估能适用于特定和普遍的加工条件。然而，某种材料在某种条件下加工性能好，在另一种条件下却不一定。例如，一个零件的强度和硬度也许并不能作为加工性能的指标，其他指标却很重要，如杂质、硬度、添加剂、微观组织、研磨剂等。还有的指标对某种材料配用某种刀具时有极好的切削加工性能，而对另外一种材料却不适合。

工件的加工性能主要由这些因素决定：工件材料、机床、工序、刀具、切削液、切削参数以及工件状态与热处理等。

1. 工件材料状态与加工性能

常见的工件材料状态指材料经过热轧、正火、退火、冷拔、表面或整体硬化处理。

热轧材料大多是不均匀的,它的组织纹路粗糙,这是因为材料被长时间置于高温环境中,使组织结构变得粗糙。从加工性能上看,不均匀的材料组织中有夹渣和气孔。这种材料的加工性能取决于材料组织的均匀程度。

工件材料表面的状况同样会影响加工质量,如含有微小的硬点,表面组织差,会使刀具崩碎或加速刀具磨损等。

在大多数情况下,选择预加工过的工件会更容易加工一些。但毛坯的大公差意味着为满足最终的尺寸和表面质量需要大量的工序和工作量。在现代产品加工中,通过抽样检查以确保工件质量已变得越来越重要。

2. 热处理与加工性能

正火是指将材料加热到奥氏体区域,当全部转化为奥氏体之后,将材料温度迅速冷却到室温的过程。这样做是为了获得比高温状态时更细化、更均匀的组织结构。正火的目的是为了提高材料的强度。因为正火后材料的均匀性更好,所以加工性能也更好。

退火最多的应用是用来降低材料的硬度。渗碳是将珠光体转化为球化渗碳体而成为铁素体,从而使材质更均匀,硬度显著下降。渗碳球化的形成也意味着这种材料比没有退火的材料在加工时切削刃在更短的距离上就切到硬材料。一般只有碳含量大于 0.5% 的钢才需退火。高碳钢球化之后才具有较好的加工性能,因为含有少量的珠光体更易切削。低碳钢中含有高浓度的珠光体有益于提高加工性能。

金属材料的软化退火与去应力退火不同。从名称上看,去应力退火是为了去除材料在冷却时产生的应力。如果不去除金属材料中的应力,那么应力会在加工时释放,从而影响工件的直线度、公差等。去应力退火是在低温下完成的,它对加工性能没有影响。

冷拔材料的热处理要么是正火的,要么是软化退火的。冷拔材料大多用在小尺寸毛坯或工件上。通常情况下,小零件的材质更容易均匀。冷拔能提高材料强度,提高的程度取决于退火区域。冷拔本身对加工性能的作用是:改善表面纹路;减少积屑瘤的形成;减少毛刺的形成。

3. 工件材料的硬度与加工性能

工件材料的硬度会影响刀具磨损。用金属陶瓷刀具加工,当材料硬度大于 HB200 后,随着硬度的增加,对加工性能的影响就越来越大。而加工太软的材料则易产生积屑瘤,同时在加工区域存在硬化现象,这对加工性能不利。

4. 合金元素与加工性能

在金属材料中添加合金元素会对它的性质产生很大影响。在钢中,主要由碳元素决定它的机械和加工性能,其他还有镍、钴、锰、钒、钼、铌、铜等。有些元素对加工性能有正面的影响,如铅、硫、磷等,添加后使钢更易切削,这是因为这些元素能降低材料的延展性,使切屑成形变容易。

工件材料的分析一般都是就其加工性能而言的。

1.2.3 金属材料的分类

大多数金属切削的材料为合金铁、合金铝、合金铜和合金镍。这些合金材料的机械性能和加工性能因其材料不同而各不相同,即使具有类似化学成分而具有不同组织结构的材料,也会呈现不同的加工性能。所以,材料的制造工艺也会影响它的加工性能。一般的,将材料划分为易加工材料、中等易加工材料、难加工材料,将材料这样归类非常有用。

从金属切削上看,我们按照对刀具磨损程度,由小到大来排列材料的加工性等级,详见表1-1。

表1-1 常见材料的相对加工性等级

加工性等级	名称及种类		相对加工性系数	代表性材料
1	很易切削材料	一般有色金属	>3.0	铜合金、铝合金、锌合金
2	易切削材料	易切削钢	2.5~3.0	退火15Cr钢、Y12钢
3		较易切削钢	1.6~2.5	正火30钢
4	普通材料	一般钢及铸铁	1.0~1.6	45钢、灰铸铁
5		稍难切削材料	0.65~1.0	调质2Cr13钢、85热轧钢
6	难切削材料	较难切削材料	0.5~0.65	调质50CrV、调质65Mn
7		难切削材料	0.15~0.5	调质50CrV、不锈钢、工业纯铁、某些钛合金
8		很难切削材料	<0.15	某些钛合金、铸造镍基高温合金、Mn13高锰钢

图1-9所示为不同工件材料的切屑状态。

1. 钢

合金铁中铁元素是主要成分。碳含量为0.05%~2%的合金铁是钢,钢是应用最广泛的一种材料。碳含量大于2%的合金铁为铸铁,小于0.0218%的合金铁为纯铁。碳钢也称为非合金钢,它只含有铁元素和碳元素。合金钢中含有合金元素。由

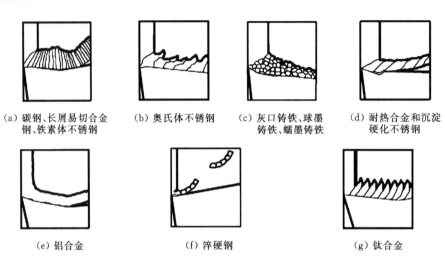

图 1-9　不同工件材料的切屑状态

于不同的碳含量、不同的合金元素和不同的热处理过程,使钢的种类非常之多。碳含量小于 0.8% 的钢称为低共析钢,大于 0.8% 的钢称为高共析钢。

(1) 碳钢/非合金钢

根据碳含量不同,将钢分为

纯碳钢,碳含量为 0.05%～0.1%;

低碳钢,碳含量为 0.1%～0.25%;

中碳钢,碳含量为 0.25%～0.55%;

高碳钢,碳含量为 0.55%～0.8%。

纯碳钢是最软的钢,结构钢、铸钢和工具钢的状态通常是热轧、材质均匀、经过应力释放或冷拔的。中碳钢通常被加工成耐压管道,也有用于加工零件。一些铸件、淬硬件需要回火处理。高碳钢是硬化处理的工具钢。

低碳钢的低硬度、高延展性不利于加工,这是因为在加工中容易产生毛刺、积屑瘤,降低刀具寿命,使加工表面变差。更高的碳含量能提高硬度,降低延展性。本组中材料的加工性能随添加剂、制造工艺、后处理不同而不同。

一般 Mn 元素含量低于 2% 时,不把它看成合金元素。

(2) 合金钢

金属材料中的合金元素总含量不大于 5% 的钢称为低合金钢,大于 5% 的钢称为高合金钢。合金钢的硬度和强度通常比碳钢高。从加工性能上讲,合金元素含量越高,强度越高,但越难加工。

合金元素含量一般低于 1%,它能调整金属的组织结构、熔点、硬度、强度、抗磨损性、耐腐蚀性等。Ni、Cr 和 Mo 是最典型的添加剂,V、W、Co 也是较常见的添加剂。用来提高材料加工性能的是 Pb、S、Mn 等。合金钢的热处理对提高其加工性能起重要作用。

工具钢、模具钢和高速钢都属高合金钢，一般都应退火到硬质合金刀具可加工的硬度。立方氮化硼是一种替代传统砂轮磨削工艺的，用来加工淬硬钢的车削刀片材质。难熔金属，如 Mo、V、Cr、W 作为合金元素添加到钢中形成高硬度的碳化物。工具钢包括不同钢的类型，如碳钢、低合金钢和高合金钢，一般碳含量 0.7%～1.3%。

很多材料都是合金钢，它们的性质、结构和热处理方式不同，相应的加工性能也各不相同。因而通常说的加工性能，与基于应用场合和工件材料的角度来优化切削参数就显得非常重要。

合金钢件的加工可以通过几种工业方法改变它的性能。提高小型铸件毛坯的尺寸公差，意味着要求加工时切屑控制更好，刀片的抗磨损性更好。并且，对淬硬件的加工，因为更硬材料的出现而得以拓宽了加工的范围。

2. 不锈钢

不锈钢是一类自成一体的合金钢。它的主要合金元素 Cr 的含量大于 12%。Cr 是不锈钢中的重要成分，它能在金属表面形成一层稳定的氧化膜，随着氧化膜的增厚，不锈钢的抗腐蚀性变得更强。当不锈钢中的碳含量足够高时，它也像碳钢那样具有很高的强度。

大多不锈钢都含有很多种合金元素，添加这些元素能够改善材料的组织结构，提高其抗腐蚀性、强度等。有些性质直接与组织结构有关，如强度随结构变化有很大差别。

根据不锈钢的组织结构不同，把它分为：铁素体不锈钢；马氏体不锈钢；奥氏体不锈钢。

不锈钢中的重要元素 Cr 是铁素体，它不会改变铁素体的结构。所以不锈钢与纯铁有相似的性质。Ni 是不锈钢中另一种重要元素，它影响不锈钢结构和机械性能，它是很稳定的元素，能增加材料的硬度。当 Ni 含量高到一定程度时，不锈钢具有奥氏体结构，这时它的机械性能发生显著变化，具有更好的性质，如在硬度、热硬性、可焊性、耐腐蚀性等方面有明显改善。奥氏体不锈钢没有磁性。

Mo 与 Ni 一样，也可以增加不锈钢的强度和耐腐蚀性。含 Mo 的不锈钢具有防酸性。N 能增加奥氏体不锈钢的强度，对结构的影响与 Ni 相似。Cu 能提高奥氏体不锈钢对某种酸的耐腐蚀性。碳化钛和碳化铌能提高不锈钢的稳定性。其他的合金元素还有 Mn、Al 和 Si。

不锈钢的种类有

铁素体不锈钢，含有 16%～30% 的 Cr、Ni、Mo，碳含量小于 2%；

马氏体不锈钢（可渗碳硬化），含有 12%～18% 的 Cr、2%～4% 的 Ni、0.1%～

0.8%的C；

奥氏体不锈钢,含有12%～30%的Cr、7%～25%的Ni；

奥氏体不锈钢(含有大量Mn和少量Ni)；

双相不锈钢(铁素体-奥氏体),含有22%～25%的Cr、4%～7%的Ni及Mo、N和少量C。

3. 铸铁

铸铁是一种碳-铁合金,它的碳含量为2%～4%,同时,还含有Si、Mn、P和S。添加Ni、Cr、Mo和Cu能提高它的抗腐蚀性和耐高温性。铸铁的特点是高硬度、高耐压强度和易于排屑。采用不同处理方法能改变铸铁的微观组织,提高其延展性和强度。铸铁的特点不在于化学性能,而在于它的机械性能。冷却速度也影响铸铁的性质。

碳可以碳化物的形式存在,也可以游离碳分子的形式存在。碳的存在形式还与铸铁中的其他元素有关。如在硅含量高的铸铁中,碳很少以碳化物形式存在,这时铸铁为灰铸铁,硅含量为1%～3%。当铸铁中硅含量较低时,碳化物能稳定存在,只有很少的石墨分子存在,这时铸铁硬而脆,称之为白口铁。

尽管硅含量对铸铁结构的形成起决定作用,但铸铁的冷却速度也不容忽视。快速冷却使铸铁来不及变成灰铸铁,因为硅没有时间沉积碳化物中的碳而形成石墨。铸件不同部位的厚度不同,也会影响冷却速度,影响碳的状态。厚的部位会形成灰铸铁,薄的部位会形成白口铁。所以切削的都是灰铸铁。Mn能增强铸铁的强度和硬度,含量一般是0.5%～1%。

因此,在铸件冷却时,细、薄部位和拔模斜面部位易形成白口铁。铸件表面是更硬的白口铁,表层下面是灰口铁。

铸铁有三种形式,即铁素体、珠光体和马氏体铸铁。

铁素体铸铁和不含珠光体的铸铁较易加工。因为它们强度低,硬度小于HB150。同时,由于铁素体的延展性,使得它较粘,所以切削速度低时易产生积屑瘤。加工条件允许的话,提高切削速度能防止积屑瘤的产生。

铸铁的硬度从铁素体、珠光体到马氏体逐渐增加,从HB150～HB300。

珠光体铸铁比铁素体铸铁的强度、硬度更大,延展性更差,它的强度、硬度取决于其中片状晶体的大小。珠光体铸铁中的片状晶体越精细,它的强度、硬度越高。此时,由于铸铁中有更小的硬微粒,在切削加工时易造成刀具磨损和积屑瘤的产生。

铸铁的硬度一般用布氏硬度为测量标准。加工性能随硬度增高而难度增加。但是,如果两个因素未知时,仅用硬度作为加工性能的衡量指标就不可靠了。

由于铸铁快速冷却固化,硬质合金产生于薄壁处,使得铸铁的边缘、拐角处最硬,对加工性能影响最大。布氏硬度的测量不能测边缘和拐角,所以在加工之前最硬的地方并没有测出来。

（1）灰口铸铁

不同的灰口铸铁具有不同的强度。因为硅的含量不同,分层结合区会形成不同的组织,低硅区、细石墨和珠光体形成最强壮、粗硬的材料。贯穿组织的拉应力变化相当大。粗糙的石墨结构是很脆弱的。典型灰口铸铁中硅含量约 2%,一般是从低到高的拉应力型和奥氏体型的。

（2）球墨铸铁

在铸铁中,石墨与镁结合而形成小球形式,故称为球墨铸铁。球墨铸铁改善了铸铁的强度、硬度和延展性。球墨铸铁中铁素体、珠光体和马氏体的含量不同,铸铁的强度也会变化。

CG 铸铁的性质介于灰口铸铁和球墨铸铁之间。通过添加 Ti 和其他处理方法,可使石墨裂口不会扩展。

（3）马氏体铸铁

当白口铁被热处理到某种特定程度时,就会形成珠光体或马氏体。热处理会将渗碳体中的碳分离成球状碳,或者去除硬点。马氏体铸铁有延展性,含硅量低。它的三态有铁素体、奥氏体和马氏体,也可以分为黑心、白心和珠光休。

（4）合金铸铁

合金铸铁含有大量合金成分,这些成分会产生在钢中类似的作用,主要是影响铸铁的组织结构,提高其机械性能。Ni、Cr、Mo、V 和 Cu 元素是常见的合金成分。白口铁中的自由碳使它不再有延展性,有时还能提高耐腐蚀性,硬度和耐高温性也都会明显提高。

4. 耐热合金

耐热合金(heat resistant super alloy,HRSA)包括这样几种类型:高强度合金钢、模具钢、高熔点合金钢、钛合金、某些不锈钢和超级合金。这里讨论的只限于以下几类合金,即铁基耐热合金、镍基耐热合金、钴基耐热合金。

一般的讲,更高的强度/质量比,更高的耐高温、耐腐蚀性的优质耐热合金是冶金技术的发展成果。优质合金和航空金属都属于此类。满足航空环境的高性能金属很难加工,这些合金的特征是:低热传导率,这会在切削加工中使切削刃的温度非常高;易焊接性,这会使切削加工中易产生积屑瘤;高剪切强度,在切削加工时会产生高切削力;高硬度,在切削加工时会产生很大的切削力,易使刀具磨损。

耐热合金在高温下能保持高强度,所以切削时除了高切削力外还有很高的切屑温度。切削温度最高的位置在接近刀尖的地方,这就需要刀片槽形能分解所承受的压力。优质的前刀面槽形便于排屑,并且在加工中能保持锋利。铸铁硬度高,易磨损刀具,增加了切削加工的难度,只能用较低的速度加工。虽然非合金钢的平均切削力比耐热合金高,但相比之下,耐热合金切削力的波动值更大。

与其他耐热合金相比,铁基耐热合金在高温时强度更低,所以铁基耐热合金更容易加工。另外还有铬基合金、镍基合金,它们比不锈钢的强度要高。经退火、冷拔和去应力之后,高硬度的合金更容易加工。

由于材料的上述负面因素,故镍基耐热合金很难加工。镍元素的组成方式和数量多少对加工性能影响很大。为了提高镍基耐热合金的强度和耐腐蚀性,还要添加铬等其他成分,使之在高温下保持高强度。固熔处理、热处理的镍基耐热合金加工性能最好。然而,并非所有镍基合金都能热处理,其加工性能是与冷处理后的奥氏体不锈钢相比较的。由于镍基耐热合金的材料不同,冷处理后硬度也不同,热处理后变化减少。

钴基合金与镍基合金在结构和加工性能上类似。钴基合金以钴为主,高含铬、镍和钨,能在高温下保持高强度。此类金属具有明显的加工硬化趋势,在切削中产生高热量和高剪切力。这些只有经过时效和固熔处理后才能有所改变。

许多合金元素的加工性能都不好,如钨、钽、钼、铌、硼、铪、钛、铝等。这些合金元素能提高热硬性,使材料在高温下具有高强度和耐腐蚀性。铸件的强度比锻件高,铸件的表面组织比锻件好。

铸件和锻件的表面都会有硬质层、磨粒,在刀具加工时,在刀片的切深处易产生凹痕,这样就会影响切削速度。

通常切削这些材料的刀具应注意以下几个方面:
- 具有锋利、正前角刀刃,同时是高强度的槽形;
- 进给量和切深足够;
- 避免使用磨损过度的刀具;
- 使用正确的、精细的、非涂层的硬质合金材质,或者混合型陶瓷材质;
- 使用充足的冷却液,以确保排屑顺畅;
- 确保加工状况最优,夹具刚度好且夹持稳定,无振动;
- 刀具夹持稳定、后角足够大、刃边强度好,能适用于粗加工和断续切削;
- 推荐用顺铣,以获得较小的切屑厚度,减少切屑的粘结;
- 为长屑材料配置大容屑空间的刀具;
- 刀具的精密性好,以获得持续、平衡的载荷。

5. 钛及钛合金

总体来说,钛合金材料分为三组:α合金、α-β合金和β合金。在不同组的合金中,钛元素呈现出的组织结构也不同。钛元素使合金更稳定,并调整合金的性质。低热传导率的特性带来加工时的短屑和易粘刀,加工时快速氧化的特性使已加工表面易与刀具材料发生反应。钛合金在切削加工时,其切屑薄、刀刃温度很高,所以正确使用冷却液非常重要。

钛合金的锻造加工时要进行退火或固熔处理/时效处理,从而使强度增加、工件内应力释放。低弹性模式意味着加工中易产生振动。

α合金和纯钛的加工性能最好,钛合金类型从α合金到β合金,加工性能越来越不好。加工时,要求刀具有很好的耐磨性、抗塑性变形性、抗磨损扩散性、韧性以及切削刃的刃边强度和锋利性良好的综合性能。在合适的切削参数和充足的冷却液下,使用精细的非涂层硬质合金刀具是最佳选择。正确的槽形和断屑器是非常重要的。

钛的加工硬化状况比奥氏体不锈钢弱。它的切削温度高会热到燃烧。分段切屑通常在间断切削、钻削、铣削的情形下形成。这样的切削易导致切屑影响切削刃,还会引起刀具磨损和积屑瘤产生,尤其是在含合金的刃口处易磨损。

降低切削刃的温度非常有用。如果加工条件和稳定性都很好,钛及其合金的加工并不困难。加工要点如下:
- 在后角足够的情况下,使用锋利、正前角的切削刃;
- 工件装夹稳定;
- 合适的进给速度;
- 合适的冷却;
- 监控切削热情况,限制刀具磨损的发展;
- 将振动趋势最小化;
- 使用顺铣和正确的刀具位置。

6. 铝合金

大多数机械加工的铝都是以合金形式存在的。由于纯铝的强度和硬度相对较弱,所以在机械加工中不经常使用。铝及其合金元素的特性在很大程度上取决于不同的预处理方式。铝合金通常分为锻造和铸造合金,更进一步分为可热处理和非可热处理以及拉紧硬化处理。

铝合金中主要的合金元素是铜、锰、硅、镁、锌和铁。这些合金具有不同的特性:铜增强合金的强度,改善加工性能;锰提高合金的延展性和可铸性;硅提高合金的耐磨性和可铸性;镁提高合金的强度和耐腐蚀性;锌提高合金的强度和可铸性;铁能提高合金的强度和硬度。

铸铝分为热处理和不可热处理两种,也就是钢型铸造和砂型铸造。用哪一种铸造方法取决于对材料特性的要求。合金包括各种元素。硅影响铸造性能,共晶构造的硅合金元素含量为 11.6%,这种合成物在很低的温度时凝结,构成共晶或过晶合金,非常适合高效率铸造。这些合金还可以通过添加其他合金元素,可以变为更高的硅共晶体,可进一步提高性能。这些通常的铸铝合金不具有热处理性。添加铜元素使得铸铝能够被热处理。

锻造铝合金可以分为热处理和非热处理。时效处理、固熔处理和淬火处理是广泛用于提高材料强度和硬度的处理方法。大多数铜-铝合金属非热处理类型。

铝合金具有良好的可加工性,加工时产生的切削热较低,可以用于高速切削。在某些加工中对切削控制需要特别的措施,如锋利的大前角刃口,特别的刀具材质。在保证大的正前角的同时,要能保证正确的切削方式和减小积屑瘤产生的趋势。

可加工性好的评定标准是刀具寿命、加工表面质量、切削力和切屑控制等指标。锻造和铸造铝合金回火处理要比退火的性能好,固熔处理和时效处理对某些合金来说能提高性能。一些合金元素的铝合金在高切削速度下可能产生积屑瘤,使得加工表面质量变差。切屑控制是铝合金加工的难点,在高切削速度下不易断屑,排屑需要采取特殊的措施。

过度的后刀面磨损是一些含硅铝合金切削时易出现的问题。大量的硅元素硬点会加速刀具的磨损。镶嵌金刚石刀片使此类合金的加工得以发展,可以使用高切削速度,实现高的金属去除率,这要求机床主轴能达到高转速。

选择合适的切屑厚度对铝合金铣削来说非常重要。高转速、低进给方式容易引起刀具与工件的摩擦而不是切削,产生很高的切削热量,降低刀具寿命。

7. 冷硬铸铁和淬硬钢

在加工冷硬铸铁和淬硬钢时,很低的热传导率和机械加工性能要求在选择加工刀具时,应当考虑刀片的类型、形状、材质、槽形、加工方案和切削参数。对刀具的要求是:

- 抗磨损性;
- 化学稳定性;
- 热硬性;
- 抗压、抗拉强度;
- 防扩散磨损性;
- 切削刃的强度和韧性。

淬硬钢的切削对前三项的要求更高。铸铁材料加工时易磨损刀具,但切削热低、化学稳定性好。两者在断续切削时要求刀具的强度和韧性高。

提高这些材料的硬度方法有二,一是转变为钢的马氏体,二是形成类似白口铁中的含碳结构。大多硬材料是两者的混合物。

很多轴、轮、齿轮和弹簧类零件都是经过淬硬的碳钢和合金钢(CMC 02.1-2-4)制成的。表面硬化可达 2 mm,深到坚韧的芯部。精加工被用来得到高的精度和表面结构,此时的材料状况是高硬度,表面质量均匀。通体淬火的高合金钢(CMC 04.1)常常需进行精加工车削。

滚筒或轧辊的材料为白口/冷硬铸铁(CMC 10),它们不需要高精度的精加工,通常在 0.1 mm 左右的精度和 R_a1.2 左右的表面质量。这类工件通常体积大,而且从预加工到表面和裂纹的研磨,它们的表面状况变化相当地大,硬度有些偏低,但材质均匀。

1.3 金属热处理

金属热处理是将金属材料放在一定的介质中加热到适宜的温度,并在此温度中保持一段时间后,又以不同速度冷却的一种工艺。

金属热处理是机械制造中的重要工艺之一。与其他加工工艺相比,热处理一般不改变工件的形状和整体的化学成分,而是通过改变工件内部的显微组织,或改变工件表面的化学成分,赋予或改善工件的使用性能。金属热处理的特点是改善工件的内在质量,而这一般不是肉眼所能看到的。为使金属工件具有所需要的力学性能、物理性能和化学性能,除合理选用材料和各种成形工艺外,热处理工艺往往也是必不可少的。

钢铁是机械工业中应用最广的材料。钢铁显微组织复杂,可以通过热处理予以控制,所以钢铁的热处理是金属热处理的主要内容。另外,铝、铜、镁、钛等及其合金也都可以通过热处理改变其力学、物理和化学性能,以获得不同的使用性能。

1.3.1 金属热处理工艺

金属热处理工艺一般包括加热、保温、冷却三个过程,有时只有加热和冷却两个过程。这些过程互相衔接,不可间断。加热是热处理的重要过程之一。

在加热金属时,若将其暴露在空气中,则会发生氧化、脱碳(即零件表面碳含量降低),这对于热处理后零件的表面性能有很不利的影响。因而金属通常应在可控气体或保护气体中,或熔融盐中,或真空中加热,也可用涂料涂抹或包装后进行保护加热。

加热温度是热处理工艺的重要工艺参数之一,选择和控制加热温度是保证热处理质量的关键。加热温度随被处理的金属材料和热处理的目的不同而异,但一般都是加热到相变温度以上,以获得高温组织。另外,组织的转变需要一定的时间,因此当金属工件表面达到要求的加热温度时,还须在此温度保持一段时间,使金属工件内外的温度一致,使显微组织转变完全,这段时间称为保温时间。采用高能密度加热和表面热处理时,加热速率极快,一般就没有保温时间,而化学热处理的保温时间往往较长。

冷却是热处理工艺过程中不可缺少的过程。冷却方法因工艺不同而不同,主要是控制冷却速率。一般退火的冷却速率最慢,正火的冷却速率较快,淬火的冷却速率更快。

金属热处理工艺大体可分为整体热处理、表面热处理和化学热处理三大类。根据加热介质、加热温度和冷却方法的不同，每一大类又可分为若干不同的热处理工艺。同一种金属采用不同的热处理工艺，可获得不同的组织，从而具有不同的性能。钢铁是工业上应用最广的金属，而且钢铁显微组织也最为复杂，因此钢铁热处理工艺种类繁多。

整体热处理是对工件整体加热，然后以适当的速度冷却，以改变其整体力学性能的金属热处理工艺。钢铁整体热处理大致有退火、正火、淬火和回火四种基本工艺。

1. 退火

将金属加热到一定温度并保温一段时间，然后使它慢慢冷却，这个过程称为退火。钢的退火是指将钢加热到发生相变或部分相变的温度，然后经过保温后缓慢冷却。

退火的目的是为了消除组织缺陷，改善组织，使成分均匀化以及细化晶粒，提高钢的力学性能，减少残余应力，同时可降低硬度，提高塑性和韧性，改善切削加工性能。所以退火既为改善前道工序遗留的组织缺陷和消除内应力，又为后续工序做好准备，故退火是属于半成品热处理，又称预先热处理。

2. 正火

正火是将钢加热到钢的临界温度以上，使钢全部转变为均匀的奥氏体，然后在空气中自然冷却的热处理方法。正火能消除过共析钢的网状渗碳体。对亚共析钢正火可细化晶格，提高综合力学性能。对要求不高的零件用正火代替退火工艺是比较经济的。正火的效果同退火相似，只是得到的组织更细，常用于改善材料的切削性能，有时也用于对一些要求不高的零件做最终热处理。

3. 淬火

淬火是将钢加热到钢的临界温度以上，保温一段时间，然后很快地放入淬火剂中，使其温度骤然降低，以大于临界冷却速率的速率急速冷却，从而获得以马氏体为主的不平衡组织的热处理方法。淬火能增加钢的强度和硬度，但要减少其塑性。淬火中常用的淬火剂有水、油、碱水和盐类溶液等。

高速钢的淬火剂可以是"风"，所以高速钢又称为"风钢"。

4. 回火

将已经淬火的钢加热到一定温度，再用一定方法冷却的过程称为回火。其目的是消除钢在淬火中产生的内应力，降低其硬度和脆性，以取得预期的力学性能。回火分为高温回火、中温回火和低温回火三类。回火多与淬火、正火配合使用。

（1）调质处理

淬火后高温回火的热处理方法称为调质处理。高温回火是指在 500 ℃~650 ℃

之间进行回火。调质可以使钢的性能、材质得到很大程度的调整,其强度、塑性和韧性都较好,具有良好的综合机械性能。

(2) 时效处理

为了消除精密量具的零件或模具在长期使用中尺寸或形状发生变化,常在低温回火后(低温回火温度为 150 ℃~250 ℃)精加工前,把工件重新加热到 100 ℃~150 ℃,保持 5~20 h,这种为稳定精密制件质量的处理,称为时效处理。

对在低温或动载荷条件下的钢材构件进行时效处理尤为重要,它可以消除残余应力,稳定钢材的组织和尺寸。

退火、正火、淬火、回火是热处理工艺中的"四把火",其中的淬火与回火关系密切,常常配合使用,缺一不可。

1.3.2 表面热处理

1. 表面淬火

表面淬火是指将钢件的表面通过快速加热到钢的临界温度以上,但热量还未来得及传入内部之前迅速冷却。这样就可以把表面层淬火成马氏体组织,而内部没有发生相变,这就实现了表面淬硬而内部不变的目的。这种方法适用于中碳钢。

2. 化学热处理

化学热处理是指将化学元素的原子,借助高温时原子扩散的能力,把它渗入到钢件的表面层去,来改变工件表面层的化学成分和结构,从而达到使钢的表面层具有特定要求的组织和性能的一种热处理工艺。按照渗入元素的种类不同,化学热处理可分为渗碳、渗氮、氰化和渗金属四种方法。

(1) 渗碳

渗碳是指使碳原子渗入到钢表面层的过程。它可以使低碳钢的工件具有高碳钢的表面层,再经过淬火和低温回火,使工件的表面层具有高硬度和耐磨性,而工件的中心部分仍然保持着低碳钢的韧性和塑性。

(2) 渗氮

这种方法又称氮化,是指向钢的表面层渗入氮原子。其目的是提高表面层的硬度与耐磨性,以及提高抗疲劳强度、抗腐蚀性等。目前生产中多采用气体渗氮法。

(3) 氰化

这种方法又称碳氮共渗,是指在钢的表面层同时渗入碳原子与氮原子。它使钢的表面具有渗碳与渗氮的特性。

(4) 渗金属

这种方法是指将金属原子渗入钢的表面层。它是使钢的表面层合金化,以使工件表面具有某些合金钢、特殊钢的特性,如耐热、耐磨、抗氧化、耐腐蚀等。生产中常用的有渗铝、渗铬、渗硼、渗硅等。

热处理是机械零件和工、模具制造过程中的重要工序之一。大体来说,它可以保证和提高工件的各种性能,如耐磨、耐腐蚀等,还可以改善毛坯的组织和应力状态,以利于进行各种冷、热加工。

例如,白口铸铁经过长时间退火处理可以获得可锻铸铁,提高塑性;齿轮采用正确的热处理工艺,其使用寿命可以比不经热处理的齿轮成倍或成几十倍地提高;价廉的碳钢通过渗入某些合金元素就具有某些高级合金钢的性能,可以代替某些耐热钢、不锈钢;工、模具则几乎全部需要经过热处理方可使用。

1.4 金属切削刀具及刀具选择

1.4.1 刀具的主要几何参数及其作用

在切削加工中所用刀具的种类很多,其几何形状亦较复杂。车刀是其中最简单、最常用的切削刀具,其他刀具皆可视为由若干把车刀组成。如钻头可看成由两把车刀组成,铣刀的每个齿可看成一把车刀。因此当了解车刀的几何形状后,即可推广至其他刀具。

下面以车刀为例了解刀具的结构。车刀是由两部分组成的,即用来把刀具固定在机床刀架上的刀体和作为切削部分的刀头。车刀的切削部分由如下几个部分组成。

前刀面:切削时,切屑沿着它流出的表面。

主后刀面:切削时,刀具上与工件加工表面相对的表面。

副后刀面:切削时,刀具上与工件已加工表面相对的表面。

主刀刃:前刀面与主后刀面的交线处。主刀刃担负着主要的切削工作。

副刀刃:前刀面与副后刀面的交线处。副刀刃也参加切削工作。

刀尖:主刀刃与副刀刃相交的部分。它通常是一小段过渡圆弧。

要了解刀具的切削性能,应对刀具的几何尺寸进行量化处理,因此需要假想三个辅助平面作为基准(见图1-10)。

切削平面(P_s):通过刀刃上某一选定点,

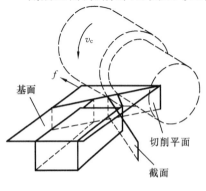

图 1-10

切于工件加工表面的平面。

基面(P_r):通过刀刃上某一选定点,垂直于该点的切削速度方向的平面(显然切削平面始终与基面相互垂直)。

截面(P_o 或 P'_o):通过刀刃上某一选定点,且垂直于刀刃在基面上的投影的平面。截面有主截面、副截面:选定点在主切削刃上时,截面称为主截面;选定点在副切削刃上时,截面称为副截面。

三个辅助平面的关系如图 1-10 所示。

车刀在这三个辅助平面内,可测量出六个独立的基本角度,即前角、后角、副后角、主偏角、副偏角、刃倾角,另外还有两个常用角度,即楔角、刀尖角。

1. 截面内的角度

截面内的角度如图 1-11 所示。

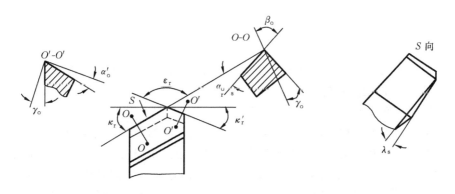

图 1-11

（1）前角(γ_o)

前角为前刀面与基面的夹角。前角与刀具刃口的锋利程度、刀具强度、切削变形、切削力有关,因此前角的大小与工件材料、加工性质、刀具材料有关。以可重磨的焊接车刀为例,根据下面几个原则选择前角。

车削塑性金属时可取较大的前角,车削脆性金属时应取较小的前角。

工件材料软,可选较大的前角;工件材料硬,可选较小的前角。

粗加工,尤其是车削有硬皮的铸、锻件时,为保证刀刃有足够的强度,应取较小的前角。

精加工时,为了保证得到较小的表面粗糙度值,一般应取较大的前角。

若车刀材料的强度、韧性较差,则前角应取小一些;反之,前角可取大一些。

对于机夹可转位的硬质合金刀片,对于上述加工情况主要是通过不同的刃口钝化处理(ER 处理)来获得较锋利或较耐冲击的刃口,除非是加工不同的工件材料而采用专门设计的断屑槽,否则前角的变化一般不大。

(2) 后角(α_o)

后角为后刀面与切削平面之间的夹角。在主截面上测量的是主后角,在副截面上测量的是副后角。后角的主要作用是减少后刀面与工件之间的摩擦。后角太大,会降低车刀强度;后角太小,会增加后刀面与工件的摩擦。选择后角时主要根据下面几个原则。

粗加工时,应取较小的后角(硬质合金车刀:5°~7°;高速钢车刀:6°~8°);精加工时,应取较大的后角(硬质合金车刀:8°~10°;高速钢车刀:8°~12°)。

工件材料较硬,后角应取小些;工件材料较软,后角应取大些。

对于机夹可转位的硬质合金刀片,一般工作后角固定为 6°、7°、11°等常用的角度,实际中再根据加工情况选用。

(3) 副后角(α'_o)

副后角一般与后角相等。

(4) 楔角(β_o)

楔角是在主截面上前刀面与主后刀面之间的夹角。它影响刀头的强度。

2. 基面投影上测量的角度

(1) 主偏角(κ_r)

主偏角为主刀刃在基面上的投影与进给方向之间的夹角。主偏角的主要作用是可以改变主刀刃和刀头的受力情况和散热条件。小的主偏角可使主刀刃参加切削的长度加大,单位长度上受力减小,且散热情况好,但这样会使刀具作用在工件上的径向力加大,当加工细长杆工件时易产生变形和振动。另外,在选择主偏角时,应避免主刀刃与工件已加工表面之间发生干涉,如加工台阶轴类工件时,主偏角必须不小于90°。

(2) 副偏角(κ'_r)

副偏角为副刀刃在基面上的投影与背离进给方向之间的夹角。副偏角的主要作用是避免副刀刃与工件已加工表面之间产生干涉。但是副偏角太大时,刀尖角就小,会影响刀具强度。减小副偏角,可提高工件表面粗糙度值。

(3) 刀尖角(ε_r)

刀尖角为主刀刃和副刀刃在基面上的投影之间的夹角。它影响刀尖的强度和散热条件。

3. 在切削平面内测量的刃倾角(λ_s)

刃倾角为主刀刃与基面之间的夹角。刃倾角的主要作用是可以控制切屑的排出方向。在数控机床精加工曲面时,由于切削点在刀尖圆弧上变化,刃倾角应取 0°,否则各切削点不在同一中心高上,将导致曲面误差。

1.4.2 常用刀具材料及性能

金属切削刀具材料及技术在 20 世纪得到飞速的发展。有一个形象地比喻:在 1900 年需要 100 min 来完成的金属切削去除量,在 20 世纪 90 年代初不到 1 min 就能完成。从客观的角度来讲,切削刀具材料及技术的发展是机械加工行业现代化的重要基础。

目前,针对特定的加工条件、特定的加工工件材料,都有专门的刀具进行最优化的加工。而且还有更多的新型材料刀具,其至在 20 世纪初就使用的高速钢刀具,在 100 年来的应用中也得到飞速的发展,比它最初的切削速度也快了几倍。

刀具的切削性能首先取决于刀具材料,其次是几何形状、表面强化、热处理、质量等。因此合理选择刀具材料是选择刀具的第一步。从刀具寿命的角度来看,对刀具材料的性能主要要求是耐磨性、强硬性和红硬性(高温硬度)。不同品种刀具和不同的切削条件对刀具性能的要求不同,如在重切削无冷却液的条件下刀具的红硬性最重要;精车淬硬钢,刀具的耐磨性最重要;断续切削则要求刀具有最佳的硬度与韧性的搭配。

图 1-12 所示为从 1900 年至 1990 年,用不同材料的刀具加工单件工件的时间变化情况。

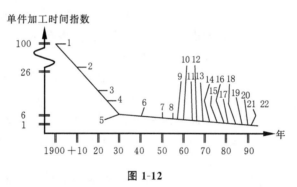

图 1-12

1—高碳钢;2—高速钢(HSS);3—铸造合金;4—改进型高速钢;5—铸铁用硬质合金;6—钢材用硬质合金;7—机夹硬质合金刀片;8—切削用陶瓷(CC);9—人造金刚石;10—改进型硬质合金;11—金属陶瓷(CT);12—改进型Ⅱ硬质合金;13—涂层硬质合金(GC);14—聚晶人造金刚石(PCD);15—立方氮化硼(CBN);16—多层涂敷硬质合金;17—钻头用涂层硬质合金;18—铣刀用涂层硬质合金;19—不锈钢用硬质合金;20—改进型金属陶瓷;21—螺纹车削用硬质合金;22—刀具涂层技术的持续改进

我们可以发现,刀具材料的进步是呈加速度的。刀具材料的发展为切削加工大幅度提高生产效率提供了可能,而提升生产效率的最直接的结果是降低了零件的制造成本。

基本上讲,刀具之所以能切削金属,是因为刀具比工件材料锋利而且硬。但是今天高生产率生产的实现并不只局限在刀具材料本身,刀具的断屑槽等刃口的形式也很重要,通常我们称其为槽型。

刀具材料与槽型的不同匹配是由下面这些因素决定的。
- 切削加工要求。
- 工件材料和形状。
- 机床限制。
- 切削参数。
- 精加工的表面质量。
- 工艺系统的刚度。
- 加工成本。

切削加工要求包括粗加工、精加工、加工公差、连续切削、断续切削。工件的切削特性主要由材料类型、微观结构、硬度、表面质量来决定。机床的使用状况、功率、刚度、切削速度和进给速度能力以及夹具对刀具的选择是非常重要的因素。不同的切削速度会造成不同的切削温度,这就要求刀具的热硬性要相适应,刀具刃口的强度要满足切削力的要求,这两者都会对刀具材料的选择起到重要作用。零件精加工表面质量和形位公差也要求刀具材料具有足够的耐磨性和刚度。工艺系统的刚度影响了振动的倾向,如果切削容易产生振动,就要求刀具的刃口处理得强壮。加工成本的要求指我们在选择刀具时要充分考虑刀具的价格和寿命,既要考虑刀具的性价比又要考虑更换磨损刀具的时间成本和刃口重磨成本。

有三个特性主要影响了刀具的切削速度范围和进给量的大小,它们是耐磨性(wear resistance,WR)、韧度(toughness,T)和热硬性(hot hardness,HH)。

耐磨性并不只是反映在后刀面磨损性能上,而且体现在其他形式刀具磨损的耐磨性上。人造金刚石类刀具的耐磨性最好,按照耐磨性的优劣排列依次是:立方氮化硼、陶瓷、硬质合金和金属陶瓷、高速钢。

韧度表现在刀具整体的抗弯性和抗横向断裂能力上。高速钢(HSS)的韧性最强,人造聚晶金刚石在刀具材料中最脆。

热硬性是指刀具材料在高速度与高温材料切削加工时的硬度保持性能。不同材料的刀具热硬性差别很大。人造金刚石类刀具的耐磨性虽然最好,但是因为金刚石中碳的成分和结构不能承受过高的切削热,所以该类刀具一般只用于非铁族合金的切削加工。刀具的热硬性由强到弱排列是:立方氮化硼、陶瓷、金属陶瓷、硬质合金和高速钢。

正确选择刀具材料在经济切削加工中是很重要的。因刀具不耐磨或者刀具过脆断裂产生的停机换刀时间将造成零件的制造成本上升,机床折旧成本增加。没有单一的刀具材料能够适合所有工件材料的经济加工,但是某些刀具材料如高速钢和硬质合金因为有广泛的应用区域,可以承担多种切削形式的加工。根据目前的刀具销售市场分析,高速钢刀具占有约60%的份额,硬质合金类刀具也超过了30%的份额。

1. 高速钢

高速钢的强度高、韧度好,性能比较稳定,工艺性好,能制作成各种形状和尺寸,特别是大型复杂刀具,其在600℃时,仍保持切削加工所要求的硬度。切削中碳钢时,切削速度达30 m/min左右。

高速钢的韧性是硬质合金的两倍,硬质合金的韧性是陶瓷的三倍。陶瓷刀片的耐磨性、热稳定性和化学稳定性要比硬质合金好很多。理想的刀具材料应该有下面的特性。

- 刀具很硬,可抵抗后刀面磨损和塑性变形。
- 高强度、韧性好,可抵抗切削力冲击。
- 化学惰性好,不与工件发生氧化和扩散反应。
- 耐温度变化冲击。

2. 硬质合金

硬质合金由硬的碳化物形成的硬点和金属粘结剂烧结而成。它具有高速钢的韧性,并有很高的切削速度的耐磨性与红硬性。最近60年来硬质合金的制造技术得到了长足的发展,特别是涂层技术的应用,使涂层硬质合金成为机夹刀片的首选。非涂层硬质合金刀片和焊接硬质合金刀具广泛地应用在铝合金加工和非标准刀具制造上。

硬质合金比高速钢有更高的硬度、耐磨性、耐高温性以及抗腐蚀能力,允许切削温度在800 ℃~1 000 ℃之间。切削中碳钢时,切削速度达100 m/min左右。但其常温下的冲击韧性远不及高速钢。

硬质合金是一种粉末烧结产品,由多种碳化物硬点,比如碳化钨(WC)、碳化钛(TiC)、碳化钽(TaC)、碳化铌(NbC)等,由金属钴(Co)粘结一起经高温高压烧结而成。碳化物硬点颗粒的直径从1 μm~10 μm不等,颗粒尺寸的一致性要比颗粒的直径对刀具性能的影响更大。按硬质合金的种类,硬质合金的碳化物硬点的含量在60%~95%。硬质合金的应用范围非常广泛,几乎所有的工件材料都可以用硬质合金刀片来加工。

(1) 硬质合金刀片的制造流程视频《硬质合金刀刀片制造流程》

① 制粉过程。

矿石经粉碎,经过复杂的化学反应和还原过程得到硬质合金的原材料粉末(见图1-13)。

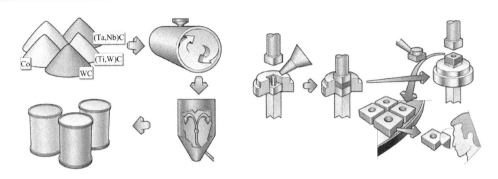

图 1-13 制粉过程　　　　　　图 1-14 刀片压制过程

② 刀片压制过程。

传统的硬质合金刀片的压制过程是在压力机上完成的(见图 1-14)。潮湿的硬质合金原材料粉末被填充在模具型腔里面,当压力头工作时,刀片的形状和断屑槽花纹被模具压制成型。但是此时的硬质合金刀片尺寸要比烧结后的尺寸大 50%,这是因为此时刀片基体内部还存在大量的水分和气孔。关于先进的硬质合金刀片注射成型技术内容请参考相关资料。

③ 刀片烧结过程。

刀片成型后要送入烧结炉进行高温高压烧结,形成坚硬的最终形态(见图1-15)。有各种先进的烧结技术,温度通常在 1 300 ℃～1 600 ℃之间。

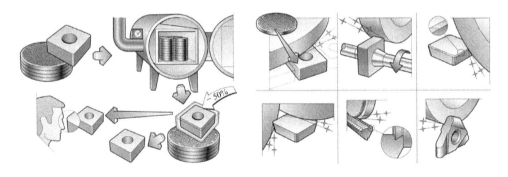

图 1-15 刀片烧结过程　　　　　　图 1-16 刀片磨削过程

④ 刀片磨削过程。

硬质合金刀片的磨削主要是达到刀片的尺寸和形状公差,获得锋利的刃口和抗冲击的切削刃倒棱(见图 1-16)。磨料主要是金刚石粉末砂片或射流粉末。

⑤ 化学涂层或物理涂层过程。

在 20 世纪 60 年代末,硬质合金刀片涂层技术获得了巨大的进步。刀片被涂层后,硬质合金刀片可以获得更高的切削速度和更长的寿命,切削速度可提高30%~50%,尤其在难加工材料和重切削领域有着很大优势。涂层的材料主要包括氮化钛(TiN)、氧化铝(Al_2O_3)、碳氮化钛(TiCN)、氮铝化钛(TiAlN)等。涂层的方法有化学涂层法(CVD)(见图1-17)和物理涂层法(PVD)(见图1-18)。多层涂层技术可以使刀片进行高速干切削加工。

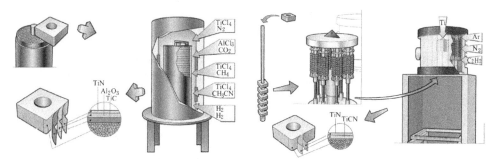

图1-17 化学涂层过程　　　　图1-18 物理涂层过程

(2) 硬质合金的应用分类

硬质合金刀具,包括涂层或者非涂层的刀具,按照其所适合加工的工件材料和切削速度范围进行了应用区间的分类。ISO的硬质合金分类法的目标是为了使用者可以按照所加工的材料和抗冲击要求来选择刀具。如图1-19所示,应用条块的尖点,标志着刀具材料的最佳应用点,条块的宽度表示此刀具材料韧性和耐磨性的范围。对于某一家刀具厂商的产品,也许在同一个应用区域有几种刀具材料可以选择,比如在P10这个区域(见图1-19)内可能有几种类型的非涂层硬质合金,它们的晶粒度质量各不相同,也许还有一种涂层硬质合金刀具,或者还有金属陶瓷甚至高速钢刀具,它们的应用区间相同,但是它们的切削速度和寿命不同,所以价格也不同,各自适合不同的工艺状况。

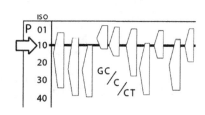

图1-19

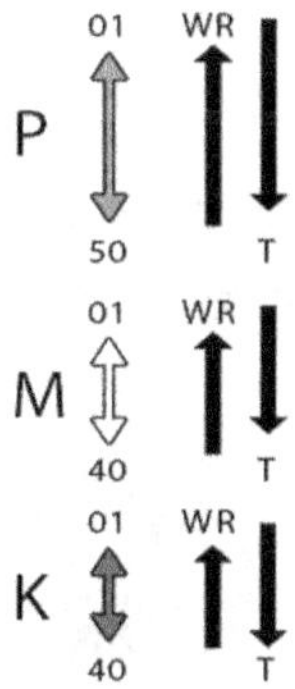

ISO刀具材料分为P、M、K三个区域(见图1-20),现业界将硬质合金刀具材料分为P、M、K、N、S、H六个区域。其中的数字代表刀具的抗冲击性和耐磨性,数字越大,刀具的抗冲击性T(韧性)越大,数字越小,刀具的耐磨性WR(硬度)越高。

ISO P(蓝色):此区域的刀具适合加工长屑易切材料,比如碳钢、铸钢、铁素体不锈钢、可锻铸铁等。

图1-20

ISO M(黄色):此区域的刀具适合加工难加工材料,比如奥氏体不锈钢、马氏体钢、合金铸铁等。

ISO K(红色):此区域的刀具适合加工短屑材料,比如铸铁、淬硬钢,非铁金属中的铝合金、铜合金、塑料等。

ISO N:此区域的刀具适合加工有色金属。

ISO S:此区域的刀具适合加工优质的耐热合金。

ISO H:此区域的刀具适合加工淬硬材料。

(3) 金属陶瓷

金属陶瓷是钛基硬质合金类刀具材料的总称,是以碳化钛(TiC)或碳氮化钛(TiCN)或氮化钛(TiN)为硬点的硬质合金。由于粘结剂为金属结晶,从而有金属陶瓷之称。

金属陶瓷刀具材料比碳化钨(WC)类的硬质合金要硬,但是韧性相对要差,通常作为不锈钢和低碳钢的精加工刀具。它相对于普通硬质合金具有以下特性:

- 抗后刀面磨损和前刀面月牙洼磨损。
- 更高的化学稳定性和热硬性。
- 抗积屑瘤形成。
- 抗氧化磨损。

图 1-21 精加工低碳钢零件

图 1-21 所示为低碳钢零件,硬度为 HB260,加工表面粗糙度 R_a 小于 0.8。所使用的车削参数与刀具及条件为: $v_c = 300$ m/min, $f = 0.18$ m/min, $a_p = 0.5$ mm,刀片代码 DNMX150608-WF5005,金属陶瓷精车刀片,使用乳化液,工件夹持稳定。

金属陶瓷的应用区间一般在 P01~P20,M05~M15 以及 M01~M25 区间。这就意味着此类刀具材料应用在精车、精镗、精铣和半精加工阶段。和普通硬质合金刀片相比,金属陶瓷刀片的切削速度大约提高 100%,可以获得更高的表面粗糙度。但是因为金属陶瓷的韧性较差,所以不适合较大切深和走刀量,或者是断续切削的场合应用。

3. 陶瓷

陶瓷刀具材料具有高硬度、高耐磨性、优良的化学稳定性和低摩擦系数,尤其是其优良的红硬性(其在 790 ℃高温下,仍保持较高硬度),故适用于高速切削和高速重切削;但其缺点是抗弯强度和冲击韧性较差,目前主要用于金属材料的半精加工和精加工。图 1-22 所示为陶瓷刀具外形。

今天,陶瓷已经应用为多种切削材料,从最早的氧化铝陶瓷到现在的复合陶瓷刀片,到焊接陶瓷头的钻头,主要加工淬硬钢、铸铁、耐热合金和复合材料。

图 1-22 陶瓷刀具外形

陶瓷本身的抗冲击性较差,所以作为机夹刀片时一般较厚,而且不采用孔定位与夹紧。陶瓷的热硬性强,耐磨性好,化学稳定性强。陶瓷刀具一般分为氧化铝陶瓷、氮化硅陶瓷、复合陶瓷、晶须陶瓷等,用于加工各种铸铁和不同钢料,也适用于加工有色金属和非金属材料。使用陶瓷刀片,无论什么情况下都要用负前角;为了不易崩刃,必要时可将刃口倒钝。陶瓷刀具在下列情况下使用效果欠佳:短零件的加工;冲击大的断续切削和重切削;铍、镁、铝和钛等的单质材料及其合金的加工(易产生亲和力,导致切削刃剥落或崩刃)。

4. 立方氮化硼

立方氮化硼(cubic boron nitride,CBN)的硬度仅次于金刚石,是高硬度、高耐磨性和高热硬性的刀具材料。它的韧度比陶瓷高一些。因为立方氮化硼刀片采用焊接在硬质合金基体上的方法(见图1-23),所以对于间断性的切削加工,以及双金属材料工件在加工中硬度的变化都不敏感,有一定的抗冲击性。

立方氮化硼虽然比陶瓷要硬,但是化学稳定性和热稳定性不如陶瓷刀具。它主要加工锻造钢的硬皮、淬硬钢、冷硬铸铁、钴基和铁基的粉末冶金工件材料。在硬质材料的加工中,立方氮化硼的切削速度和寿命要优于陶瓷,但是价格大大高于陶瓷,所以在使用这类刀片的加工中要进行经济效益的预算。

图 1-23 立方氮化硼刀片的外形　　　　图 1-24 人造金刚石刀片外形

5. 人造金刚石

人造金刚石(polycrystalline diamond)是目前最硬的刀具材料,它的硬度与天然金刚石相同。它的硬度使它的耐磨性很高,通常也作为砂轮的主要成分,用来磨削硬质合金刀具,也用来修正其他陶瓷砂轮的外形。人造金刚石颗粒通常焊接或者涂敷在硬质合金基体上(见图1-24),使刀具更加耐冲击。人造金刚石刀具的寿命通常数倍于硬质合金,甚至达一百倍。人造金刚石刀具的特点如下:

切削区域的温度不能超过 600 ℃,这就意味着切削加工需要充足的冷却液;

人造金刚石和铁族元素发生亲和反应,不推荐加工含有铁元素的工件材料;

不可以加工高应力的韧性强的材料;

要求切削工艺环境稳定、无冲击。

6. 刀具材料与常用的切削速度

高速钢车刀:20~30 m/min(车削 HB260 普通钢材)。

硬质合金:70~90 m/min(车削 HB260 普通钢材)。
TiN 涂层硬质合金:100~120 m/min(车削 HB260 普通钢材)。
氧化铝涂层硬质合金:200~400 m/min(车削 HB260 普通钢材)。
金属陶瓷:200~350 m/min(车削 HB260 奥氏体不锈钢)。
陶瓷刀片:200~400 m/min(车削 HB300 灰口铸铁)。
立方氮化硼刀片:400~800 m/min(车削灰口铸铁和淬硬钢及耐热合金)。
金刚石刀片:1 000~3 000 m/min(车削铝合金)。

1.4.3 数控车削刀具的种类及特点

车刀是金属切削刀具中应用最广泛的刀具,按用途可分为外圆车刀、内孔车刀、端面车刀、螺纹车刀、切槽刀、切断刀、仿形车刀等。车刀在结构上可分为整体车刀、焊接车刀、机械夹固刀片的车刀。数控车床主要使用机夹可转位车刀。下面介绍数控车床用机夹可转位车刀的编号方法及特点。

1. 可转位外圆、端面、仿形车刀的型号编制规则及说明

(1) 可转位外圆、端面、仿形车刀的型号编制规则

在国家标准《可转位车刀》(GB 5343.1—1985)中,用 10 个号位的代号表示其型号,前 9 个号位是必须用的,第 10 个号位必要时才用。编写形式见表 1-2。

表 1-2 可转位外圆车刀型号编制

M	C	L	N	R	25	25	M	12	W
1	2	3	4	5	6	7	8	9	10(自编号)

(2) 可转位外圆、端面、仿形车刀参数的说明

对可转位外圆、端面、仿形车刀各个参数的说明(对表 1-2 的说明)分别见表 1-3 至表 1-11。

表 1-3 压紧方式(第 1 位)

C:压板压紧式	M:复合压紧式	P:杠杆压紧式	S:螺钉压紧式

表 1-4 刀片形状(第 2 位)

表 1-5 刀具形式与主偏角(第 3 位)

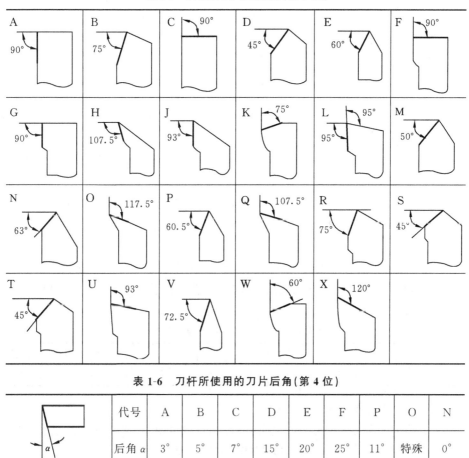

表 1-6 刀杆所使用的刀片后角(第 4 位)

代号	A	B	C	D	E	F	P	O	N
后角 α	3°	5°	7°	15°	20°	25°	11°	特殊	0°

表 1-7 切削方向(第 5 位)

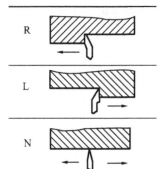

表 1-8 刀尖高度(第 6 位)

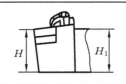

表 1-9 刀体宽度(第 7 位)

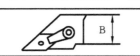

表 1-10 刀具长度(第 8 位)

代 号	长度/mm
H	100
K	125
M	150
P	170
Q	180
R	200
S	250
T	300

表 1-11　切削刃长（第 9 位）

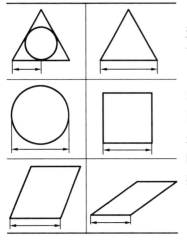

(3) 品种规格的选用

可转位车刀的品种主要有外圆、端面、外圆仿形、外圆端面四种，使用范围大致与名称相似，但也可灵活应用。

车刀的基本尺寸为刀尖高度，选用时应与使用的车床相匹配。在卧式车床上，车刀刀尖应与车床的主轴中心线等高。若刀尖略低，可加垫片解决，但是垫片的数量一般为一片。在加工台阶面的工件时，若工件的台阶误差与程序误差不一致时，则要检查刀尖高与主轴中心线是否等高。

2. 可转位内孔车刀的型号编制规则及说明

(1) 可转位内孔车刀的型号编制规则

国家标准《可转位内孔车刀》（GB/T 14297—1993）规定了可转位内孔车刀的尺寸和技术条件，但未规定型号编制规则。目前国内外厂商以 ISO 6261—1984 的规定来表示圆柄可转位内孔车刀的型号。编写形式及说明见表 1-12。

表 1-12　内圆可转位车刀型号编制

S	3	U	—	S	T	F	C	R	1	—	制造商选用代码
1	2	3	—	4	5	6	7	8	9	—	10

(2) 可转位内孔车刀参数的说明

对可转位内孔车刀各个参数的说明（对表 1-12 的说明）分别见表 1-13 至表 1-21。

表 1-13　刀杆形式（第 1 位）

S:整体钢制刀杆	A:整体钢制刀杆，带切削液输送通道	C:头部钢材和柄部硬质合金固定连接的刀杆	E:头部钢材和柄部硬质合金固定连接的刀杆，带切削液输送通道

表 1-14　刀杆直径（第 2 位）

如果刀杆直径只有一位数字应在其前加"0"，例：

$d = 8 \text{ mm} = 08$

表 1-15　刀具长度（第 3 位）

代　号	长　度/mm
H	100
K	125
M	150
P	170
Q	180
R	200
S	250
T	300

表1-16 压紧方式(第4位)

C:压板压紧式	M:复合压紧式	P:杠杆压紧式	S:螺钉压紧式

表1-17 刀片形状(第5位)

C	D	R	S	T	V
80°	55°			60°	35°

表1-18 刀头形状(主偏角)(第6位)

K	F	U	L	Q
75°	90°	93°	95°	107°30′

表1-19 刀片后角(第7位)

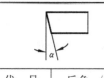

代号	后角 α/(°)
B	5
C	7
E	20
F	25
N	0
P	11
W	6
X	14

表1-20 切削方向(第8位)

R:右切削

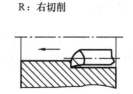

L:左切削

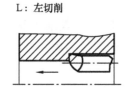

表1-21 切削刃长(第9位)

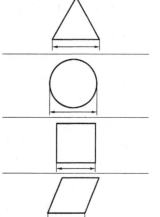

(3) 品种规格的选用

车孔的关键是解决内孔车刀的刚度和排屑问题,因此内孔车刀的选择一般从改善车刀的刚度、断屑考虑。

增加刀杆的截面积可以增加刀具的刚度。

优先选用圆柄车刀,如在卧式车床上因受四方刀架的限制,可增加辅具后再使用。

一般标准内孔车刀已给定了最小加工孔径。对于加工最大孔径范围,一般不超过比它大一个规格的内孔车刀所规定的最小加工孔径,如特殊需要,也应小于再大一个规格的使用范围。

刀杆的伸出长度尽可能缩短,通常整体钢制刀柄的伸出长度应在刀杆直径的 4 倍以内。

加工的断屑、排屑可靠性比外圆车刀更为重要,因此不仅要选用好的断屑槽形刀片,还要注意给刀具头部留有足够的排屑空间。另外刀具尺寸受到孔径的限制,装夹部分的结构要求简单、紧凑,夹紧件最好不外露,且夹紧可靠。

3. 螺纹可转位车刀型号编制规则

可转位螺纹车刀目前还无国家标准,该类刀具产品的尺寸均参照其他有关标准确定。

4. 机夹切槽刀和切断刀的品种规格

目前,机夹可转位切槽刀没有国家标准,机夹切断车刀已有国家标准(GB 10953—1989),该标准有 A 型和 B 型两种,其代号的编制规则和说明请参考相关标准或厂商提供的手册。

1.4.4 数控铣刀的种类及特点

铣削是最常用的加工方法之一,可以加工平面、沟槽、螺旋表面、回转体表面、曲面等。铣刀的种类很多,一般按用途分类,也可按齿背形式分类。

按用途分类如下。

圆柱铣刀:它用在卧式铣床上加工平面。圆柱铣刀主要用高速钢制造,也可镶焊螺旋形硬质合金刀片。

端铣刀:它用在立式铣床上加工平面,其轴线垂直于加工表面。端铣刀的主切削刃分布在圆锥或圆柱表面上,端部切削刃为副切削刃。端铣刀主要采用硬质合金刀齿,故有较高的生产效率。

盘形铣刀:盘形铣刀有槽铣刀、两面刃铣刀、三面刃铣刀、错齿三面刃铣刀等。

槽铣刀:槽铣刀一般用于加工浅槽。槽铣刀仅在圆柱表面有刀齿,两侧各有 30′ 的副偏角,这样两端面实际不是平面,而是一个内凹的锥面。

两面刃铣刀:两面刃铣刀用于加工台阶面。两面刃铣刀除圆柱表面有刀齿外,在一侧端面上也有刀齿。

三面刃铣刀:三面刃铣刀和错齿三面刃铣刀用于切槽和加工台阶面。三面刃铣刀和错齿三面刃铣刀在两侧端面上都有切削刃。

锯片铣刀:它用于切削窄槽或切断材料。

立铣刀:它用于加工平面、台阶、槽和相互垂直的平面,它是利用锥柄或直柄紧固在机床主轴上的。立铣刀圆柱表面上的切削刃是主切削刃,端刃是副切削刃。用立铣刀铣槽时槽宽有扩张,故应取直径比槽宽略小的铣刀(0.1 mm以内)。

键槽铣刀:键槽铣刀仅有两个刀瓣,既像立铣刀又像钻头,它可沿轴向进给到毛坯中去,然后沿键槽方向铣出键槽的全长。

角度铣刀:用于铣削沟槽和斜面。

成形铣刀:用于加工成形表面。

按齿背加工形式分类如下。

尖齿铣刀:尖齿铣刀的齿背经铣制而成,并在切削刃后面磨出一条窄的后刀面,刀具用钝后只需刃磨后刀面。

铲齿铣刀:铲齿铣刀的齿背经铲制而成,用钝后只需刃磨前刀面。

1. 数控铣削刀具的基本要求

(1) 铣刀刚度要好

这是因为:一是为提高生产效率而采用大切削用量的需要;二是为适应数控铣床加工过程中难以调整切削用量的特点。在通用铣床上加工时,若遇到刚度不好的刀具,比较容易从振动、手感等方面及时发现,并及时调整切削用量加以弥补,而数控铣削时则很难做到这一点。

(2) 铣刀的耐用度要高

当一把铣刀加工的内容很多时,若刀具不耐用而磨损较快,则会影响工件的表面质量与加工精度。这是因为刀具磨损过快会增加换刀引起的调刀与对刀次数,会使工件表面留下因对刀误差而形成的接刀台阶,降低了工件的表面质量。

除上述两点之外,铣刀切削刃的几何角度参数的选择及排屑性能等也非常重要。切屑粘刀形成积屑瘤在数控铣削中是十分忌讳的。总之,根据加工工件材料的热处理状态、切削性能及加工余量,选择刚度好、耐用度高的铣刀,是充分发挥数控铣床的生产效率和获得满意的加工质量的前提。

2. 数控铣刀的选择

数控铣床上采用的刀具要根据被加工零件的几何形状、表面质量要求和材料的热处理状态、切削性能及加工余量等,选择刚度好、耐用度高的刀具。数控铣削加工的刀具主要有平底立铣刀、面铣刀、球头刀、环形刀、鼓形刀和锥形刀等。

① 加工曲面类零件时,为了保证刀具切削刃与加工轮廓在切削点相切,避免刀刃与工件轮廓发生干涉,一般采用球头刀。粗加工用两刃铣刀,半精加工和精加工用四刃铣刀。刀刃数还与铣刀直径有关。

② 在铣较大平面时,为了提高生产效率和提高加工表面粗糙度,一般采用刀片镶嵌式盘形面铣刀。

③ 在铣小平面或台阶面时,一般采用通用铣刀。

④ 在铣键槽时,为了保证槽的尺寸精度,一般采用两刃键槽铣刀。

⑤ 在加工孔时,可采用钻头、镗刀等孔加工刀具。

3. 数控铣床常用铣刀编制规则及说明

在国家标准《可转位立铣刀》(GB 5340—1985)、《可转位三面刃铣刀》(GB 5341—1985)、《可转位面铣刀》(GB 5342—1985)等的基础上,通过等效采用国际标准 ISO 7406—1986《可转位带孔铣刀—代号》、ISO 7448—1986《可转位带柄铣刀—代号》,国家标准部门编制了《可转位带孔铣刀代号表示规则》(待批)、《可转位带柄铣刀代号表示规则》(待批)标准。但在实际应用中,目前更多是根据各供货商的产品手册选择刀具。通过下面两个例子,说明整体硬质合金立铣刀和机夹刀片铣刀的代码所包含的信息情况。

[例1-1] 图1-25所示为山特维克可乐满的整体硬质合金立铣刀(2000年刀具手册),以该刀具为例,可乐满系列铣刀的型号编制如表1-22所示。

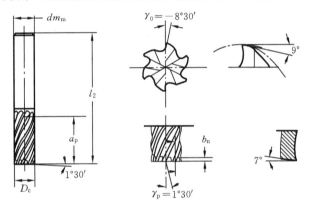

图 1-25

表 1-22 山特维克可乐满铣刀型号编制

R	A	2	1	5	·	3	A	-	1	0	0	3	0	-	A	C	2	2	H
1	2	3	4	5	6	7	8	9	10	11	12	13	14	15	16	17	18	19	20

对可乐满系列铣刀各个参数的说明见表1-23。

表 1-23 可乐满系列铣刀的参数说明

位 数	格 式	内 容
1	R/L	右/左
2	A	英制(公制缺省)
3 4	21	21为立铣刀
5	5/6	不可钻削/可钻削

续表

位　数	格　式	内　容
6	.	分割点
7	2	矩形头、方形刀片、刀尖角有圆弧
7	3	矩形头、方形刀片、刀尖角45°
7	4	矩形头、方形刀片、球头立铣刀
7	5	矩形头、方形刀片、圆锥立铣刀
7	6	矩形头、方形刀片、牛鼻立铣刀
8	1-9-A-Z	齿数（A-Z＝10-32牙）
9	-	分割横线
10 11 12	D_c	铣刀直径的1/10 mm
13 14	γ	螺旋升角
15	-	刀尖圆弧半径为零
15	-A-R	刀尖圆弧半径值
16	A-Z	刀柄夹持方式
17	C	正常刀具长度
17	K	加长刀具长度
18 19	a_p	切削深度/mm
20	A-X	排屑槽形式

[例1-2]　表1-24所示为山特维克可乐满45°机夹面铣刀型号编制说明及通常的机夹铣刀代码商业规范。

以表1-24中的R245-125Q4012M为例，说明各位所代表的含义。

R 代表右手铣刀体。

2 代表可乐满产品。

45 代表主偏角为45°。

125 代表铣刀直径为125 mm。

Q 代表使用的面铣刀芯轴式接口（山特维克可乐满在面铣刀的芯轴口的产品应用标准，见附录B）；

40 代表芯轴孔直径dm_m为40 mm。

12 代表四方刀片边长为12 mm。

在型号的最后1位中：

L 表示刀体为疏齿设计，安装6个刀片；

M 表示刀体为密齿设计，安装8个刀片；

H 表示刀体为特密齿设计，安装12个刀片。

表 1-24　山特维克可乐满 45°机夹面铣刀型号编制说明

面铣—CoroMill®245
直径 50～250 mm

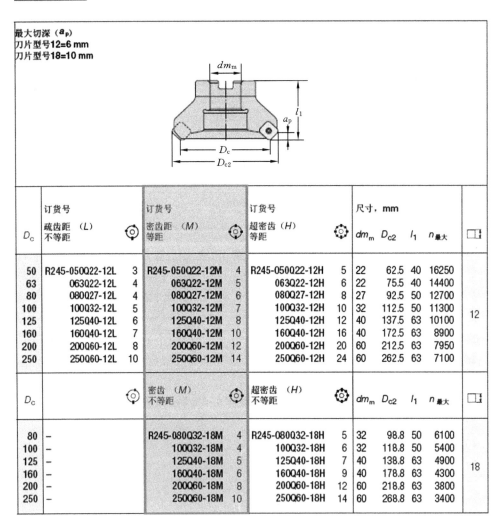

最大切深（a_p）
刀片型号12=6 mm
刀片型号18=10 mm

D_c	订货号 疏齿距（L）不等距		订货号 密齿距（M）等距		订货号 超密齿（H）等距		dm_m	D_{c2}	l_1	$n_{最大}$	
50	R245-050Q22-12L	3	R245-050Q22-12M	4	R245-050Q22-12H	5	22	62.5	40	16250	
63	063Q22-12L	4	063Q22-12M	5	063Q22-12H	6	22	75.5	40	14400	
80	080Q27-12L	4	080Q27-12M	6	080Q27-12H	8	27	92.5	50	12700	
100	100Q32-12L	5	100Q32-12M	7	100Q32-12H	10	32	112.5	50	11300	12
125	125Q40-12L	6	125Q40-12M	8	125Q40-12H	12	40	137.5	63	10100	
160	160Q40-12L	7	160Q40-12M	10	160Q40-12H	16	40	172.5	63	8900	
200	200Q60-12L	8	200Q60-12M	12	200Q60-12H	20	60	212.5	63	7950	
250	250Q60-12L	10	250Q60-12M	14	250Q60-12H	24	60	262.5	63	7100	

D_c			密齿（M）不等距		超密齿（H）不等距		dm_m	D_{c2}	l_1	$n_{最大}$	
80	—		R245-080Q32-18M	4	R245-080Q32-18H	5	32	98.8	50	6100	
100	—		100Q32-18M	4	100Q32-18H	6	32	118.8	50	5400	
125	—		125Q40-18M	5	125Q40-18H	7	40	138.8	63	4900	18
160	—		160Q40-18M	6	160Q40-18H	9	40	178.8	63	4300	
200	—		200Q60-18M	8	200Q60-18H	12	60	218.8	63	3800	
250	—		250Q60-18M	10	250Q60-18H	14	60	268.8	63	3400	

1.4.5 机夹不重磨刀具几何尺寸选择次序

1. 重要角度
- 主偏角。
- 副偏角(N型刀片要形成前角,故副后角为负;一般加工工件的楔入角要在刀具理论副偏角的基础上减5°)。
- 后角。
- 刀具刃口处理。
- 断屑槽(不是由前角槽完成,而是由槽形中的凸起部分完成)。

2. 次要角度
- 前角(N型刀片,可由正前角槽形形成正的前角)。

1.4.6 可转位车刀刀片型号编制规则及说明

(1) 可转位车刀刀片型号

可转位车刀刀片型号编制规则见表1-25。

表1-25 可转位车刀型号编制

T	N	M	G	22	04	08	E	N	—	V2
1	2	3	4	5	6	7	8	9		10(自编号)

(2) 可转位车刀刀片参数说明

对可转位车刀刀片各个参数的说明分别见表1-26至表1-35。

表1-26 刀片形状(第1位)

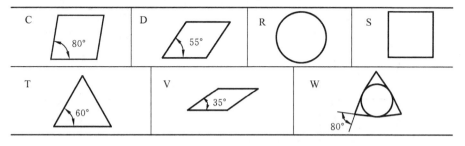

表1-27 刀片后角(第2位)

代号	A	B	C	D	E	F	P	O	N
后角α	3°	5°	7°	15°	20°	25°	11°	特殊	0°

表 1-28 精度等级(第 3 位)

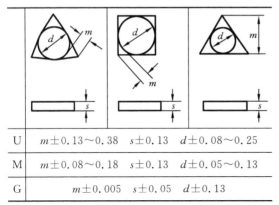

U	$m\pm0.13\sim0.38$	$s\pm0.13$	$d\pm0.08\sim0.25$
M	$m\pm0.08\sim0.18$	$s\pm0.13$	$d\pm0.05\sim0.13$
G	$m\pm0.005$	$s\pm0.05$	$d\pm0.13$

表 1-29 断屑槽和固定形式(第 4 位)

N	
R	
F	
A	
M	
G	

表 1-30 切削刃长(第 5 位)

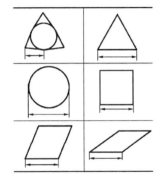

表 1-31 刀片厚度(第 6 位)

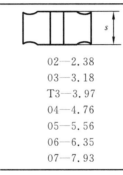

02—2.38
03—3.18
T3—3.97
04—4.76
05—5.56
06—6.35
07—7.93

表 1-32 刀尖圆弧半径(第 7 位)

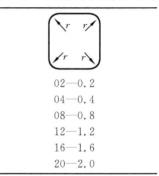

02—0.2
04—0.4
08—0.8
12—1.2
16—1.6
20—2.0

表 1-33 切削刃截面形状(第 8 位)

符号	简 图	说 明
F		尖锐切削刃
T		副倒棱切削刃
E		倒圆切削刃
S		副倒棱加倒圆切削刃

表 1-34 切削方向(第 9 位)

R	
L	
N	

表 1-35 非国家或 ISO 标准,一般表明刀片的断屑槽(表中为国产刀片示例)(第 10 位)

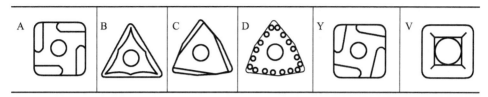

1.4.7 数控机夹可转位车、铣刀片的选择

1. 刀片形状的选择

加工的零件形状是选择刀片形状的第一依据。刀片安装在刀柄上,刀具主、副切削刃不得与工件的已加工表面或待加工表面发生干涉。

刀具形状与切削区的刀尖角的大小有直接关系,因此刀片形状直接影响刀尖强度,刀尖角越大刀尖强度越高。按刀尖角大小顺序排为:R、O、H、P、S、L、M、A、B、W、C、E、T、K、D、V。另外刀尖角越大,车削中对工件的径向分力越大,越易引起切削振动,故精加工时宜采用较小的刀尖角型号。

刀片形状与切削刃数的关系。在保证刀具强度、工件精度的前提下,可选用切削刃较多的 W 型、T 型刀片。

此外,某些刀片形状的使用范围有其专用性。如 D 型、V 型车削刀片一般只在仿形车削时才使用。R 型刀片在仿形、车削盘类零件(车轮)、曲面加工时采用。

2. 刀片主切削刃后角的选择

刀片后角与切削刃数的关系。当刀片后角选 N 型 0°时,刀片可正反使用,这样可以降低刀片成本。此时刀柄上的刀片安装面不是水平的,当刀片与刀体组合后,刀具形成正的后角,只是刃倾角为负。由于数控机夹刀片一般都有断屑槽,故前角也为正值。因此 N 型刀片被较多选用,选用时注意考虑槽形。另外由于该型刀具的刃倾角为负,在进行曲面加工时,刀具上切削点位置不同,且不在同一中心高上,故在进行较大的精密曲面加工时会造成误差。

主切削刃后角型号一般选择原则如下。

(1)可转位车削用刀片后角的选择

○ 凡重负荷粗加工,刀片一律选用 N 型 0°后角刀片。

○ 带断屑槽的 N 型刀片分别可选用为精加工、半精加工、粗加工;B、C、P 型选用为精加工、半精加工。

铝及非金属材料车削刀片,宜选用 E 型。

(2)孔加工用刀片后角的选用

○ 一般镗孔刀片,选用 C、P 型,对大尺寸孔可选用 N 型。

- 钻孔用的刀片,选用 C、P 型。

(3) 可转位铣削用刀片后角的选用

面铣刀用刀片:强冲击切削用 N 型;一般铣削用 P、D 型;不锈钢类难加工材料宜选用 E、D 型;铝及非金属材料选用 F 型。

立铣用刀片:常用 D、P 型;有色金属用 E 型;立装刀片用 N 型。

三面刃铣刀:常用 P 型;立装刀片用 N 型。

3. 刀片精度的选择

选用 G 级精度的车刀片的主要原因是为了获得精磨的锋利刃口,比如为了减轻振动而降低切削力;非铁金属材料的精加工、半精加工宜选用 G 级精度刀片;精加工至重负荷粗加工,除上述两特例外都可选用 M 级刀片。

4. 可转位刀片的固定形式的选择

对刀片固定形式的选择,实际是对刀具的装夹结构的选择。当刀柄确定后,刀片的固定形式就已经确定了。就一般情况而言:外圆车刀选 M、P、C 型较多;面铣刀选 S、C 型较多;立装刀片原则上选用沉孔固定形式;排屑空间受限制的加工环境,如中小尺寸的内孔镗削刀具、浅孔钻、深孔钻,宜选用 S 型固定形式。

5. 刀片切削刃长

平装可转位刀片所使用的切削刃有效长度不应超过切削刃长度的 2/3,立装刀片特别是铣刀片可以大一点。

6. 刀片厚度的说明

刀片厚度在前面的代码选定后,即已确定,没有选择的自由。

7. 刀尖圆弧半径及修光刃代码

(1) 半径选用的关键因素

粗加工时的强度,精加工时的表面质量。

(2) 刀尖半径选择原则

- 选择尽可能大的刀尖圆弧,以获得坚固的切削刃。
- 大刀尖半径时允许使用高进给量。
- 如果有振动倾向,选择小的刀尖半径。
- 孔加工时为减小振动倾向,刀尖圆弧半径应选择小一点。

(3) 刀尖半径与进给速度:通常 f_n 不超过 $r/2$。

(4) 刀尖半径与最小切削深度:对于钢、铸铁、铝合金的车镗加工,通常 a_p 不小于 $r/3$。

(5) 刀尖半径与断屑可靠性

从断屑可靠性考虑,通常对于小余量、小进给量的车削加工,刀片宜采用较小的刀尖圆弧半径,反之采用较大的刀尖圆弧半径。

(6) 刀尖圆弧半径对零件加工表面粗糙度的影响

刀尖圆弧半径、进给速度是影响表面粗糙度的两个因素,其三者之间的关系见表1-36(铸铁加工例外)。

表 1-36 刀尖圆弧半径、进给速度与表面粗糙度的关系

表面粗糙度/μm	刀尖圆弧半径/mm				
	0.4	0.8	1.2	1.6	2.4
R_a	进给速度 f_n/(mm/r)				
0.6	0.07	0.10	0.12	0.14	0.17
1.6	0.11	0.15	0.19	0.22	0.26
3.2	0.17	0.24	0.29	0.34	0.42
6.3	0.22	0.30	0.37	0.43	0.53

8. 刀片切削刃截面形状代码

切削有色金属、非金属材料大多采用 F 型刃口刀具,小余量精加工尤其是小尺寸内孔精镗也采用 F 型刃口刀具;涂层刀片基本是 E 型刃口;陶瓷刀片通常采用 T 型刃口,可转位铣刀片,凡平装刀片多采用 T 型刃口;涂层铣刀片通常采用 S 型刃口。

9. 断屑槽型代码

在数控加工中,断屑、排屑非常重要,断屑槽型国家标准中推荐 23 种,新开发出的更多,具体选用请参照标准及刀具厂家的刀具选择手册选定。

1.4.8 刀具寿命与磨损

当由一个或几个信号显示出切削刃的磨损量已达到最大值时,那么刀具寿命已达到了预测的极限值。在采用以现代刀具的切削参数加工钢材时,推荐的切削参数一般按照使刀具达到正常的后刀面磨损量的 15~20 min 的连续切削时间。磨损类型的识别与判断在金属切削过程中是具有重要实践意义的。

1. 刀具磨损的基本机理

在切削金属时,刀具一方面切下切屑,另一方面刀具本身也要发生损坏。刀具损坏的形式主要有磨损和破损两类:前者是连续的逐渐磨损;后者包括脆性破损(如崩刃、碎断、剥落、裂纹破损等)和塑性破损。

1) 刀具磨损

刀具正常磨损的原因主要是机械磨损和热、化学磨损。机械磨损是由工件材料中硬质点的刻画作用引起的,热、化学磨损则是由粘结(刀具与工件材料接触至原子间距离时产生的结合现象)、扩散(刀具与工件间两摩擦面的化学元素互相向对方扩

散)引起的。刀具磨损按基本机理分为:磨粒磨损、扩散磨损、氧化磨损、疲劳磨损、粘结磨损。

(1) 磨粒磨损

由两个表面之间的摩擦而产生的磨损称磨粒磨损。刀具材料越硬,抗磨粒磨损的性能越好。

(2) 扩散磨损

扩散磨损是一个化学过程,它是由切削区高温、高压联合作用致使工件材料与刀具材料之间的原子扩散而引起的。刀具或工件材料的硬度在这个过程中不起作用。刀具材料对工件材料的惰性能力决定了抗扩散磨损的能力。扩散磨损通常导致刀具的月牙洼磨损。

(3) 氧化磨损。

氧化磨损是指在金属切削时的高温、高压与空气的作用而产生的磨损,它通常发生在工件材料与刀具材料结合部或切削过程的部分区域。氧化磨损会导致与工件接触的切削刃处产生深深的沟槽。

(4) 疲劳磨损

由温度波动和切削力引起的载荷波动而导致切削刃产生裂纹和崩碎的损坏称为疲劳磨损。疲劳磨损通常发生在切削的高温阶段,它是切削区域的刀具材料经不起高温作用的结果。

(5) 粘结磨损

粘结磨损是在切削加工时,因工件材料"涂敷"或"焊接"在切削刃上形成积屑瘤后继续加工,最后积屑瘤剥落而造成的磨损。这类磨损大多发生在加工过程的低温阶段和以过低的切削速度加工工件的时候。

2) 刀具破损

刀具破损也是刀具失效的一种形式。刀具在一定的切削条件下使用时,如果它经受不住强大的应力(切削力或热应力),就可能发生损坏,使刀具提前失去切削能力,这种情况就称为刀具破损。破损是相对磨损而言的。从某种意义上讲,破损可认为是一种非正常的磨损。刀具破损有早期破损和后期(加工到一定的时间后的破损)破损。

刀具破损的形式分脆性破损和塑性破损。在切削金属时,在机械和热冲击作用下,硬质合金和陶瓷刀具经常发生脆性破损。脆性破损又分为崩刃、碎断、剥落、裂纹破损等几种形式。

刀具磨损后,工件加工精度降低,表面粗糙度值增大,并导致切削力加大、切削温度升高,甚至产生振动,不能继续正常切削。因此,刀具磨损直接影响加工效率、质量和成本。

2. 刀具磨损类型

刀具磨损类型一般有后刀面磨损、前刀面磨损(月牙洼磨损)、积屑瘤、沟槽磨损、塑性变形、刃口破损(崩刃)、热裂等。

1) 后刀面磨损

切削时,工件的已加工表面与刀具后刀面接触,相互摩擦造成后刀面磨损(见图1-26)。后刀面虽然有后角,但由于切削刃不是理想的锋利,而是有一定的钝圆,存在着弹性和塑性变形,因此,后刀面与工件实际上有小面积的接触,磨损就发生在这个接触面上。在切削铸铁和以较小的切削厚度切削塑性材料时常发生这种磨损。

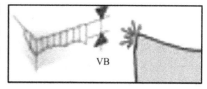

图 1-26 后刀面磨损

(1) 后刀面磨损的特点

- 均匀的后刀面磨损,常常认为是刀片的理想磨损。
- 过度的后刀面磨损,导致低精度、增加摩擦热、引起振动、功率过度消耗、切削刃破裂。

(2) 过快的后刀面磨损产生的原因

- 切削速度过高。
- 进给量过低。
- 刀片偏软。
- 加工硬化材料。

(3) 解决方案

- 降低切削速度。
- 调整进给量(加大进给量)。
- 选择更耐磨的刀片。

2) 前刀面磨损(月牙洼磨损)

在切削塑性材料时,如果切削速度过高和切削厚度较大,则切屑与前刀面间完全是新鲜表面相互接触和摩擦,化学活性很高,接触面又有很高的压力和温度,反应很强烈,接触面积中有80%以上是实际接触,空气或切削液渗入比较困难,因此在前刀面上容易形成月牙洼磨损

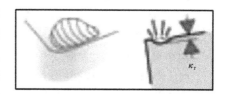

图 1-27 前刀面磨损

(见图1-27)。当月牙洼宽度发展到其前缘与切削刃之间的棱边很窄时,刀刃强度降低,易导致刀刃破损。

(1) 前刀面磨损的特点

- 主要由磨粒磨损、扩散磨损造成。

- 许多工序中把它控制在可接受的极限范围,常被认为是正常现象。
- 过度的月牙洼磨损会导致切削刃口脆裂。

(2) 过快的前刀面磨损产生的原因
- 切削速度或进给量过大。
- 刀片前角偏小。
- 刀片不耐磨。

(3) 解决方案
- 降低切削速度或进给量。
- 选用正前角槽形刀片。
- 选择更耐磨的刀片。
- 增加冷却中的润滑成分。

3) 积屑瘤

切削加工中产生的积屑瘤如图 1-28 所示。

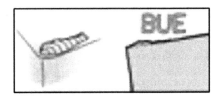

图 1-28 积屑瘤

(1) 积屑瘤的特点
- 低温高压使工件材料在刀刃上冷焊并堆积形成积屑瘤。
- 小片的切削刃随积屑瘤一同剥离,导致切削刃破碎。
- 积屑瘤导致刀具的前角、侧后角发生改变。

(2) 积屑瘤产生的原因
- 切削速度过低。
- 刀片前角偏小。
- 缺少冷却或润滑。
- 刃口钝化。

(3) 解决方案
- 提高切削速度。
- 加大刀片前角。
- 增加冷却的润滑(减小刀具、工件之间的摩擦)。

4) 沟槽磨损

沟槽磨损如图 1-29 所示。

(1) 沟槽磨损的特点

过度的后刀面磨损将导致加工精度不高、摩擦热增加,引起振动、功率过度消耗、切削刃破裂等。

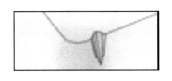

图 1-29 沟槽磨损

(2) 沟槽磨损产生的原因
- 切削速度过高。
- 进给量过大造成切屑过厚。
- 刀片型号不正确。

- 材料的加工硬化。

(3) 解决方案
- 降低切削速度。
- 调整进给量。
- 选择更耐磨的刀片。

5) 塑性变形

刀具塑性变形如图 1-30 所示。

(1) 塑性变形产生的原因
- 切削温度过高且压力过大，致使基体软化。
- 在刀片基体软化后，过高的切削压力造成刃口塑性变形。

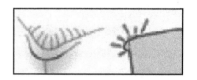

图 1-30　塑性变形

(2) 解决方案
- 降低切削速度。
- 选择更硬的刀片。
- 增加冷却液的流量和压力。

6) 刃口破损（崩刃）

刃口破损如图 1-31 所示。

(1) 刃口破损产生的原因
- 切削力过大。
- 切削不够稳定。
- 刀尖强度差。
- 错误的断屑槽型。

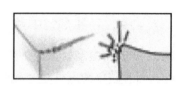

图 1-31　刃口破损

(2) 解决方案
- 降低进给量和切深。
- 选择韧性更好的刀片。
- 选取刀尖角大的刀片。
- 选取正确的断屑槽型。

7) 热裂

刀具刃口热裂如图 1-32 所示。

(1) 热裂产生的原因
- 疲劳破损。
- 加工过程中的过度热变化。
- 不正确或不充分的利用切削液。

图 1-32　刃口热裂

(2) 解决方案
- 改进切削液的使用，要大量、持续、正确的将切削液冲在切削区域内。

- 干切(必须有压缩空气和油雾)。

3. 刀具磨损的判断依据

- 测定后刀面磨损量。后刀面磨损量的测定要建立在最大磨损量与实际切削时间的基础上综合考虑。
- 切削功率损耗的增加是磨损严重的标志。
- 精加工时,工件超差或表面质量恶化表示切削刃已磨损。
- 出现毛刺。因为过度的后刀面磨损、塑性变形、积屑瘤导致刀具变钝而产生毛刺。
- 过分或持续的切削热的增加是磨损剧烈的标志。
- 刀具崩刃或断裂。
- 切屑颜色的变化或杂乱的断屑说明刀具可能磨损。
- 噪音异常。
- 振动异常。

1.4.9 刀具安装中的注意事项

1. 刀片安装和转位应注意的问题

- 刀片转位和更换时应清理刀片、刀垫和刀杆各接触面,应保证接触面无铁屑和杂物,表面有突起点应修平。已用过的刃口应转向切屑流向的定位面。
- 刀片转位时应使其稳当地靠向定位面,夹紧时用力适当,不宜过大。
- 夹紧刀片时,有些结构的车刀需用手按住刀片,使刀片贴紧底面。
- 夹紧的刀片、刀垫和刀杆三者的接触面应贴合,无缝隙,特别要注意刀尖部位的良好紧贴,不得有漏光现象,刀垫更不得松动。

2. 刀杆安装时注意的问题

- 刀杆与刀片的底基面应清洁,无附着物。若用垫片调整刀尖高度,垫片应平直,最多不超过一块。
- 刀杆伸出长度在满足加工要求下尽可能短,一般伸出长度是刀杆长度的1.5倍。如确要伸出较长,也不应超过刀杆长度的3倍。

3. 内孔车刀刀杆安装时应注意的问题

- 可转位内孔车刀刀杆的伸出长度,在满足加工要求的前提下尽可能缩短,一般用45钢制造的刀杆应小于刀柄直径(或长度)的4倍。
- 在选择刀杆截面尺寸时,应注意保证刀具有足够的刚度。
- 在选择刀片时,一般在槽型、刀尖圆弧及材质上比外圆车刀有更严的要求。
- 对于深孔加工,孔径小于50 mm时,应选用有切削液输送孔的刀柄。

1.4.10 加工中心(铣床)用刀柄

加工中心(铣床)的主轴锥孔通常分为两大类,即锥度为 7∶24 的通用系统和 1∶10 的 HSK 系统(这两种系统为目前的 ISO 标准系统,外形见图1-33)。刀柄按与机床相配的柄部锥度不同分为7∶24的通用刀柄和 1∶10 的 HSK 中空刀柄。目前,锥度为 7∶24 的通用刀柄应用最为广泛。刀柄的锥体柄部用拉钉连接机床,刀柄夹持刀具,从而将刀具、机床连为一体。

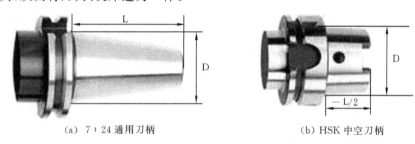

(a) 7∶24通用刀柄　　　　(b) HSK 中空刀柄

图 1-33　加工中心(铣床)用刀柄

1. 通用 7∶24 锥度刀柄型号

显然,7∶24 锥度刀柄用于主轴锥孔锥度为 7∶24 的机床。锥度为 7∶24 的通用刀柄通常有五种标准和规格,即 NT(传统型)、DIN 69871(德国标准 SK)、ISO 7388/1(国际标准)、MAS BT(日本标准)和 ANSI/ASME(美国标准)。

NT 型刀柄的德国标准为 DIN 2080,是在传统机床上通过拉杆将刀柄拉紧,我国称为 ST;其他四种刀柄是在加工中心上通过刀柄尾部的拉钉将刀柄拉紧。

1) DIN 2080

DIN 2080(简称 NT 或 ST)是德国标准,也是国际标准 ISO 2583,即为我们通常所说的 NT 型刀柄。这种刀柄不能用机床上的机械手装刀,必须用手动装刀。

2) DIN 69871

DIN 69871(简称 JT、DIN、DAT 或 DV)分两种,即 DIN 69871 A/AD 和 DIN 69871 B,前者是中心内冷,后者是法兰盘内冷,其他尺寸相同。

3) ISO 7388/1

ISO 7388/1(简称 IV 或 IT)的刀柄安装尺寸与 DIN 69871 没有多大的区别,只是 ISO 7388/1 的刀柄 D4 值小于 DIN 69871 的刀柄 D4 值,所以将 ISO 7388/1 的刀柄安装在 DIN 69871 锥孔的机床上是没有问题的,但将 DIN 69871 的刀柄安装在 ISO 7388/1 锥孔的机床上则有可能会发生干涉。

4) MAS BT

MAS BT(简称 BT)是日本标准,安装尺寸与 DIN 69871、ISO 7388/1 及 ANSI

完全不同,不能互相换用。BT刀柄的对称性结构使它比其他三种刀柄的高速稳定性要好。

5) ANSI B5.50

ANSI B5.50(简称CAT)是美国标准,刀柄的安装尺寸与DIN 69871、ISO 7388/1类似,但由于少一个楔缺口,所以ANSI B5.50的刀柄不能安装在DIN 69871和ISO7388/1锥孔的机床上,但DIN 69871和ISO 7388/1的刀柄可以安装在ANSI B5.50锥孔的机床上。

目前国内使用最多的是DIN 69871(即JT)和MAS BT两种刀柄。

DIN 69871的刀柄可以安装在DIN 69871和ANSI/ASME主轴锥孔的机床上,ISO 7388/1的刀柄可以安装在DIN 69871、ISO 7388/1和ANSI/ASME主轴锥孔的机床上。就通用性而言,ISO 7388/1型的刀柄是最好的。

6) 通用7∶24锥度刀柄的特点

(1) 通用7∶24锥度刀柄的优点

◎ 不自锁,可以实现快速地装卸刀具。

◎ 7∶24的锥体刀柄在拉杆轴向拉力的作用下,紧紧地与主轴的内锥面接触,实心的锥体直接在主轴的锥孔内支承刀具,可以减小刀具的悬伸量。

◎ 7∶24锥度的刀柄在制造时只要将锥角加工到高精度即可保证连接的精度,所以其成本相应比较低,而且使用可靠。

(2) 通用7∶24锥度刀柄的缺点

◎ 7∶24锥度刀柄的连接锥体较大,锥柄较长,锥体表面同时要起到两个重要作用,即刀柄相对于主轴的精确定位以及实现刀柄的夹紧。由于轴向精度是靠采用单独的锥面进行轴向定位保证的,故轴向定位误差高达15 μm。

◎ 主轴在高速旋转时,由于离心力的作用,故主轴前端锥孔会发生膨胀,膨胀值的大小随着旋转半径与转速的增大而增大,但与之配合的7∶24锥度刀柄是实心的,所以膨胀量较小,因此锥柄连接刚度会降低,同时在拉杆拉力的作用下,刀柄的轴向位移也会发生改变;每次换刀后的刀柄径向尺寸也会发生改变,存在着重复定位精度不稳定的问题;主轴锥孔的"喇叭口"状扩张,还会引起刀柄及夹紧机构质心的偏离,从而影响主轴的动平衡。从以上的分析可知,刀柄与主轴连接中存在的主要问题是连接刚度、精度、动平衡性能、结构的复杂性、互换性和制造成本等。为了解决这些问题,主要有如下两种方法。

① 严格规定公差配合,增加轴向拉力。如将配合精度由AT4提高到AT3,甚至AT2。AT是指在刀柄锥角、大小径、锥长等部分用公差等级来限制其精度,数字越小精度等级越高。如AT3的刀柄与主轴接触面积达90%以上。锥度精度愈高,表示与主轴结合点愈多,贴合度愈高。接触面积大,对于切削时所产生的振动、阻力均

可以完全地平衡。

② 在不改变标准 7∶24 锥度连接结构的前提下,实现锥孔和主轴端面同时接触定位。如 H.F.C 端面限位刀柄、BIG-PLUS 两面定位主轴刀柄系统、SHOW D-F-C 刀柄、3LOCK 刀柄等,都可以实现锥、面同时接触定位,如图 1-34 所示为 Big-Plus 刀柄在主轴孔内被拉紧的过程。

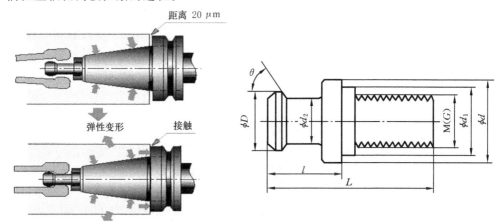

图 1-34　刀柄拉紧过程　　　　图 1-35　拉钉关键参数示意图

2. 拉钉

除 NT 型刀柄外,其他四种刀柄是在加工中心上通过刀柄尾部的拉钉将刀柄拉紧的。拉钉有三个关键参数,即 θ 角、长度 l 以及螺纹 G,如图 1-35 所示。

三个关键参数的不同,每种刀柄配备的拉钉也不同。拉钉还有是否带内冷却孔之分。

(1) 刀柄拉钉的 θ 角

● MAS BT(日本标准)刀柄拉钉的 θ 角有 45°、60°和 90°之分,常用的为 45°和 60°。
● DIN 69871 刀柄拉钉(通常称为 DIN 69872-40/50) θ 角只有 75°一种。
● ISO 7388/1 刀柄拉钉(通常称为 ISO 7388/2-40/50) θ 角有 45°和 75°两种。
● ANSI/ASME(美国标准)刀柄拉钉 θ 角有 45°、60°和 90°三种。

(2) 刀柄拉钉的螺纹 G

除 ANSI/ASME(美国标准)刀柄拉钉存在有英制螺纹标准外,其他三种均使用公制螺纹,40# 刀柄拉钉通常使用 M16 螺纹,50# 刀柄拉钉通常使用 M24 螺纹。

3. 通用 7∶24 锥度刀柄装夹刀具的形式

7∶24 锥度的通用刀柄按装夹刀具接口的形式分类,通常有弹簧夹头刀柄、莫氏锥刀柄、直接式钻夹头刀柄、侧固式刀柄、面铣刀柄、强力铣刀柄、液压刀柄和热装刀柄等之分。

(1) 弹簧夹头刀柄(带攻丝功能)

弹簧夹头刀柄就是我们通常所说的 ER 刀柄系统,它是目前加工中心上最常用的刀柄,主要用来夹持直柄的钻头、铰刀、立铣刀以及小直径丝锥等。

该类刀柄由于装夹方便、装夹范围宽,目前应用较广泛。该类刀柄所用的 ER 弹簧夹头尺寸如图 1-36 所示,其规格有 ER25、ER30、ER32 等。不同规格的弹簧夹头对应不同的刀柄。但由于这类刀柄装夹精度较差,对刀具寿命有较大的影响(其装夹刀具后的刀具的跳动量通常在 0.03 mm 左右,而在高速加工时,刀具跳动量增加 0.01 mm,刀具寿命下降 50% 左右),且夹持力较小,故 $\phi16$ 以上的刀具通常不采取该形式的刀柄。

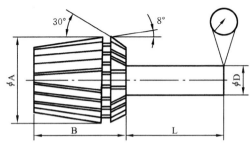

图 1-36 ER 弹簧夹头

另外,弹簧夹头还有 OZ 型(锥角半角为 3°)。

(2) 莫氏锥刀柄

莫氏锥刀柄的内孔有莫氏锥♯1～莫氏锥♯5 共五种锥号的规格。莫氏锥刀柄又分两种:带扁尾型(装夹钻头,如图 1-37 所示)和不带扁尾型(装夹立铣刀,如图 1-38 所示)。带扁尾型刀柄,其刀具、刀柄在靠莫氏锥自锁定位的基础上,由刀具的扁尾传递扭矩;不带扁尾型刀柄,则用螺钉(一般为内六角螺钉)拉紧锁死。

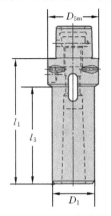

图 1-37 扁尾型莫氏锥刀柄

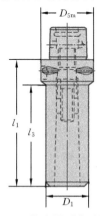

图 1-38 不带扁尾型莫氏锥刀柄

（3）直接式钻夹头刀柄

这种刀柄又称为整体式精密钻夹头刀柄（见图 1-39、图 1-40），它不需要弹性套筒就可以在一个大的尺寸范围内锁紧刀具，具有钻孔、攻丝、立铣以及铰孔等功能。

图 1-39　整体式精密钻夹头刀柄外形

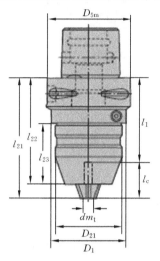

图 1-40　整体式精密钻夹头刀柄

（4）侧固式刀柄

侧固式刀柄包括两种：削平面的侧固式铣刀柄（DIN 1835-B，见图 1-41）和带 2°斜削平面的侧固式铣刀柄（DIN 1835-E，见图 1-42）。这种刀柄主要用于装夹立铣刀。

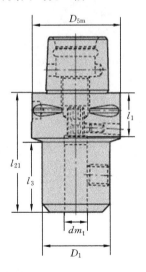

图 1-41　DIN 1835-B

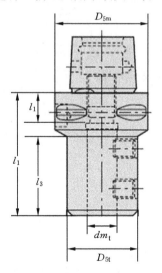

图 1-42　DIN 1835-E

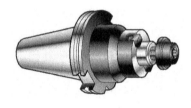

图 1-43 面铣刀柄

(5) 面铣刀柄

选择面铣刀柄(见图 1-43)时,应注意刀柄与机床接口的锥度及规格、刀柄与刀具连接的接口形式,若为芯轴式接口(目前较常用的接口形式),还要注意芯轴的直径。

(6) 强力铣刀柄

强力铣刀柄的刀体厚实,刚度高,振动小,刀头内部带有螺旋槽和窄槽,夹持力强,跳动精度高(5 μm 以内),并可以防止刀具高速工作时脱落。

这类刀柄主要用于强力铣削、钻孔以及刚性攻丝,可夹持直杆镗刀、直杆弹簧夹头、直杆攻丝夹头等。

需要注意的是,强力铣刀柄所使用的直筒式弹性套筒不像弹簧夹头,它的夹持不是在一个范围内,而只是针对具体的一个标准铣刀柄直径,因此也常常称为"变径套"。

目前有 ZC20-6、8、10、12、16 和 ZC32-6、8、10、12、16、20、25 两种型号共 12 种规格。

(7) 液压刀柄

弹簧夹头式刀夹利用螺母将抓紧刀具的弹簧夹头推进刀夹本体中的配合锥体内。这种刀夹方式为大量加工的应用保证了多样性和经济性。然而对于高速主轴切削应用场合,通常需要采用比较昂贵的刀具夹紧方式(如采用液压刀柄,如图 1-44 所示)来保证平衡和刀具的跳动量,从而可以在转速很高的情况下实现有效切削。

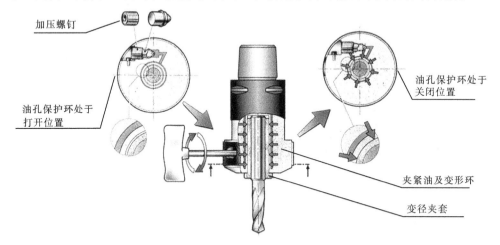

图 1-44 液压刀柄夹紧过程示意图

(8) 热装刀柄

近年来,随着两面夹紧式工具系统的普及应用,已在提高加工效率方面取得了明显效果。但是,工具夹持技术总是以不断改进和提高为核心,而两面夹紧式工具系统要想在高速、高精度加工方面有新的突破却非常困难。正是基于这样的理由，为了提高工具、刀柄间的连接精度，热装式工具系统取代弹簧夹紧系统便引起了人们的极大关注。热装式工具系统具有如下优点。

- 夹头形状细长。
- 振摆精度高。
- 夹紧力大。
- 能适应高速回转。
- 便于接近工件。
- 可采用内冷却方式。

热装式工具系统是一种工具、刀柄间不介入任何零件的夹紧方法。它可解决高速、高精度加工中极为重要的平衡、振摆精度及夹紧强度等问题。目前正在推广的热装式工具系统仍然存在一些亟待改进的地方，如与过去的夹紧方式相比：刀具装卸时间较长；操作不甚方便；在可配用的刀具品种方面也受到诸多限制等。

使用热装式工具系统时应注意：由于有些锋钢刀具、机夹刀具材质的热胀系数与刀柄的基本一致，故不可使用该装夹形式。

4. HSK 中空刀柄

随着加工精度和加工效率的提高，特别是高速加工技术的应用，使得传统的 7∶24 锥度实心刀柄工具系统因固有的缺陷，已无法适应现代加工的要求。针对这种情况，工业发达国家相继研发了适用于高速、高精度加工的新型工具系统。

德国在 20 世纪 80 年代末到 90 年代初开发的 HSK 中空短锥工具系统（德文 hohl schaft kegel 的缩写，意为空心短锥刀柄）被公认为性能优良、稳定，具有动静刚度高、定位（回转）精度好、允许转速高（使用转速一般在 15 000 r/min～40 000 r/min）等特点。

德国在 1991 年 7 月公布了 HSK 工具系统的 DIN 标准草案，于 1993 年制定了 HSK 工具系统的正式工业标准 DIN 69893。2001 年，国际标准化组织以德国制定的 HSK 工具系统 DIN 69893 标准为基础，制定了 HSK 工具系统的国际标准 ISO 12164。由于德国取消了对 HSK 中空短锥工具系统发明的专利保护，HSK 系统将成为 21 世纪数控机床的高速、高精密加工的主流工具系统。

下面介绍 HSK 刀柄的结构特点。

(1) 端面和锥面同时接触

这是 HSK 工具系统最突出的特点。夹紧时，由于主轴锥孔锥面和刀柄锥面有过盈，所以刀柄锥面受压后产生弹性变形，同时刀柄向主轴锥孔轴向移位以消除初始的端面间隙，实现端面之间的贴合，这样就实现了双面同步夹紧。就其本身定位而言，这种保证锥面和端面同时定位的方式实质上是过定位。

HSK 刀柄的定位精度包括径向定位精度和轴向定位精度。在径向定位精度方面，HSK 接口的径向精度是锥面接触特性决定的，即 HSK 刀柄锥面大端与主轴锥孔的大端的配合状况，这点与 7∶24 锥度刀柄一致（两者的径向精度均可达到 $0.2~\mu m$）。

HSK 接口的轴向精度是靠接触端面来保证的，可达到 $0.2~\mu m$，而 7∶24 锥度刀柄仅由锥柄定位，轴向定位误差为 $15~\mu m$。HSK 接口的轴向精度不受夹紧力大小的影响，仅由结构决定。由于主轴端面贴合后刀柄端面，起到了支承作用，这样可以防止在高速加工时，由于主轴锥孔和刀柄的膨胀差异而产生的刀柄轴向窜动，从而提高了轴向精度。

（2）中空薄壁结构

中空薄壁结构是 HSK 刀柄一个重要特征，是保证 HSK 工具系统工作的必要结构。

我们知道，要实现"端面和锥面同时接触"，锥面必然产生弹性变形。与实心刀柄相比，空心薄壁结构产生弹性变形要容易很多，所需要消耗的夹紧力也要小很多。另外当主轴高速回转时，空心薄壁的径向膨胀量与主轴内锥孔的径向膨胀量相差不大，有利于在较大转速范围内保持锥面的可靠接触。

HSK 刀柄的空心结构还为夹紧机构提供了安装空间，以实现由内往外的夹紧。这种夹紧方式的好处是把离心力转化成为夹紧力，使刀柄在高转速下工作时夹紧更为可靠。

此外，HSK 刀柄的空心结构还便于内部切削液的供应。

（3）1∶10 的短锥

7∶24 锥度刀柄采用了大锥度、长结构，是因为刀柄与主轴端面有间隙而没有贴合，这样长锥面要起支承刀柄工具系统的作用。HSK 刀柄由于采用了端面和锥面同时接触定位，端面贴合后的刀柄端面已经起到了支承刀柄的作用，这样主轴与锥体的接触长度对工具系统的刚度影响很小。为了克服加工误差对双面过定位结构的影响，只能尽量缩短锥面的接触长度。7∶24 锥度刀柄在设计时没有考虑采用端面定位给过定位带来的对制造精度的影响：由于锥角大，当锥体在直径方向产生 $1~\mu m$ 的误差时，允许的轴向端面位置误差只有大约 $3~\mu m$（而采用 1∶10 锥度刀柄，允许的轴向端面位置误差可以有大约 $10~\mu m$），这对刀具系统的制造精度要求非常高。另外，由于钢材的摩擦系数大约为 0.1，为了保证刀柄夹紧后能自锁，刀柄的锥度原则上不能大于 1∶10，但过小的锥度又会增加刀柄锥面的摩擦，所以 HSK 刀柄最终采用的是 1∶10 的短锥。

（4）锥面严格的过盈量保证了连接刚度

HSK 刀柄锥部尺寸和刀柄锥部与主轴锥孔的配合状况对连接刚度的影响是双

重的。一方面,为了使 HSK 刀柄在较大工作载荷范围内保持较高刚度,必须保证有足够大的夹紧力传递到刀柄端部,使之与主轴端面紧密贴合,这就要求刀柄锥部和主轴锥孔的配合过盈量不能太大。另一方面,为使重载时刀柄的连接刚度不会急剧下降,就必须保证刀柄锥部和主轴锥孔的配合过盈量足够大。因此,对 HSK 刀柄锥部和主轴锥孔的加工精度提出了极高要求。实际上,HSK 刀柄 1:10 的提法只是近似值。在 ISO 12164 标准中明确规定了 HSK 刀柄的锥度为 1:9.98,主轴锥度为 1:10。这样的规定保证了在刀柄锥部与主轴锥孔拉紧连接过程中,圆锥的大端首先接触,随着发生弹性变形,使刀柄与主轴的端面发生过定位而全面接触。锥面严格的过盈量可以减小锥面消耗的夹紧力,使大部分夹紧力可以有效地传递到接触端面,从而确保 HSK 接口的承载能力。

根据 DIN 标准,HSK 工具系统有以下六种标准和规格。

- HSK-A:带内冷自动换刀;具有供机械手夹持的 V 形槽;有放置控制芯片的圆孔;锥体尾部有两个传递扭矩的键槽。
- HSK-B:带外冷自动换刀;有与 HSK-A 相同的锥体直径,圆柱部分的直径比 HSK-A 大一个规格;有穿过圆柱部分的外部冷却液通道;传递扭矩的键槽在圆柱端面上。
- HSK-C:带内冷手动换刀,其他与 HSK-A 一样。
- HSK-D:带外冷手动换刀,其他与 HSK-B 一样。
- HSK-E:带内冷自动换刀;有与 HSK-A 相似的外形,但完全对称,没有传递扭矩的键槽和缺口,扭矩靠摩擦力传递;适用于低扭矩超高速加工。
- HSK-F:有与 HSK-E 相同的锥体直径,圆柱部分的直径比 HSK-E 大一个规格;适用于超高速加工。

目前使用最广泛的 HSK 工具系统是 HSK-A 型,大约占 HSK 工具系统总量的 98%。

第 2 章 数控加工工艺基础

2.1 基本概念

2.1.1 工艺过程及组成

1. 生产过程和工艺过程

生产过程是指将原材料转变为成品的全部过程。凡是改变生产对象的形状、尺寸、相对位置和性质，使其成为成品或半成品的过程，均称为工艺过程。工艺过程是生产过程中的主要部分。在生产过程中除工艺过程外，其他的劳动过程称为生产辅助过程。

2. 机械加工工艺过程的组成

机械加工工艺过程往往是比较复杂的。根据零件的结构特点和不同的技术要求，需要采用不同的加工方法和加工设备，通过一系列加工步骤，才能使毛坯变成成品零件。同一零件在不同的生产条件下，可能有不同的工艺过程。

机械加工工艺过程是由一个或若干个顺序排列的工序组成的。工序是指一个或一组工人，在一个工作地点，对一个或同时对几个工件加工所连续完成的那一部分工艺过程。划分工序的主要依据是工作地点是否变动和工作是否连续。例如图 2-1 所

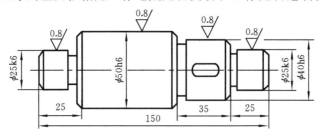

图 2-1 阶梯轴零件简图

示的阶梯轴,当加工的零件件数较少时,其机械加工的工序组成如表 2-1 所示;当加工的零件件数较多时,其机械加工的工序组成如表 2-2 所示。

表 2-1 单件小批量生产的工序组成

工序号	工序内容	设备
1	平两端面至总长,两端钻中心孔,车各部,除 $R_a 0.8$ 处留磨量外,其余车至尺寸	普通车床
2	划键槽线	钳工
3	铣键槽	铣床
4	去毛刺	钳工
5	磨 $R_a 0.8$ 的外圆至尺寸	外圆磨床

表 2-2 单位大批量生产的工序组成

工序号	工序内容	设备
1	铣两端面、钻两端中心孔	专用机床
2	粗车外圆	车床
3	精车外圆、槽和倒角	车床
4	铣键槽	铣床
5	去毛刺	毛刺去除机
6	磨 $R_a 0.8$ 的外圆至尺寸	外圆磨床
7	检验	

在表 2-1 的工序 1 中,粗车与精车连续完成,这为一道工序。在表 2-2 中,外圆表面的粗车与精车分开,即先完成这批工件的粗车,然后再对这批工件进行精车,这对每个工件来说,加工已不连续,虽然其他条件未变,但已成为两道工序。

工序是工艺过程的基本单元,也是制订劳动定额、配备设备、安排工人、制订生产计划和进行成本核算的基本单元。

工序又分为安装、工位、工步和走刀。

(1) 安装

工件经一次装夹后所完成的那一部分工序称为安装。在一道工序中,工件可能被装夹一次或多次才能完成加工。如表 2-1 所示的工序 1 要进行两次装夹:先装夹工件一端,车端面,钻中心孔,称为安装 1;调头装夹,车另一端面,钻中心孔,称为安装 2。

工件在加工中,应尽量减少装夹次数。因为多一次装夹,就会增加装夹时间,还会因装夹误差造成零件的加工误差,影响零件的加工精度。

(2) 工位

为了完成一定的工序加工内容,工件经一次装夹后,工件与夹具或设备的可动部分相对刀具或设备的固定部分所占据的每一个位置,称为一个工位。如表 2-2 中的工序 1,铣端面、钻中心孔就有两个工位。工件经一次装夹后,先在一个工位铣端面,然后移动到另一个工位钻中心孔。

生产中为了减少工件装夹的次数,常采用回转工作台、回转夹具或多工位夹具等,使工件在一次装夹后,可先后处于几个不同的位置便于进行不同的加工。

(3) 工步

在加工表面和加工刀具都不变的情况下,连续完成的那一部分工序内容称为一个工步。一道工序中可能有一个工步,也可能有多个工步。划分工步的依据是加工表面和加工刀具是否变化。如表 2-1 的工序 1 中,就有车左端面、钻左端中心孔、车右端面、钻右端中心孔等多个工步。

在实际生产中,为了简化工艺文件,习惯上将在一次安装中连续进行的若干个相同的工步看做一个工步。例如,连续钻如图 2-2 所示零件的圆周上 6×ϕ20 mm 的孔可看做一个工步。

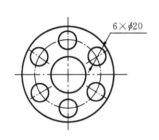

图 2-2 加工 6 个直径相同的孔的工步

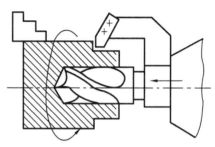

图 2-3 复合工步

有时为了提高生产率,用几把刀具同时加工几个表面,这种情况也可看成一个工步,称为复合工步,如图 2-3 所示就是一个复合工步。复合工步在工艺文件中写为一个工步。

在仿形加工和数控加工中,将使用一把刀具连续切削零件的多个表面(例如阶梯轴零件的多个外圆和台阶)也看成一个工步。

(4) 走刀

在一个工步内,若被加工表面需切去的金属层很厚,则可分几次切削,每切削一次称为一次走刀。

一个工步可以包括一次或数次走刀。

3. 数控加工工艺过程和数控加工工艺

数控加工工艺过程是利用切削刀具在数控机床上直接改变加工对象的形状、尺寸、表面位置等,使其成为成品和半成品的过程。需要说明的是,数控加工工艺过程往往不是从毛坯到成品的整个工艺过程,而是仅由几道数控加工工序组成。

数控加工工艺是采用数控机床加工零件时所运用的各种方法和技术手段的总和,它应用于整个数控加工工艺过程。数控加工工艺是伴随着数控机床的产生、发展而逐步完善起来的一种应用技术,它是人们对大量数控加工实践的总结。

数控加工工艺是数控编程的前提和依据。没有符合实际的、科学合理的数控加工工艺,就不可能有真正切实可行的数控加工程序。数控编程就是将所制订的数控加工工艺内容格式化、符号化,形成数控加工程序,以使数控机床能够正常地识别和执行。

2.1.2 生产类型及其工艺特点

1. 生产纲领

生产纲领是指企业在计划期内应当生产的产品产量和进度计划。计划期常定为1年,因此生产纲领常称为年产量。

零件的生产纲领要考虑备品和废品的数量,可按下式计算,即

$$N = Qn(1+\alpha)(1+\beta)$$

式中:N 为零件的年产量,单位为件/年;Q 为产品的年产量,单位为台/年;n 为每台产品中该零件的数量,单位为件/台;α 为零件的备品率,一般为 3%~5%;β 为零件的废品率,一般为 1%~5%。

2. 生产类型

生产类型是指企业(或车间、工段、班组、工作地)生产专业化程度的分类。按照产品的数量一般分为单件生产、成批生产、大量生产三种类型。

生产类型的划分主要根据生产纲领确定,同时还与产品的大小和结构复杂程度有关。产品的生产类型和生产纲领的关系见表 2-3。

表 2-3 生产类型和生产纲领的关系

生产类型		生产纲领/(台/年或件/年)		
		重型零件 (30 kg 以上)	中型零件 (4~30 kg)	轻型零件 (4 kg 以下)
单件生产/件		≤5	≤10	≤100
成批生产 /件	小批生产	>5~100	>10~150	>100~500
	中批生产	>100~300	>150~500	>500~5 000
	大批生产	>300~1 000	>500~5 000	>5 000~50 000
大量生产/件		>1 000	>5 000	>50 000

生产类型不同,产品和零件的制造工艺、所用设备及工艺装备、采取的技术措施、达到的技术经济效果等也不同。表 2-4 是各种生产类型的工艺特征。

表 2-4 各种生产类型的工艺特征

工艺特征	生产类型		
	单件小批生产	中批生产	大量生产
加工对象	经常变换	周期性变换	固定不变
零件装配互换性	无互换性	普遍采用互换或选配	完全互换或分组互换
毛坯	木模手工造型或自由锻,毛坯精度低,加工余量大	金属模造型或模锻毛坯,毛坯精度中等,加工余量中等	金属模机器造型,模锻或其他高生产率毛坯制造方法,毛坯制造精度高,加工余量小
机床及其布局	普遍采用通用机床,按"机群式"布置设备	采用通用机床和少量专用机床,按工件类别分工段排列	广泛采用专用机床和自动机床,设备按流水线方式排列
工件的安装方法	画线或直接找正	广泛采用夹具,部分画线找正	夹具
获得尺寸方法	试切法	调整法	调整法或自动化加工
刀具和量具	通用刀具和量具	通用和专用刀具、量具	高效专用刀具、量具
夹具	极少采用专用夹具	广泛使用专用夹具	广泛使用高效专用夹具
工艺规程	机械加工工艺过程卡	详细的工艺规程,对重要零件有详细的工序卡片	详细的工艺规程和各种工艺文件
工人技术要求	高	中	低
生产率	低	中	高
成本	高	中	低

2.1.3 机械加工工艺规程

将比较合理的工艺过程确定下来,写成工艺文件,作为组织生产和进行技术准备的依据,这种规定产品或零部件制造工艺过程和操作方法的工艺文件,称为工艺规程。

1. 工艺规程的作用

机械加工工艺规程是零件生产中关键性的指导文件,它主要有以下几个方面的作用。

(1) 指导生产的主要技术文件

生产工人必须严格按工艺规程进行生产,检验人员必须按照工艺规程进行检验。一切与生产有关的人员必须严格执行工艺规程,不容擅自更改。这是严肃的工艺纪律,否则可能造成废品,或者产品质量和生产效率下降,甚至会引起整个生产过程的混乱。

工艺规程也不是一成不变的。随着科学技术的发展和工艺水平的提高,今天合理的工艺规程,明天就可能落后。因此,要注意及时把广大工人和技术人员的创造发明和技术革新成果吸收到工艺规程中来,同时,还要不断引入和消化国内外已成熟的先进技术。为此,工厂除定期进行工艺整顿、修改工艺文件外,经过一定的审批手续,也可临时对工艺文件进行修改,使之更加完善。

(2) 生产组织管理和生产准备工作的依据

生产计划的制订,生产投入前原材料和毛坯的供应,工艺装备的设计、制造和采购,机床负荷的调整,作业计划的编排,劳动力的组织,工时定额及成本核算等工作,都是以工艺规程作为基本依据来进行的。

(3) 新设计和扩建工厂(车间)的技术依据

新设计和扩建工厂(车间)时,生产所需的设备的种类和数量、机床的布置、车间的面积、生产工人的工种、等级和数量,以及辅助部门的安排等都是以工艺规程为基础,根据生产类型来确定的。

除此之外,先进的工艺规程起着推广和交流的作用,典型的工艺规程可指导同类产品的生产。

2. 对设计工艺规程的要求

设计工艺规程的原则是:在一定的生产条件下,在保证产品质量的前提下,应尽量提高生产率和降低成本,使其获得良好的经济效益和社会效益。在设计工艺规程时应注意以下四个方面的问题。

(1) 技术上的先进性

所谓技术上的先进性,是指高质量、高效益的获得不是建立在提高工人劳动强度和操作手艺的基础上,而是依靠采用相应的技术措施来保证的。因此,在设计工艺规程时,要了解国内外本行业工艺技术的发展,通过必要的工艺试验,尽可能采用先进的工艺和工艺装备。

(2) 经济上的合理性

在一定的生产条件下,可能会有几个都能满足产品质量的要求的工艺方案,此时应通过成本核算或评价,选择经济上最合理的方案,使产品成本最低。

(3) 良好的劳动条件,避免环境污染

在设计工艺规程时,要注意保证工人具有良好而安全的劳动条件,尽可能地采用先进的技术措施将工人从繁重的体力劳动中解放出来。同时,工艺规程要符合国家环境保护法的有关规定,避免环境污染。

(4) 格式上的规范性

工艺规程应做到正确、完整、统一和清晰,所用术语、符号、计量单位、编号等都要符合相应标准。

3. 设计工艺规程的原始资料

在设计工艺规程时,必须具备下列原始资料。

- 产品的装配图和零件图。
- 产品验收的质量标准。
- 产品的生产纲领。
- 毛坯的生产条件或协作关系。
- 现有的生产条件和资料。如:现有设备的规格、性能,能达到的精度等级及负荷情况;现有工艺装备和辅助工具的规格和使用情况;工人的技术水平;专用设备和工艺装备的制造能力和水平;各种工艺资料和技术标准等。
- 国内外先进工艺及生产技术发展情况。先进的工艺和先进的生产技术要结合本厂的生产实际加以推广应用,使制订的工艺规程具有先进性和最好的经济效益。

4. 设计工艺规程的步骤

- 分析产品的装配图和零件图。
- 选择毛坯。
- 选择定位基准。
- 拟定工艺路线。
- 确定各工序的设备、刀具、量具和夹具等。
- 确定各工序的加工余量、计算工序尺寸及公差。
- 确定各工序的切削用量和时间定额。
- 确定各工序的技术要求和检验方法。
- 进行技术经济分析,选择最佳方案。
- 填写工艺文件。

2.1.4 常用工艺文件

将工艺规程的内容,填入到一定格式的卡片中,即成为生产准备和加工所依据的工艺文件。以下为常用的工艺文件。

1. 机械加工工艺过程卡片

机械加工工艺过程卡片(见表 2-5)主要列出了零件加工所经过的工艺路线(包括毛坯、机械加工和热处理等)。它主要用来了解零件的加工流向,是制订其他工艺文件的基础,也是生产技术准备、编制作业计划和组织生产的依据。

表 2-5　机械加工工艺过程卡片

（工厂名）		机械加工工艺过程卡		产品型号		零(部)件图号			共　页	
				产品名称		零(部)件名称			第　页	
材料	名称		毛坯种类		毛坯尺寸		毛坯件数	每台件数	零件质量	毛重
	牌号									净重
工序号	工序名称	工序内容				车间	工段	设备名称及编号	工艺装备及编号	工　时
									夹具　刀具　量具	准终　单件
								编制	会签　审核　批准	
标记	处记	更改文件号	签字	日期	标记	处记	更改文件号	签字	日期	

机械加工工艺过程卡片是以工序为单位,详细说明整个工艺过程的工艺文件。它的内容包括零件的材料、质量、毛坯的制造方法、各工序的具体内容及加工后要达到的精度和表面粗糙度等。它是用来指导工人生产和帮助车间管理人员和技术人员掌握整个零件加工过程的一种主要技术文件。它广泛地应用于成批生产和小批量生产的重要零件。

在这种卡片中,各工序的说明不具体,多在生产管理方面使用。在单件小批量生产中,通常不编制其他更详细的工艺文件,而以这种卡片指导生产。

2. 机械加工工序卡片

这种卡片更详细地说明了零件的各个工序是如何进行加工的。在这种卡片中,要画出工序简图,说明该工序的加工表面及应达到的尺寸和公差,零件的装夹方法,刀具的类型和位置,进刀方向和切削用量等。一般只在大批量生产中使用这种卡片,其格式见表2-6。

表 2-6　机械加工工序卡片

(工厂名)	机械加工工序卡片	产品型号		零件图号		共　　页	
		产品名称		零件名称		第　　页	

材料牌号		毛坯种类		毛坯外形尺寸		毛坯件数		台件数		备注	
(工序简图)						车间	工序号	工序名称		材料性能	
						同时加工件数	技术等级	单件时间/min		准终时间/min	
						设备名称	设备编号	夹具名称		夹具编号	
						量具名称	量具编号	切削液		其他	

工步号	工步内容	计算数据/mm			走刀次数	切削用量			工时定额/min			刀具、量具及辅助工具			
		直径或长度	进给长度	单边余量		吃刀量	进给量	主轴转速	切削速度	基本时间	辅助时间	工作地点服务时间	工序号	名称	规格	编号	数量
							编制	会签		审核		批准					
标记	处记	更改文件号	签字	日期	标记	处记	更改文件号	签字	日期								

3. 数控加工工序及刀具卡片

在使用数控加工方法加工批量较小的零件时,为简化工艺文件,可采用如表 2-7 所示的数控加工工序及刀具卡片。

表 2-7 数控加工工序及刀具卡片

产品厂家	零件名称	零(部)件图号	工序名称	工序号	存档号
	显示盒	ST.8.030.089	铣显示盒内表面	2	
材料名称	铸造铝合金				说明:
材料牌号	ZL111				1. G54:X 轴逢中,Y 轴碰下边,Z 轴下底面对零
机床名称	大连 4 号				2. 先做中间,再做左右两侧,注意压板的装夹方式和位置
机床型号	XD40				
夹具编号					
程序号	中间:01.NC 左右两侧:02.NC				
备注	1.装夹时注意毛刺情况 2.加工完后应去毛刺,R_a<0.3	刀具路径	中间:T1(D16 钻)→T2(D12 钻)→T3(D8 合)→T4(D5 钻)→T5(D3 合)→T9(D10 球刀)→T10(D8 球刀)→T6(D2 合)→T7(D1 合)→T11(D1.5 中心钻) 左右两侧:T1(D16 钻)→T2(D12 钻)→T3(D8 合)→T4(D5 钻)→T5(D3 合)→T6(D2 合)→T11(D1.5 中心钻)			

刀号	刀具名称	刀具规格	装刀长度	工作内容	使用刀号	主轴转速	切削深度	进给速度
T1	钴钢刀	D16	≥20	开粗	1	S2300	16	F800
T2	钴钢刀	D12	≥20	半精修	2	S2500	16	F600
T3	合金刀	D8	≥20	精修	3	S3000	16	F500
T4	钴钢刀	D5	≥20	清角,开粗	4	S3500	16	F400
T5	合金刀	D3	≥20	精修	5	S3500	16	F200
T6	合金刀	D2	≥20	清角,铣密封槽	6	S4000	6	F200
T7	合金刀	D1	≥20	清角	7	S4000	6	F150
T9	球刀	D10R5	≥20	铣圆弧曲面	9	S2200	16	F500
T10	球刀	D8R4	≥20	铣圆弧曲面	10	S2500	16	F400
T11	中心钻	D1.5	≥20	点中心孔	11	S3000	16	F150
编制			审核			批准		

4. 数控加工走刀路线图

在数控加工中,还可以通过走刀路线图来告诉操作者数控程序中的刀具运动路线,包括编程原点、下刀点、抬刀点、刀具的走刀方向和轨迹等,以防止程序运行过程中,刀具与夹具或机床的意外碰撞。表 2-8 是一种常用的格式。

表 2-8 数控加工的走刀路线图

数控加工走刀路线图		零件图号		工序号		工步号		程序号	
机床型号		程序号		加工内容		铣外形		第 页	共 页
(走刀路线示意图)								编程说明:	
								编程	
								校对	
								审批	
符号	⊙	⊗	◉	→—	—←	—⌵—	—◦—◦—	⌐→	
含义	抬刀	下刀	编程原点	起刀点	走刀方向	刀路相交	爬斜坡	钻孔	行切

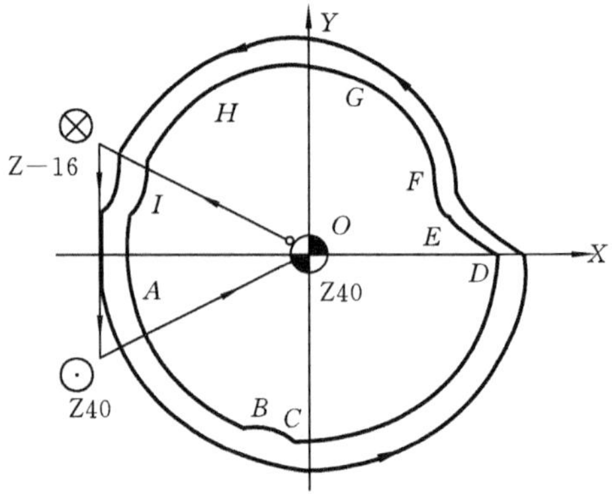

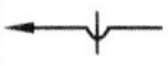

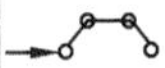

2.2 工件的安装及定位基准的选择

2.2.1 工件的装夹方式

根据加工的具体情况不同,工件在机床上装夹一般有三种方式:直接找正装夹、划线找正装夹和用夹具装夹。

1. 直接找正装夹

装夹工件时,用量具(如百分表、千分表)、画线盘或目测的方法,直接在机床上找正工件上某一表面,使工件处于正确的位置,这个过程称为直接找正装夹。在这种装夹方式中,被找正的表面就是工件的定位基准(基面)。如图 2-4 所示的套筒零件,为了保证磨孔时的加工余量均匀,先将套筒预夹在四爪单动卡盘中,用划针或百分表找正内孔表面,使其轴心线与机床主轴回转中心同轴,然后夹紧工件。此时定位基准是内孔而不是表面外圆。

这种装夹方式的定位精度与所用量具的精度和操作者的技术水平有关,找正所需的时间长,结果也不稳定,只适用于单件

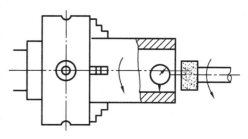

图 2-4　直接找正装夹

小批生产。但是当工件加工要求特别高,而又没有专门的高精度夹具时,也可以采用这种方式。此时必须由技术熟练的工人使用高精度的量具仔细操作。

2. 划线找正装夹

这种装夹方式的步骤是先按加工表面的要求在工件上划出中心线、对称线和各待加工表面的加工线,加工时在机床上按划线找正,以使工件获得正确的位置。图2-5所示为在牛头刨床上按划线找正装夹。找正时可在工件底面垫上适当的纸片或铜片,以获得正确的位置,也可将工件支承在几个千斤顶上,调整千斤顶的高低来获得工件正确的位置。此方法受划线精度的限制,找正精度比较低,多用于批量较小、毛坯精度较低的大型零件的粗加工。

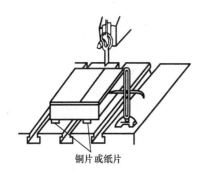

铜片或纸片

图 2-5　划线找正装夹

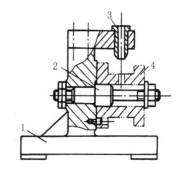

图 2-6　用夹具装夹工件

1—夹具体；2—定位销；3—钻套；4—工件

3. 用夹具装夹

机床夹具是指在机械加工工艺过程中用来装夹工件的机床附加装置。常用的有通用夹具和专用夹具两种类型。车床的三爪自定心卡盘和铣床用平口虎钳便是最常用的通用夹具。图2-6所示的钻模是专用夹具的一个例子,从图中可以看出,工件以其内孔套在夹具定位销上,用螺母和压板夹紧工件,钻头通过钻套引导,在工件上钻出孔来。

使用夹具装夹时,工件在夹具中能迅速、正确地获得加工所要求的位置,不需找

正就能保证工件与机床、刀具间的正确位置。采用这种方式生产率高、定位精度好，广泛用于成批生产和单件小批生产的关键工序中。

2.2.2 工件的定位原理

1. 工件自由度及其限制

一个在空间处于自由状态的工件，位置的不确定性可描述如下：如图 2-7(a)所示，将一未定位的工件放在空间直角坐标系中，工件可以沿 X、Y、Z 轴有不同的位置，称为工件沿 X、Y、Z 轴的位置自由度，用 $\vec{x}$、$\vec{y}$、$\vec{z}$ 表示；也可以绕 X、Y、Z 轴有不同的位置，称为工件绕 X、Y、Z 轴的角度自由度，用 $\hat{x}$、$\hat{y}$、$\hat{z}$ 表示。用来描述工件位置不确定性的 $\vec{x}$、$\vec{y}$、$\vec{z}$ 和 $\hat{x}$、$\hat{y}$、$\hat{z}$ 称为工件的六个自由度。

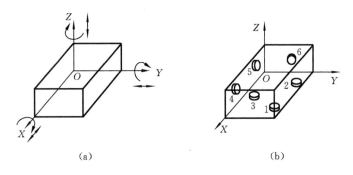

图 2-7 六点定位原理

确定工件相对刀具和机床的正确加工位置，也就是要限制工件的六个自由度。设空间有一固定点，工件的底面与该点保证接触，那么，工件沿 Z 轴的位置自由度就被限制了。如图 2-7(b)所示，设有六个固定点，工件的三个面分别与这些点保持接触，工件的六个自由度就被限制了。这些用来限制工件自由度的固定点，称为定位支承点，简称支承点。

无论工件的形状和结构如何，它的六个自由度都可以用六个支承点来限制，只是六个支承点的分布不同罢了。

用合理分布的六个支承点限制工件六个自由度的法则，称为六点定则。

支承点的分布必须合理，否则六个支承点就限制不了六个自由度，或不能有效地限制六个自由度。如图 2-8(a)所示，工件底面上的 1、2、3 共三个支承点限制了 $\vec{z}$、$\hat{x}$、$\hat{y}$，它们应放成三角形，三角形的面积越大，定位就越稳；工件侧面上的 4、5 两个支承点限制了 $\vec{y}$、$\hat{z}$，它们不能垂直放置，否则，工件绕 Z 轴的转动自由度 $\hat{z}$ 就不能限制了。

六点定则是工件定位的基本法则。在生产实际中，起支承点作用的是一定形状的几何体，这些用来限制工件自由度的几何体就是定位元件(见图 2-8(b))。

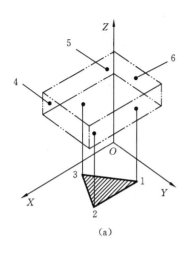 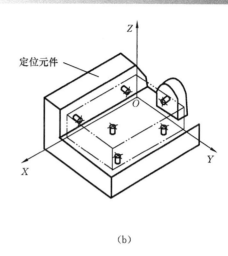

图 2-8 长方体工件定位支承点分布及定位元件

2. 对工件定位的错误理解

我们在研究工件在夹具中的定位时,容易产生两种错误的理解。

一是认为:工件在夹具中被夹紧了,工件没有自由度,因此,工件也就定位了。这种把定位和夹紧混为一谈是概念上的错误。我们所说的工件的定位是指每个加工工件在夹紧前,它们要在夹具中按加工要求占有一致的正确位置(不考虑定位误差的影响),而夹紧工件可在任何位置,不能保证每个工件在夹具中处于同一位置。

二是认为:工件定位后,仍具有沿定位支承相反方向移动的自由度。这种理解显然也是错误的。因为工件的定位是以工件的定位基准面与定位元件相接触为前提条件的,如果工件定位基准面离开了定位元件,就称不上定位,也就谈不上限制其自由度了。至于工件在外力的作用下,有可能离开定位元件,那却是要由夹紧来解决的问题。

3. 限制工件自由度与加工要求的关系

工件定位的实质就是要限制对加工有不良影响的自由度,影响加工要求的自由度必须限制;不影响加工要求的自由度,有时需要限制,有时不需要限制,要视具体情况而定。

按照加工要求确定必须要限制的自由度,这是零件装夹中首先要解决的问题。

(1)完全定位和不完全定位

如图 2-9 所示的零件,要在工件上铣槽,有槽底与 A 面的平行度和 h 尺寸两项加工要求,需限制 $\vec{z}, \hat{x}, \hat{y}$ 三个自由度;为保证槽侧面与 B 面的平行度及 b 尺寸两项加工要求,需限制 $\vec{y}, \hat{z}$ 两个自由度;若铣通槽,则 $\vec{x}$ 自由度不必限制,若不铣通槽,则 $\vec{x}$ 自由度必须限制。

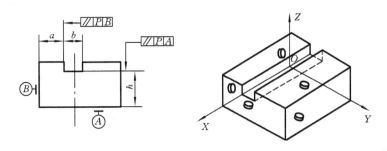

图 2-9　按加工要求确定必须限制的自由度

工件六个自由度都限制了的定位称为完全定位。工件被限制的自由度少于六个，但能保证加工要求的定位称为不完全定位。如图 2-10(a)所示为加工内孔，限制了工件的四个自由度；如图 2-10(b)所示为加工顶平面，限制了工件的三个自由度。

（2）欠定位和过定位

根据工件加工的要求，应该限制的自由度而没有被限制的定位状态称为欠定位。欠定位显然不能保证本工序的加工技术要求，这是不允许的。如图 2-11 所示，在工件上钻孔，若在 X 方向上未设置定位挡销，孔到端面的距离就无法保证。

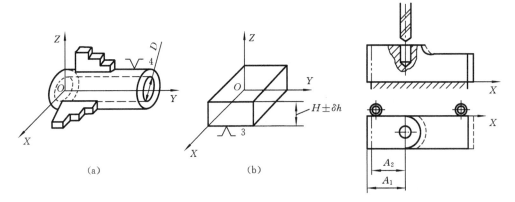

图 2-10　工件的不完全定位　　　　图 2-11　工件的欠定位

工件的同一自由度被两个以上不同的定位元件重复限制的定位，称为过定位。如图 2-12 所示为在插齿机上插齿时工件的定位就是过定位，工件 4 以内孔在心轴 1 上定位，限制了工件的 $\vec{x}$、$\vec{y}$、$\hat{x}$、$\hat{y}$ 四个自由度；又以端面在凸台 3 上定位，限制了工件的 $\vec{z}$、$\hat{x}$、$\hat{y}$ 三个自由度，其中 $\hat{x}$、$\hat{y}$ 被心轴和凸台重复限制。由于工件的内孔和心轴的间隙很小，当工件的内孔与端面的垂直度误差较大时，工件端面与凸台实际上只有一点接触，如图 2-13(a)所示，会造成定位不稳定。更为严重的是，工件一旦被压紧，在夹紧力的作用下，势必引起心轴或工件的变形，如图 2-13(b)所示，这样就会影响工件的装卸和加工精度,这种过定位是不允许的。

在有些情况下,形式上的过定位是允许的。如图 2-12 所示工件,当工件的内孔和定位端面是在一次装夹中加工出来的,具有良好的垂直度,而夹具的心轴和凸台也具有较好的垂直度,即使两者仍然有很小的垂直度误差,但可由心轴和内孔之间的配合间隙来补偿。因此,尽管心轴和凸台重复限制了 $\hat{x}$、$\hat{y}$ 两个自由度,存在过定位,但由于不会引起相互干涉和冲突,在夹紧力的作用下,工件和心轴不会变形。这种定位的定位精度高,夹具的受力状态好,在实际生产中也得到广泛应用。

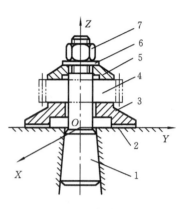

图 2-12 工件的过定位

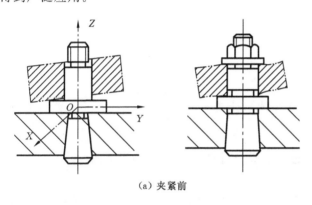

(a) 夹紧前　　　　　　　(b) 夹紧后工件或心轴的变形

图 2-13 过定位对装夹的影响

2.2.3 定位基准的选择

工件装夹时必须依据一定的基准,下面先讨论基准的概念。

1. 基准的概念及分类

在机械制造中所说的基准是指用来确定生产对象上几何要素间的几何关系所依据的那些点、线、面。根据作用和使用场合的不同,基准可分为设计基准和工艺基准两大类。其中工艺基准又可分为工序基准、定位基准、测量基准和装配基准。

1) 设计基准

零件图上用来确定零件上某些点、线、面位置所依据的点、线、面为设计基准。如图 2-14(a)所示零件,对于尺寸 20 mm 而言,A、B 面互为设计基准。如图 2-14(b)所示零件,ϕ30 mm 和 ϕ50 mm 的设计基准是轴心线,对于同轴度而言,ϕ50 mm 的轴心线是 ϕ30 mm 外圆同轴度的设计基准。如图 2-14(c)所示零件,D 是 C 槽的设计基准。

如图 2-14(d)所示的主轴箱体，F 面的设计基准是 D 面，孔Ⅲ和孔Ⅳ的设计基准是 D 和 E 面，孔Ⅱ的设计基准是孔Ⅲ和孔Ⅳ的轴心线。

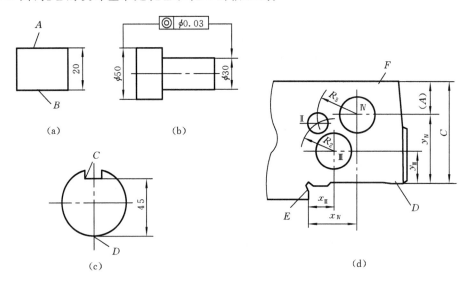

图 2-14 设计基准

2) 工艺基准

工艺基准是零件加工与装配过程中所采用的基准，可分为以下四种。

(1) 工序基准

工序基准是指在工序图上用来标注本工序加工的尺寸和形位公差的基准。就其实质而言，它与设计基准有类似之处，只不过是工序图的基准。工序基准一般与设计基准重合。为了加工或测量方便，有时与定位基准或测量基准相重合。

(2) 定位基准

在加工中，定位基准是指使工件在机床上或夹具中占据正确位置所依据的基准。

如用直接找正装夹工件，找正的面就是定位基准；用画线找正装夹，所画的线就是定位基准；用夹具装夹，工件与定位元件相接触的面就是定位基准(定位基面)。

作为定位基准的点、线、面，可能是工件上的某些面，也可能是看不见、摸不着的中心线、中心平面、球心等，这种情况下往往需要通过工件某些定位表面来体现，这些表面称为定位基面。例如用三爪卡盘夹着工件外圆，这时体现的是以轴线为定位基准，外圆面为定位基面。严格地说，定位基准与定位基面有时并不是一回事，但可以代替，只是中间存在一个误差。

(3) 测量基准

测量基准是指工件在加工中或加工后测量时所用的基准。

（4）装配基准

装配基准是指在装配时，用以确定零件在部件或产品中的相对位置所采用的基准。

上述各类基准应尽可能重合。在设计机械零件时，应尽可能以装配基准作为设计基准，以便直接保证装配精度。在编制零件加工工艺规程时，应尽可能以设计基准为工序基准，以便保证零件的加工精度。在加工和测量工件时，应尽量使定位基准和测量基准与工序基准重合，以便消除因基准不重合而带来的误差。

2. 定位基准的选择

定位基准是零件在加工过程中安装、定位的基准，通过定位基准，使工件在机床或夹具上获得正确的位置。对机械加工的每一道工序来说，都要求考虑工件的安装、定位的方式和如何选择定位基准。

定位基准有粗基准和精基准之分，那么定位基准的选择就有粗基准的选择和精基准的选择。

当零件刚开始加工时，所有的表面都未加工，只能以毛坯面作定位基准。这种以毛坯面为定位基准的称为粗基准。

在随后的工序中，用加工后的表面作为定位基准的称为精基准。在加工中，首先使用的是粗基准，但在选择定位基准时，为了保证零件的加工精度，首先考虑的是选择精基准，精基准选定之后，再考虑合理选择粗基准。

1）定位精基准的选择

在选择精基准时，重点考虑的是减少工件的定位误差，保证零件的加工精度和加工表面之间的位置精度，同时也要考虑零件的装夹方便、可靠、准确。一般应遵循以下原则。

（1）基准重合原则

直接选用设计基准为定位基准，这称为基准重合原则。采用基准重合原则可以避免定位基准和设计基准不重合引起的定位误差（基准不重合误差），零件的尺寸精度和位置精度能更容易和更可靠地得到保证。如图 2-15 所示，e 面已加工好，现以 e 面定位用调整法加工 f 面，设计基准和定位基准重合，工件装夹在工作台上，调整工作台相对于刀具的距离（对刀尺寸）正好为 A，并在一批零件的加工中始终保持这一位置不变。此时，只要控制对刀尺寸的误差在 $\pm\frac{1}{2}T_A$ 范围内，即可保证加工精度。现以 e 面定位用调整法加工 g 面，设计基准和定位基准不重合，工件装夹在工作台上，调整工作台相对于刀具的距离（对刀尺寸）为 C，此时直接保证的尺寸为 C，其对刀误差为 $\pm\frac{1}{2}T_C$，而 $T_C = T_B - T_A$，比工序尺寸 B 的公差小 T_A，从而增加了加工难度。T_A

就是基准不重合产生的误差。

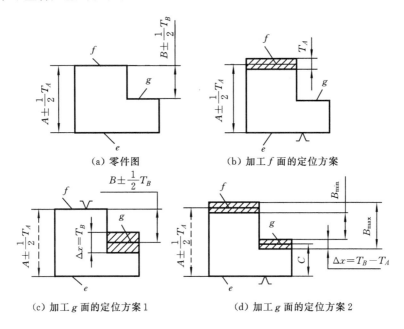

图 2-15 基准不重合误差的产生

(2) 基准统一原则

同一零件的多道工序尽可能选择同一个(一组)定位基准定位,这称为基准统一原则。基准统一可以保证各加工表面之间的相互位置精度,避免或减少因基准转换而引起的误差,并且简化了夹具的设计和制造,降低了成本,缩短了生产准备时间。

基准重合和基准统一原则是选择精基准的两个重要原则,但有时也会遇到两者相互矛盾的情况。在这种情况下,对尺寸精度要求较高的表面应服从基准重合原则,以避免容许的工序尺寸实际变动范围减小,给加工带来困难。除此之外,主要应用基准统一原则。

(3) 自为基准原则

精加工和光整加工工序要求加工余量小而均匀。采用加工表面本身作为精基准,这称为自为基准原则。加工表面与其他表面之间的相互位置精度则由先行工序保证。如图 2-16 所示为采用自为基准对机床导轨表面的加工。

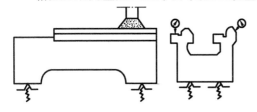

图 2-16 机床导轨面自为基准实例

(4) 互为基准原则

为使各加工表面之间有较高的位置

精度,或为使加工表面具有均匀的加工余量,有时可采用两个加工表面互为基准反复加工的方法,这称为互为基准原则。如图 2-17 所示精密齿轮的加工,先以齿面为基准加工内孔,再以内孔为基准加工齿面。

(5) 装夹方便原则

所选精基准应能保证工件定位准确、稳定,装夹方便、可靠,夹具结构简单。定位基准应有足够大的接触和分布面积,以使其能承受较大的切削力和定位稳定可靠。

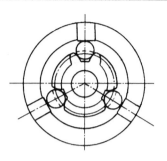

图 2-17　精密齿轮互为基准实例

2) 定位粗基准的选择

粗基准的选择要重点考虑如何保证各个加工表面都能分配到合理的加工余量,保证加工面与不加工面的位置、尺寸精度,同时还要为后续工序提供可靠的精基准。一般按下列原则选择。

(1) 保证相互位置要求的原则

选取与加工表面相互位置精度要求较高的不加工表面作为粗基准。如图 2-18 所示,应选择外圆表面作为粗基准,这样可以保证加工面与不加工面的位置、尺寸精度。

(2) 余量原则

以余量最小的表面作为粗基准,保证各表面都有足够的余量。如图 2-19 所示的锻造轴毛坯大小端外圆的偏心达 3 mm,若以大端外圆为粗基准,则小端外圆可能无法加工出来。所以应选择加工余量较小的小端外圆为粗基准。

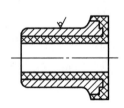

图 2-18　以不加工表面为粗基准

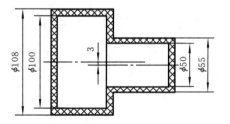

图 2-19　以加工余量小的表面为粗基准

(3) 重要部分原则

选择零件上重要的表面作为粗基准。如图 2-20 所示为机床导轨加工。先以导轨面作为粗基准来加工床脚底面,然后以底面作为精基准加工导轨面,如图 2-20(a) 所示,这样才能保证床身的重要表面——导轨面加工时所切去的金属层尽可能薄且均匀,保留组织紧密、耐磨的金属表面。而如图 2-20(b) 所示则为不合理的定位方

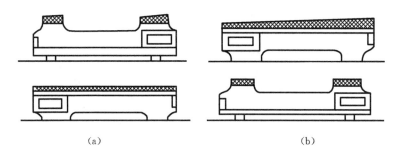

图 2-20 床身导轨面加工粗基准的比较

案。

(4) 便于工件装夹的原则

选择毛坯上平整光滑的表面(不能有飞边、浇口、冒口和其他缺陷)作为粗基准,以使定位和夹紧可靠。

(5) 粗基准尽量避免重复使用原则

粗基准未经加工,表面较为粗糙,重复使用粗基准,会在第二次安装时,导致其在机床上(或夹具中)的实际位置与第一次安装时可能不一样。

对复杂的大型零件,从兼顾各方面的要求出发,可采用划线找正的方法来选择粗基准,合理分配加工余量。

2.3 常见定位方式及定位元件

2.3.1 工件以平面定位

工件以平面作为定位基准(基面)是最常见的定位方式之一。如箱体、床身、机座、支架等类零件的加工中,较多地采用了平面定位。平面定位常用以下定位元件。

1. 主要支承

主要支承用来限制工件的自由度,起定位作用。

(1) 固定支承

固定支承有支承钉和支承板两种形式,如图 2-21 所示。在使用过程中,它们都是固定不动的。

当工件以加工过的平面定位时,可采用平头支承钉(图 2-21(a))或支承板。当工件以粗糙不平的粗基准定位时,可采用球头支承钉(图 2-21(b))。齿纹头支承钉(图 2-21(c))用在工件的侧面,它能增大摩擦因数,防止工件滑动。图 2-21(d)所示支承板的结构简单,制造方便,但孔边切屑不易清除干净,故适合侧面和顶面定位。图

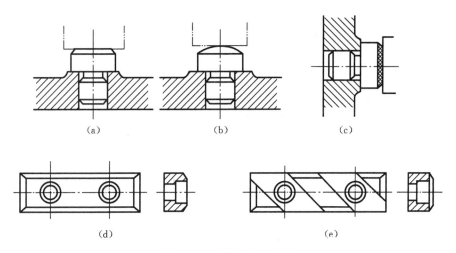

图 2-21 支承钉和支承板

2-21(e)所示支承板便于清除切屑,适用于底面定位方式。

为保证各固定支承的定位表面严格共面,需将其表面一次磨平。支承钉与夹具体孔的配合采用 H7/r6 或 H7/n6。当支承钉需要经常更换时,应加衬套,如图 2-22 所示。衬套外径与夹具体孔的配合一般用 H7/n6 或 H7/r6,衬套内径与支承钉的配合选用 H7/js6。

(2) 可调支承

可调支承是指支承钉的高度可以进行调节。图 2-23 为几种常用的可调支承。调整时要先松后调,调好后用防松螺母锁紧。

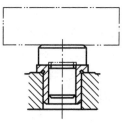

图 2-22 衬套的应用

 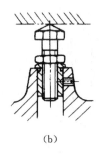  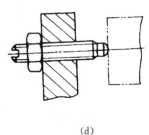

图 2-23 可调支承

可调支承主要用在工件以粗基准面定位,或定位基面的形状复杂(如成型面、台阶面等),以及各批毛坯的尺寸、形状变化较大时的场合。如图 2-24(a)所示工件,毛

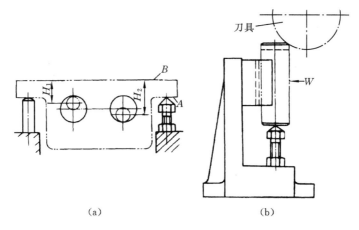

图 2-24 可调支承的应用

坯为砂型铸件,先以 A 面定位铣 B 面,再以 B 面定位镗双孔。铣 B 面时,若采用固定支承,由于定位基面 A 的尺寸和形状误差较大,铣完后,则 B 面与两毛坯孔(图中虚线)的距离尺寸 H_1、H_2 变化也大,致使镗孔时余量很不均匀,甚至余量不够。因此,将固定支承改为可调支承,再根据每批毛坯的实际误差大小调整支承钉的高度,就可避免上述情况。图 2-24(b)所示为利用可调支承加工不同尺寸的相似工件。

可调支承在一批工件加工前调整一次。在同一批工件加工中,它的作用与固定支承相同。

(3) 自位支承

在工件定位过程中,能自动调整位置的支承称为自位支承(浮动支承),图 2-25 所示为夹具中常见的几种自位支承。其中 2-25(a)、图 2-25(b)所示为两点式自位支承,图 2-25(c)所示为三点式自位支承。这类支承的工作特点是:支承点的位置能随着工件定位基面的不同而自动调节,定位基面压下其中一点,其余点便上升,直至

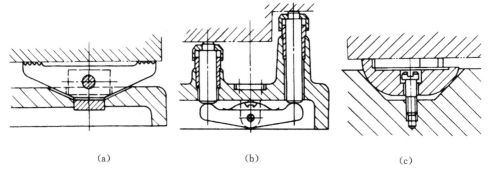

图 2-25 自位支承

各点都与工件接触为止。接触点数的增加,提高了工件的装夹刚度和稳定性,但其作用仍相当于一个固定支承,只限制工件的一个自由度。

2. 辅助支承

辅助支承用来提高工件的装夹刚度和稳定性,不起定位作用。辅助支承的工作特点是:待工件定位夹紧以后,再调整支承钉的高度,使其与工件的有关表面接触并锁紧,每安装一个工件就调整一次辅助支承。另外,辅助支承还可起预定位的作用。

如图 2-26 所示,工件以内孔及端面定位,钻右端小孔。由于右端为一悬臂,钻孔时工件刚度差。若在 A 处设置固定支承,属过定位,则有可能破坏左端的定位。这时可在 A 处设置一辅助支承,承受钻削力,这样既不破坏定位,又增加了工件的刚度。

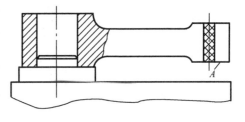

图 2-26 辅助支承的应用

图 2-27 所示为夹具中常见的三种辅助支承。图 2-27(a)所示为螺旋式辅助支承;图 2-27(b)所示为自位式辅助支承,滑柱在弹簧的作用下与工件接触,转动手柄使顶柱将滑柱锁紧;图 2-27(c)所示为推弓式辅助支承,工件夹紧后转动手轮,使斜楔左移将滑销与工件接触,继续转动手轮可使斜楔的开槽部分涨开而锁紧。

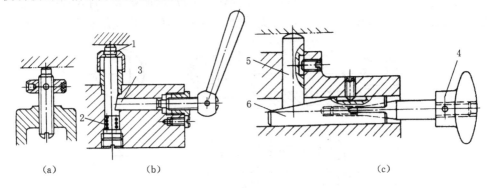

图 2-27 辅助支承
1—滑柱;2—弹簧;3—顶柱;4—手轮;5—滑销;6—斜楔

2.3.2 工件以内孔定位

工件以内孔表面作为定位基面时,常采用以下定位元件。

1. 圆柱销

图 2-28 所示为常用圆柱销(定位销)的结构。当工件孔径较小($D = 3 \sim 10$ mm)

时,为增加定位销刚度,避免销子因受撞击而折断,或热处理时淬裂,通常把根部倒成半径为 R 的圆角。这时夹具体上应有沉孔,使定位销的圆角部分沉入孔内而不妨碍定位。大批量生产时,为了便于定位销的更换,可采用图 2-28(d)所示的带衬套的结构形式。为便于工件顺利装入,定位销的头部应有 15°的倒角。

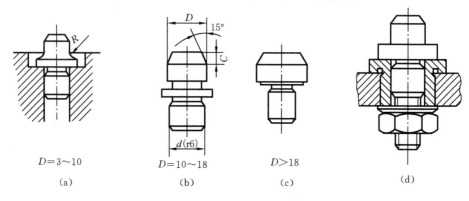

图 2-28 定位销

2. 圆柱心轴

图 2-29 所示为常用圆柱心轴的结构形式。图 2-29(a)所示为间隙配合心轴。其定位部分直径按 h6、z6 或 f7 制造,装卸工件方便,但定心精度不高。为了减少因配合间隙而造成的工件倾斜,工件常以孔和端面联合定位,因而要求工件定位孔与定位端面有较高的垂直度,最好能在一次装夹中加工出来。使用开口垫圈可实现快速装

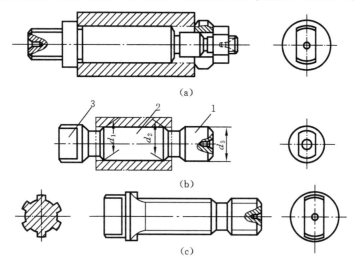

图 2-29 圆柱心轴
1—导向部分;2—工作部分;3—传动部分

卸工件,开口垫圈的两端面应互相平行。当工件内孔与端面垂直度误差较大时,应采用球面垫圈。

图 2-29(b)所示为过盈配合心轴,由导向部分、工作部分及传动部分组成。导向部分的作用是使工件迅速而准确地套入心轴,其直径 d_3 按 e8 制造(d_3 的基本尺寸等于工件孔的最小极限尺寸),其长度约为工件定位孔长度的一半。工作部分的直径按 r6 制造,其基本尺寸等于孔的最大极限尺寸。当工件定位孔的长度与直径之比 $L/d \leqslant 1$ 时,心轴工作部分的直径 $d_1 = d_2$。当长度直径比 $L/d > 1$ 时,心轴的工作部分应稍带锥度,这时 d_1 按 r6 制造,其基本尺寸等于孔的最大极限尺寸,d_2 按 h6 制造,其基本尺寸等于孔的最小极限尺寸。心轴两边的凹槽是供车削工件端面时退刀用的。

图 2-29(c)所示为花键心轴,用于加工以花键孔定位的工件。当工件定位孔的长径比 $L/d > 1$ 时,工作部分可稍带锥度。设计花键心轴时,应根据工件的不同定位方式来确定定位心轴的结构,其配合可参考上述两种心轴。

心轴在机床上的安装方式如图 2-30 所示。

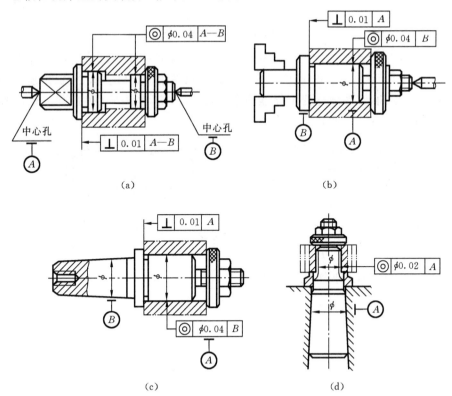

图 2-30 心轴在机床上的应用

3. 圆锥销

图 2-31 所示为工件以圆孔在圆锥销上定位的示意图，它限制了工件的 $\vec{x}$、$\vec{y}$、$\vec{z}$ 三个自由度。图 2-31(a)用于粗定位基面，图 2-31(b)用于精定位基面。

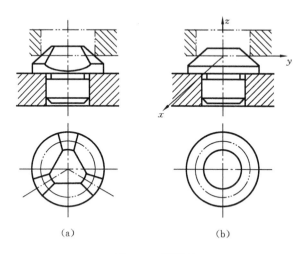

图 2-31　圆锥销

工件在单个圆锥销上定位容易倾斜，为此，圆锥销一般与其他定位元件组合定位，如图 2-32 所示。图 2-32(a)所示为工件在双圆锥销上定位。图 2-32(b)所示为圆锥-圆柱组合心轴，锥度部分使工件准确定心，圆柱部分可减少工件倾斜。这两种组合定位方式均限制了工件的五个自由度。

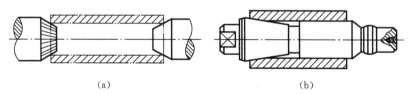

图 2-32　圆锥销组合定位

2.3.3　工件以外圆柱面定位

工件以外圆柱面定位时，常用如下定位元件。

1. V 形块

图 2-33 所示为常用 V 形块的结构。其中图 2-33(a)所示 V 形块用于较短的精定位基面；图 2-33(b)所示 V 形块用于粗定位基面和阶梯定位面；图 2-33(c)所示 V 形块用于较长的精定位基面和相距较远的两个定位面。V 形块不一定采用整体结构的钢件，可在铸铁底座上镶淬硬垫板，如图 2-33(d)所示。

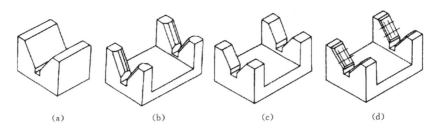

图 2-33　V 形块的结构类型

V 形块有固定式和活动式之分。固定式 V 形块在夹具体上装配固定,活动式 V 形块的应用见图 2-34。图 2-34(a)所示为加工轴承座孔时的定位方式,活动 V 形块除限制工件一个移动自由度外,还兼有夹紧作用。图 2-34(b)所示为加工连杆孔的定位方式,活动 V 形块限制工件一个转动自由度,还兼有夹紧作用。

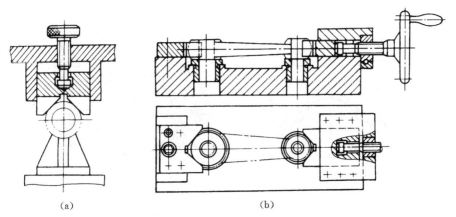

图 2-34　活动 V 形块的应用

V 形块定位的最大优点就是对中性好,它可使一批工件的定位基准轴线对中在 V 形块两斜面的对称平面上,不受定位基准直径误差的影响。V 形块定位的另一个特点是:无论定位基准是否经过加工,或是完整的圆柱面还是局部圆弧面,都可采用 V 形块定位。因此,V 形块是用得最多的定位元件。

2. 定位套

图 2-35 所示为常用的两种定位套。为了限制工件沿轴向的自由度,常与端面联合定位。用端面作为主要定位面时,应控制套的长度,以免夹紧时工件产生不允许的变形。

定位套结构简单,容易制造,但定心精度不高,一般适用于精基准定位。

3. 半圆套

图 2-36 所示为半圆套定位装置,下面的半圆套是定位元件,上面的半圆套起夹

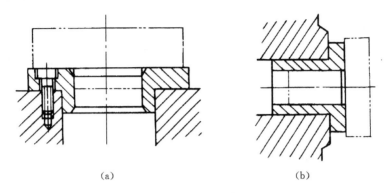

图 2-35 定位套

紧作用。这种方式主要用于大型轴类零件及不便于轴向装夹的零件的定位。定位基面的精度不低于IT8~IT9,半圆的最小内径取工件定位基面的最大直径。

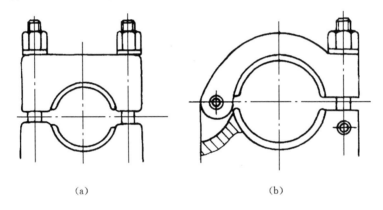

图 2-36 半圆套定位装置

4. 圆锥套

图 2-37 所示为通用的反顶尖。工件以圆柱面的端部在圆锥套的锥孔中定位,锥孔中有齿纹,以便带动工件旋转。

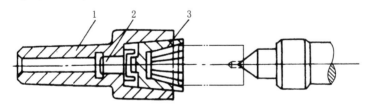

图 2-37 工件在圆锥套中定位

1—顶尖体;2—螺钉;3—圆锥套

2.3.4 工件以一面两孔定位

在加工箱体、支架类零件时,常用工件的一面两孔作为定位基准,以使基准统一。此时,常采用一面两销的定位方式。这种定位方式简单、可靠、夹紧方便。有时工件上没有合适的小孔,这时常把紧固螺钉孔的精度提高或专门做出两个工艺孔来,以备一面两孔定位之用。

一面两销定位如图 2-38 所示。为了避免两销定位时与工件的两孔产生的过定位干涉,影响工件的正常装卸,使用中应该将其中之一做成削边销。

削边销的宽度 b 已标准化,如表 2-9 所示,削边销与定位孔的最小配合间隙 $X_{\min}$ 可由下式计算,即

$$X_{\min} = \frac{b(T_D + T_d)}{D}$$

式中:b 为削边销的宽度;T_D 为两定位孔中心距公差;T_d 为两定位销中心距公差;D 为与削边销配合的定位孔的直径。

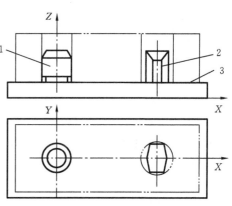

图 2-38 一面两销定位
1—圆柱销;2—削边销;3—定位平面

为保证削边销的强度,小直径的削边销常做成菱形结构,故又称为菱形销,菱形的宽度 B 一般可根据直径 D 查表得到(见表 2-9)。

表 2-9 削边销尺寸/mm

D	3～6	6～8	8～20	20～25	25～32	32～40	>40
b	2	3	4	5	6	6	8
B	$D-0.5$	$D-1$	$D-2$	$D-3$	$D-4$		$D-5$

2.3.5 定位误差的分析与计算

工件在夹具中的位置是以定位基面与定位元件相接触(配合)来确定的。一批工件在夹具中定位时,由于工件和定位元件存在制造公差,使各个工件所占据的位置不

完全一致,加工后形成加工尺寸不一致,产生加工误差。这种因工件定位而产生的工序基准在工序尺寸上的最大变动量,称为定位误差,用 Δ_D 来表示。工件加工时,由于多种误差的影响,在分析定位方案时,根据工厂的实际经验,定位误差应控制在工序尺寸公差的 1/3 以内。

1. 造成定位误差的原因

造成定位误差的原因有两个:一是定位基准与工序基准不重合,由此产生基准不重合误差 Δ_B;二是定位基准与限位基准不重合,由此产生基准位移误差 Δ_Y。计算定位误差首先要找出工序基准,然后求出其在加工尺寸方向上引起的最大变动量即可。

1) 基准不重合误差 Δ_B

由于定位基准和工序基准(通常为设计基准)不重合而造成的加工误差,称为基准不重合误差,用 Δ_B 表示。

如图 2-39 所示为铣缺口的工序简图,加工尺寸是 A 和 B。工件以底面和 E 面定位,C 是确定夹具与刀具相对位置的对刀尺寸。在一批工件的加工过程中,C 的大小是不变的。

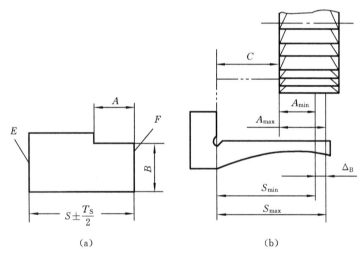

图 2-39 基准不重合误差

对于尺寸 A 而言,工序基准是 F 面,定位基准是 E 面,两者不重合。当一批工件逐一在夹具上定位时,受到尺寸 S 的影响,工序基准 F 面的位置是变动的,而 F 面的变动影响了 A 的大小,给尺寸 A 造成误差,这就是基准不重合误差。

显然,基准不重合误差等于因定位基准与工序基准不重合而造成的加工尺寸的变动范围。即

$$\Delta_B = A_{max} - A_{min} = S_{max} - S_{min} = T_S$$

即
$$\Delta_{\mathrm{B}} = T_{\mathrm{S}}$$

2) 基准位移误差 Δ_{Y}

由于定位副(工件的定位表面和定位元件的工作表面)的制造公差和最小配合间隙的影响,使定位基准相对于理想位置的最大变动量,称为基准位移误差,用 Δ_{Y} 表示。

如图 2-40(a)所示为在圆柱面上铣槽的工序简图,工序尺寸为 A 和 B。图 2-40(b)为工序定位示意图,工件以内孔在圆柱心轴上定位,O 是心轴轴心,O_1、O_2 是工件孔的轴心,C 是对刀尺寸。对尺寸 A 而言,工序基准是内孔轴线,定位基准也是内孔轴线,两者重合,故 $\Delta_{\mathrm{B}}=0$。

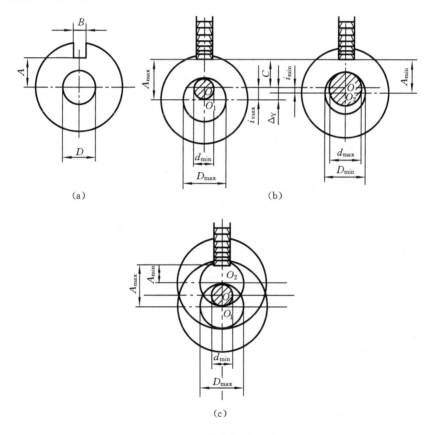

图 2-40 基准位移误差

由于定位副有制造公差和最小配合间隙,使定位基准(内孔轴线)与限位基准(心轴轴线)不能重合,定位基准相对于限位基准偏移了一段距离,由于刀具调整好位置后在加工一批工件过程中位置不再变动(与限位基准的位置不变)。所以定位基准位置的变动给工序尺寸 A 造成加工误差,即为基准位移误差。

基准位移误差应等于因定位基准与限位基准不重合造成工序尺寸的最大变动量。如图 2-40(b)所示,当工件内孔直径为最大(D_{max}),定位心轴直径为最小(d_{min})时,定位基准的位移量为最大($i_{max}=OO_1$),工序尺寸也为最大(A_{max});当工件孔直径为最小(D_{min}),定位心轴直径为最大(d_{max})时,定位基准的位移量为最小($i_{min}=OO_2$),工序尺寸也为最小(A_{min})。因此,一批工件定位基准的最大变动量为

$$\Delta_i = OO_1 - OO_2 = i_{max} - i_{min} = A_{max} - A_{min}$$

式中:i 为定位基准的位移量;Δ_i 为一批工件定位基准的最大变动量。

当定位基准位置变动方向与加工尺寸的方向相同时,基准位移误差等于定位基准的最大变动量,即

$$\Delta_Y = \Delta_i$$

(1) 定位副固定单边接触

如图 2-40(b)所示,当心轴水平放置时,工件在自重作用下与心轴固定单边接触,此时有

$$\Delta_Y = \Delta_i = OO_1 - OO_2 = i_{max} - i_{min} = A_{max} - A_{min}$$
$$= \frac{D_{max} - d_{min}}{2} - \frac{D_{min} - d_{max}}{2} = \frac{D_{max} - D_{min}}{2} + \frac{d_{max} - d_{min}}{2} = \frac{T_D}{2} + \frac{T_d}{2}$$

(2) 定位副任意边接触

如图 2-40(c)所示,当心轴垂直放置时,工件与心轴任意边接触,此时有

$$\Delta_Y = \Delta_i = OO_1 + OO_2 = D_{max} - d_{min} = T_D + T_d + X_{min}$$

2. 定位误差的计算

定位误差的计算常用合成法。合成法是根据定位误差造成的原因,定位误差应由基准不重合误差与基准位移误差组合而成。计算时,先分别算出 Δ_Y 和 Δ_B,然后将两者组合成 Δ_D。

- 当 $\Delta_Y \neq 0$,$\Delta_B = 0$ 时,有 $\Delta_D = \Delta_Y$。
- 当 $\Delta_Y = 0$,$\Delta_B \neq 0$ 时,有 $\Delta_D = \Delta_B$。
- 当 $\Delta_Y \neq 0$,$\Delta_B \neq 0$ 时,若工序基准不在定位基面上,有

$$\Delta_D = \Delta_Y + \Delta_B$$

若工序基准在定位基面上,有

$$\Delta_D = \Delta_Y \pm \Delta_B$$

在定位基面尺寸变动方向一定(由大变小,或由小变大)的条件下,Δ_Y(或定位基准)与 Δ_B(或工序基准)的变动方向相同时取"+"号;变动方向相反时取"-"号。

3. 定位误差计算示例

在图 2-39 中,设 $S=40$ mm,$T_S=0.15$ mm,$A=18$ mm± 0.1 mm,求加工尺寸 A 的定位误差,并分析定位质量。

从给出条件中,我们看到,工序基准和定位基准不重合,有基准不重合误差,其大小等于定位尺寸 S 的公差 T_S,即 $\Delta_B = T_S = 0.15$ mm;以 E 面定位加工 A 时,不会产生基准位移误差,即 $\Delta_Y = 0$。所以有

$$\Delta_D = \Delta_B = 0.15 \text{ mm}$$

加工尺寸 A 的尺寸公差为 $T_A = 0.2$ mm,此时 $\Delta_D = 0.15$ mm $> \frac{1}{3} \times T_A = \frac{1}{3} \times 0.2$ mm $= 0.0667$ mm。由分析可知,定位误差太大,实际加工中容易出现废品,故应改变定位方式。

2.4 夹紧装置

2.4.1 夹紧装置的组成和基本要求

1. 夹紧装置的组成

夹紧装置是将工件压紧、夹牢的装置。夹紧装置的种类很多,但其结构均由以下两部分组成。

(1) 动力装置——产生夹紧力

在加工过程中,要保证工件不离开定位时占据的正确位置,就必须有足够的夹紧力来平衡加工时对工件的切削力、惯性力、离心力及重力。夹紧力一是靠手动,二是靠某种动力装置。常用的动力装置有:液压装置、气压装置、电磁装置、电动装置、气-液联动装置和真空装置等。

(2) 夹紧机构——传递夹紧力

要使动力装置所产生的力正确地作用到工件上,需有适当的传递机构。在工件夹紧过程中起力的传递作用的机构,称为夹紧机构。

夹紧机构在传递力的过程中,能根据需要改变力的大小、方向和作用点。手动夹具的夹紧机构还应具有良好的自锁性能,以保证手动停止后,仍能可靠地夹紧工件。

图 2-41 是采用液压夹紧的铣床夹具。其中,液压缸、活塞、活塞杆等组成了液压动力装置,铰链臂和压板等组成了铰链压板夹紧机构。

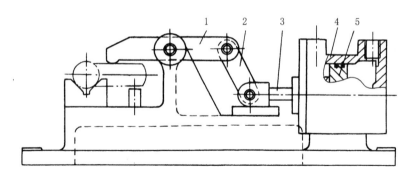

图 2-41 液压夹紧铣床夹具
1—压板；2—铰链臂；3—活塞杆；4—液压缸；5—活塞

2. 夹紧装置的基本要求

○ 在夹紧过程中，不改变工件定位后占据的正确位置。

○ 夹紧力大小适当。对加工一批工件来说，夹紧装置的夹紧力要稳定不变，既要保证工件在整个加工过程中的位置稳定不变，振动小，又要使工件不产生过大的夹紧变形。

○ 夹紧装置的复杂程度应与工件的生产纲领相适应。当工件生产批量很大时，允许设计成复杂、效率高的夹紧装置。

○ 工艺性和实用性好。夹紧装置的结构应力求简单，便于制造和维修，其操作应当方便、安全、省力。

2.4.2 夹紧力方向和作用点的选择

在确定夹紧力的方向和作用点时，要分析工件的结构特点、加工要求、切削力和其他外力作用在工件的情况，以及定位元件的结构和布置方式。

1. 夹紧力的方向

夹紧力的方向应有助于定位稳定，且夹紧力应朝向主要限位面。对工件只施加一个夹紧力，或施加几个方向相同的夹紧力时，夹紧力的方向应尽可能朝向主要限位面。

如图 2-42(a)所示，工件上被镗的孔与左端面有一定的垂直度要求，因此，工件以孔的左端面与定位元件的 A 面接触，限制三个自由度；工件底面与 B 面接触，限制两个自由度。夹紧力朝向主要限位面 A 有利于保证孔与左端面的垂直度要求；如果夹紧力改朝 B 面，则由于工件左端面与底面的夹角误差，夹紧时将破坏工件的定位，影响孔与左端面的垂直度要求。

再如图 2-42(b)所示，夹紧力朝向主要限位面——V 形块的 V 形面，使工件的装

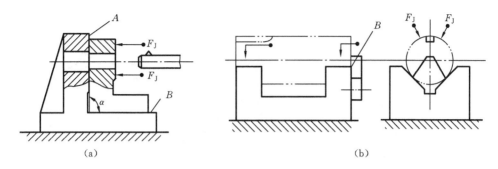

图 2-42 夹紧力朝向主要限位面

夹稳定可靠。如果夹紧力改朝 B 面,则由于工件圆柱面与端面的垂直度误差,夹紧时,工件的圆柱面可能离开 V 形块的 V 形面。这不仅破坏了定位,影响加工要求,而且加工时工件容易振动。

对工件施加几个方向不同的夹紧力时,朝向主要限位面的夹紧力应是主要夹紧力。

2. 夹紧力的作用点

在夹紧力方向确定以后,应根据下列原则确定作用点的位置。

(1) 夹紧力的作用点应落在定位元件的支承范围内

如图 2-43 所示,夹紧力的作用点落到了定位元件的支承范围之外,夹紧时将破坏工件的定位,因而这种方式是错误的。

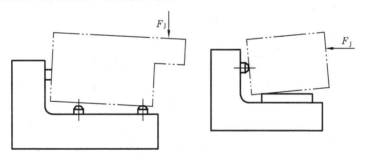

图 2-43 夹紧力作用点的位置不正确

(2) 夹紧力的作用点应落在工件刚度较好的方向和部位

这一原则对刚度差的工件特别重要。如图 2-44(a)所示,薄壁套的轴向刚度比径向好,用卡爪径向夹紧,工件变形大,若沿轴向施加夹紧力,则变形就会小得多。夹紧如图 2-44(b)所示薄壁箱体时,夹紧力不应作用在箱体的顶面,而应作用在刚度好的凸边上。箱体没有凸边时,可如图 2-44(c)所示那样,将单点夹紧改为三点夹紧,使作用点落在刚度较好的箱壁上,并降低了作用点的压强,减小了工件的夹紧变形。

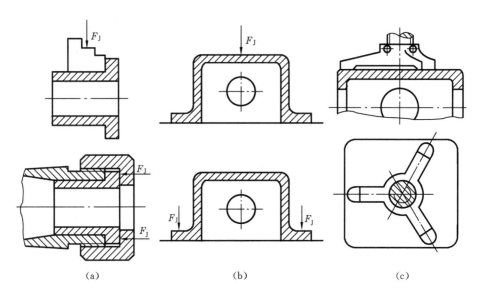

图 2-44 夹紧力作用点与夹紧变形的关系

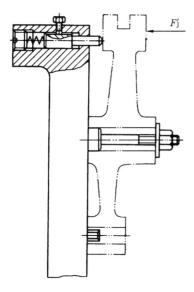

图 2-45 夹紧力作用点靠近加工表面

(3) 夹紧力作用点应靠近工件的加工表面

如图 2-45 所示,在拨叉上铣槽。由于主要夹紧力的作用点距加工表面较远,故在靠近加工表面的地方设置了辅助支承。增加了夹紧力 F_J'。这样不仅提高了工件的装夹刚度,还可减少加工时的工件振动。

3. 夹紧力的估算

在加工过程中,工件受到切削力、离心力、惯性力及重力的作用。理论上,夹紧力的作用应与上述力(矩)的作用平衡,实际上,夹紧力的大小还与工艺系统的刚度、夹紧机构的传递效率等有关,而且,切削力的大小在加工过程中是变化的。因此,夹紧力的计算是个很复杂的问题,实践中也只能进行粗略的估算。实际应用时,并非所有的情况下都需要计算夹紧力,手动夹紧机构一般根据经验或类比来确定夹紧力。

2.4.3 典型夹紧机构

1. 基本夹紧机构

夹紧机构的种类虽然很多,但其结构大都以斜楔夹紧机构、螺旋夹紧机构和偏心夹紧机构为基础。这三种夹紧机构合称为基本夹紧机构。

(1) 斜楔夹紧机构

图 2-46 所示分别为几种用斜楔夹紧机构夹紧工件的实例。图 2-46(a)所示为在工件上钻互相垂直的 $\phi 8$ mm、$\phi 5$ mm 的两组孔。工件装入后,锤击斜楔大头,夹紧工件;加工完毕后,锤击斜楔小头,松开工件。由于用斜楔直接夹紧工件的夹紧力较小,且操作费时,所以在实际生产中应用不多。多数情况下是将斜楔与其他机构联合起来使用。图 2-46(b)所示为将斜楔与滑柱合成为一种夹紧机构,一般用气压或液压驱动。图 2-46(c)所示为由端面斜楔与压板组合而成的夹紧机构。

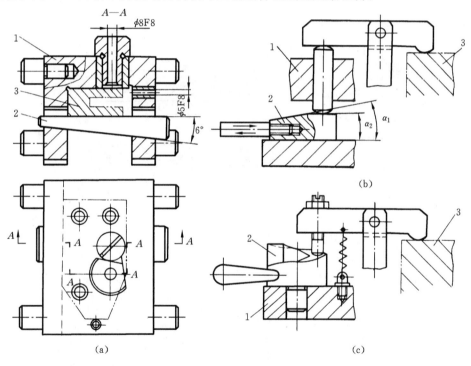

图 2-46 斜楔夹紧机构
1—夹具体;2—斜楔;3—工件

(2) 螺旋夹紧机构

由螺钉、螺母、垫圈、压板等元件组成的夹紧机构,称为螺旋夹紧机构。图 2-47 所示为应用这种机构夹紧工件的一些实例。

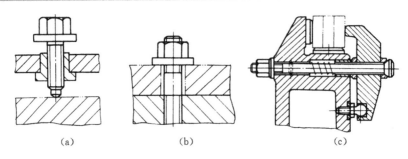

图 2-47 螺旋夹紧机构

螺旋夹紧机构不仅结构简单、容易制造,而且缠绕在螺钉表面的螺旋线很长,升角又小,所以螺旋夹紧机构的自锁性能好,夹紧力和夹紧行程都较大,是手动夹紧中用得最多的一种夹紧机构。

夹紧动作慢、工件装卸费时是螺旋夹紧机构的一个缺点。如图 2-47(b)所示,装卸工件时,要将螺母拧上拧下,费时费力。克服这一缺点的办法很多,图 2-48 所示为

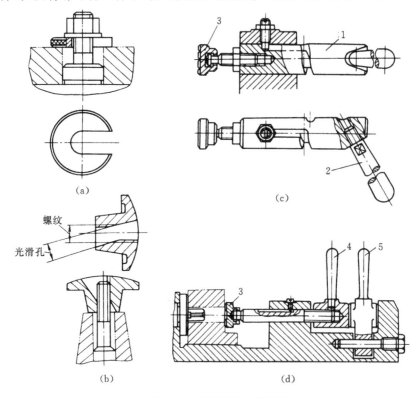

图 2-48 快速螺旋夹紧机构

1—夹紧轴;2、4、5—手柄;3—摆动压块

常见的几种快速机构。在图 2-48(a)中,使用了开口垫圈;在图 2-48(b)中,采用了快卸螺母;在图 2-48(c)中,夹紧轴上的直槽连着螺旋槽,先推动手柄,使摆动压块迅速靠近工件,继而转动手柄,夹紧工件并自锁;在图 2-48(d)中,手柄带动螺母旋转时,因手柄的限制,螺母不能右移,致使螺杆带着摆动压块往左移动,从而夹紧工件,松夹时只要反转手柄,稍微松开后,即可转动手柄,为手柄的快速右移让出了空间。

在夹紧机构中,结构形式变化最多的是螺旋压板机构。如图 2-49 所示为常用螺旋压板机构的五种典型结构。图 2-49(a)、(b)所示的两种机构的施力螺钉位置不同,图 2-49(a)中的夹紧力 F_J 小于作用力 F_Q,主要用于夹紧行程较大的场合;在图

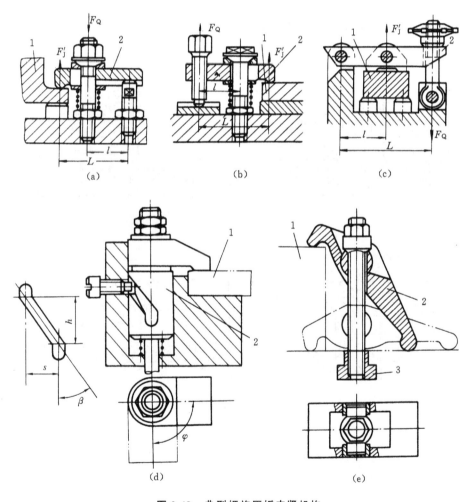

图 2-49 典型螺旋压板夹紧机构

1—工件;2—压板;3—T 型槽用螺母

2-49(b)中可以看到,通过调整压板的杠杆比 l/L,实现增大夹紧力和夹紧行程的目的;图2-49(c)所示为铰链压板机构,主要用于增大夹紧力的场合;图2-49(d)所示为螺旋钩形压板机构,其特点是结构紧凑、使用方便,主要用于安装夹紧机构的位置受限的场合;图2-49(e)所示为自调式压板,它能适应工件高度在 0~100 mm 的范围内变化,而无须进行调节,其结构简单、使用方便。

(3) 偏心夹紧机构

用偏心件直接或间接夹紧工件的机构,称为偏心夹紧机构。偏心件有圆偏心和曲线偏心两种类型。其中,圆偏心机构因结构简单、制造容易,得到广泛的应用。图2-50 所示为几种常见偏心夹紧机构的应用实例。图 2-50(a)、(b)所示为圆偏心轮夹紧机构,图 2-50(c)所示为偏心轴夹紧机构,图 2-50(d)所示为偏心叉夹紧机构。

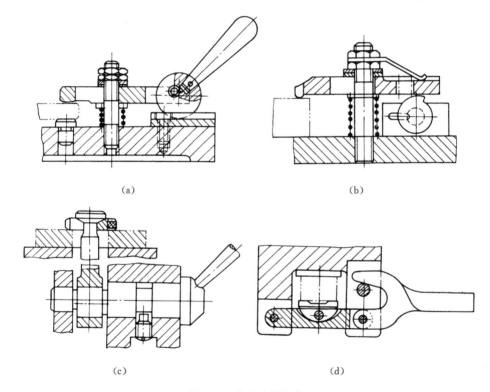

图 2-50 偏心夹紧机构

偏心夹紧机构优点是操作方便、夹紧迅速,缺点是夹紧力和夹紧行程都较小。它一般用于切削力不大、振动小、没有离心力影响的加工场合。

2. 定心夹紧机构

定心夹紧机构具有定心(对中)和夹紧两种功能,如卧式车床的三爪自定心卡盘即为最常用的典型定心夹紧机构。

定心夹紧机构按其定心作用原理分为两种类型：一种是依靠传动机构使定心夹紧元件等速移动，从而实现定心夹紧，如螺旋式、杠杆式、楔式机构等；另一种是利用薄壁弹性元件受力后产生均匀的弹性变形(收缩或扩张)实现定心夹紧，如弹簧筒夹、膜片卡盘、波纹套、液性塑料等。下面介绍常用的几种定心夹紧机构。

(1) 螺旋式定心夹紧机构

如图 2-51 所示，螺杆两端的螺纹旋向相反，螺距相同。当其旋转时，使两个 V 形钳口作相向等速移动，从而实现对工件的定心夹紧或松开。V 形钳口可按工件不同形状进行更换。

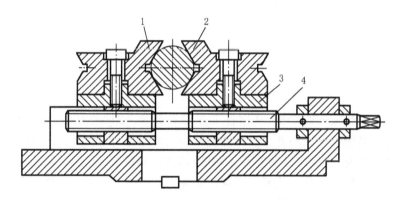

图 2-51　螺旋式定心夹紧机构
1、2—V 形钳口；3—滑块；4—双向螺杆

该定心夹紧机构的特点是：结构简单，工作行程大，但定心精度不高，一般为 0.05～0.1 mm。它适用于粗加工或半精加工中需要行程大而定心精度要求不太高的场合。

(2) 楔式定心夹紧机构

图 2-52 所示为机动楔式夹爪自动定心机构。当工件以内孔及左端面在夹具上定位后，汽缸通过拉杆使六个夹爪左移，由于本体上斜面的作用，夹爪左移的同时向外胀开，将工件定心夹紧；反之，夹爪右移时，在弹簧卡圈的作用下使夹爪收拢，将工件松开。

这种定心夹紧机构的结构紧凑，定心精度可达 0.02～0.07 mm，适用于工件以内孔作定位基面的半精加工工序。

(3) 弹簧筒夹式定心夹紧机构

这种定心夹紧机构常用于安装轴套类工件。图 2-53(a) 所示为以工件外圆柱面为定位基面的弹簧夹头。旋转螺母时，其端面推动弹性筒夹左移，此时锥套内锥面迫

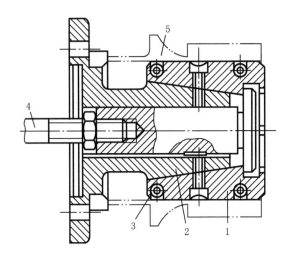

图 2-52 机动楔式夹爪自动定心机构
1—夹爪；2—本体；3—弹簧卡圈；4—拉杆；5—工件

使弹性筒夹上的簧瓣向心收缩，从而将工件定心夹紧。图 2-53(b)所示为用于以工件内孔为定位基面的弹簧心轴。因工件的长径比 $L/d \gg 1$，故弹性筒夹的两端各有簧瓣。转动螺母时，其端面推动锥套，同时推动弹性筒夹左移，锥套和夹具体的外锥面同时迫使弹性筒夹的两端簧瓣向外均匀扩张，从而将工件定心夹紧。反向转动螺母时，带动锥套，便可卸下工件。

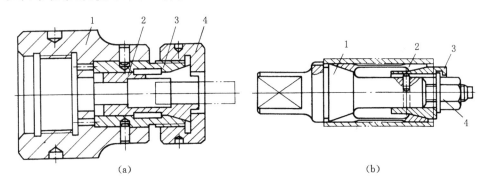

图 2-53 弹簧夹头和弹簧心轴
1—夹具体；2—弹性筒夹；3—锥套；4—螺母

弹簧筒夹式定心夹紧机构的结构简单、体积小，操作方便、迅速，因而应用十分广泛。其定心精度可稳定在 0.04～0.10 mm 之间，适用于精加工或半精加工场合。为了保证弹性筒夹正常工作，工件定位基面的尺寸公差应控制在 0.1～0.5 mm 范围内。

(4) 液性塑料式定心夹紧机构

如图 2-54 所示为液性塑料式定心夹紧机构的两种结构,其中图 2-54(a)所示为以工件内孔为定位基面,图 2-54(b)所示为以工件外圆为定位基面。虽然两者的定位基面不同,但其基本结构与工作原理是相同的。起直接夹紧作用的薄壁套筒压配在夹具体上,在所构成的环形槽中注满了液性塑料。当旋转螺钉通过柱塞向腔内加压时,液性塑料便向各个方向传递压力,在压力作用下薄壁套筒产生径向均匀的弹性变形,从而将工件定心夹紧。图 2-54(a)中的限位螺钉用于限制加压螺钉的行程,防止薄壁套筒因超负荷而产生塑性变形。

这种定心机构的结构紧凑、操作方便,定心精度高,可达 0.005～0.01 mm,主要用于定位基面的直径大于 18 mm,尺寸公差为 IT8～IT7 级工件的精加工或半精加工。

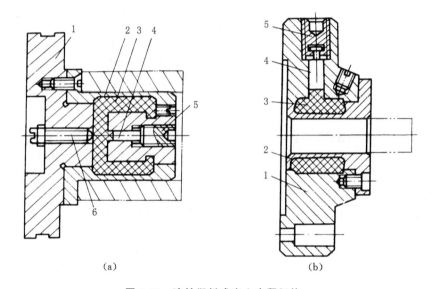

(a)　　　　　　　　　　　　(b)

图 2-54　液性塑料式定心夹紧机构

1—夹具体;2—薄壁套筒;3—液性塑料;4—柱塞;5—螺钉;6—限位螺钉

3. 联动夹紧机构

在工件夹紧要求中,有时需要几个点同时对某个工件夹紧,有时需要同时夹紧几个工件。这种一次操作就能同时多点夹紧一个工件或同时夹紧几个工件的机构,称为联动夹紧机构。联动夹紧机构可以简化操作,简化夹具结构,节省装夹时间,因此,常用于机床夹具中。

联动夹紧机构可分为单件联动夹紧机构和多件联动夹紧机构。前者对一个工件进行多点夹紧,后者能同时夹紧几个工件。

(1) 单件联动夹紧机构

最简单的单件联动夹紧机构是浮动压头,属于单件两点夹紧方式,如图 2-55 所示。图 2-56 所示为单件三点联动夹紧机构,拉杆带动浮动盘,使三个钩形压板同时夹紧工件。由于采用了能够自动回转的钩形压板,所以装卸工件很方便。

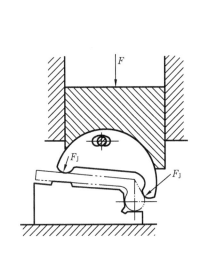

图 2-55 单件两点联动夹紧

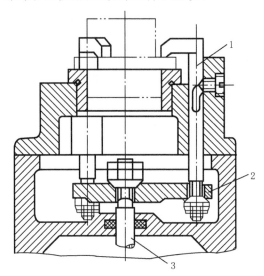

图 2-56 单件三点联动夹紧

1—钩型压板;2—浮动盘;3—拉杆

(2) 多件联动夹紧机构

多件联动夹紧机构多用于小型工件的夹紧,在铣床夹具中应用尤为广泛。根据夹紧方式和夹紧方向的不同,它可分为平行夹紧、顺序夹紧、对向夹紧和复合夹紧四种方式。

图 2-57 所示为多件平行联动夹紧机构。在一次装夹多个工件时,若采用刚性压板,则因工件的直径不等及 V 形块有误差,使各工件所受的力不等或夹不住。采用

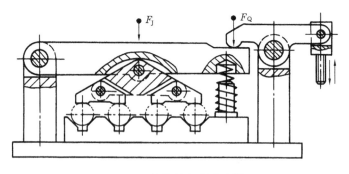

图 2-57 多件平行联动夹紧

如图 2-57 所示的三个浮动压板,可同时夹紧所有工件。

图 2-58 所示为同时铣削四个工件的顺序夹紧铣床夹具。当压缩空气推动活塞向下移动时,活塞杆上的斜面推动滚轮,使推杆向右移动,通过杠杆使顶杆顶紧 V 形块,通过中间三个浮动 V 形块和固定 V 形块,连续夹紧四个工件。理论上每个工件所受的夹紧力等于总夹紧力。加工完毕后,活塞作反向运动,推杆在弹簧的作用下退回原位,V 形块松开,卸下工件。

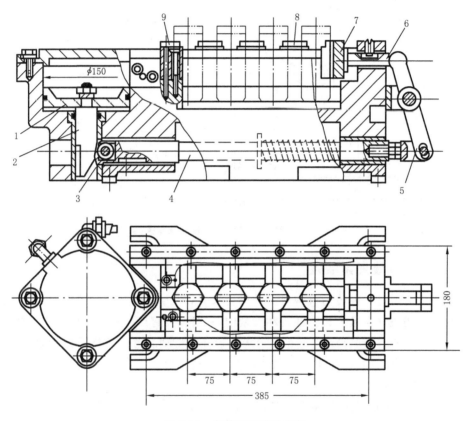

图 2-58 多件顺序联动夹紧
1—活塞;2—活塞杆;3—滚轮;4—推杆;5—杠杆;
6—顶杆;7—V 形块;8—浮动 V 形块;9—固定 V 形块

由于工件的误差和定位、夹紧元件的误差依次传递,逐个积累,故这种顺序夹紧方式只适用于在夹紧方向上没有加工精度要求的工件。

生产中并不拘泥于一种夹紧方式,往往可以是各种夹紧方式综合使用。

4. 铰链夹紧机构

铰链夹紧机构是由铰链、杠杆组合而成的一种增力机构,其结构简单,增力倍数较大,但无自锁性能。它常与动力装置(汽缸、液压缸等)联用,在气动铣床夹具中应用较广,也用于其他机床夹具。

如图 2-59 所示,在连杆右端铣槽。工件以 $\phi 52$ mm 外圆柱面、侧面及右端底面分别在 V 形块、可调螺钉和支承座上定位,采用气压驱动的双臂单作用铰链夹紧机构夹紧工件。

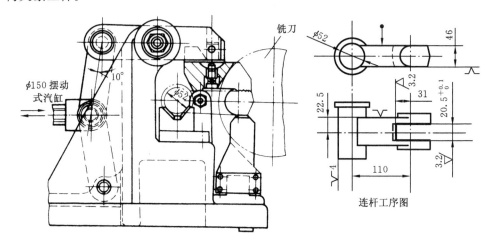

图 2-59 双臂单作用铰链夹紧的铣床夹具

2.4.4 气液夹紧装置

使用人力通过各种传力机构对工件进行夹紧,称为手动夹紧。而现代高效率的夹具大多采用机动夹紧方式。在机动夹紧中,一般都设有产生夹紧力的动力系统,常用的动力系统有:气动、液压、气-液联合等快速高效传动装置。这样可以大幅度减少装夹工件的辅助时间,提高生产率和减轻工人劳动强度。

1. 气压传动系统

如图 2-60 所示,电动机带动空气压缩机产生 0.7～0.9 MPa 的压缩空气,经冷却器进入储气罐备用。压缩空气在进入机床夹具的汽缸前,必须进行处理:首先进入分水滤气器,分离水分并滤去杂质,以免锈蚀元件及堵塞管路;再经调压阀,使压力降至工作压力(0.4～0.6 MPa)并稳定在该压力水平上;然后通过油雾器混以雾化油,以保证系统中各元件的润滑;最后经单向阀、换向阀、节流阀进入汽缸。

2. 气动夹紧的特点

◦ 压缩空气来源于大气,取之不尽,废气排入大气中处理方便,没有污染。

◦ 压缩空气在管道中流动的压力损失小,便于集中供应和实现远距离操纵,便于实现自动化装夹。

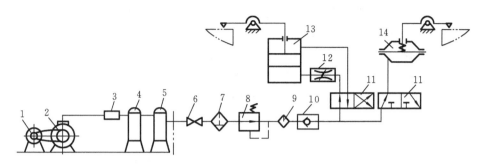

图 2-60 气动夹紧系统示意图

1—电动机；2—空压机；3—冷却器；4—储气罐；5—过滤器；6—开关；7—分水滤气器；8—调压阀；
9—油雾器；10—单向阀；11—换向阀；12—节流阀；13—活塞式汽缸；14—薄膜式汽缸

- 压缩空气在管道中流动速度快，反应灵敏，可达到快速夹紧的目的。
- 夹紧力基本稳定，但由于空气有压缩性，夹紧刚度差，故在重切削或断续切削时，应设置自锁装置。
- 压缩空气的工作压力较小，因此，与液压夹紧装置相比，其结构较庞大，另外，气动夹紧机构动作时有噪声。

3. 汽缸

常用的汽缸结构有两种基本形式，即活塞式和薄膜式。

（1）活塞式汽缸

按汽缸在工作过程中的运行情况，活塞式汽缸可分为固定式汽缸、回转式汽缸等；按汽缸进气情况，活塞式汽缸可分为单向作用汽缸和双向作用汽缸；按活塞数量又可分为单活塞汽缸和多活塞汽缸。其中应用最广的是单活塞双向作用固定式汽缸。

图 2-61 所示为单向作用、双向作用单活塞汽缸。由图 2-61(a)可知，单向作用汽

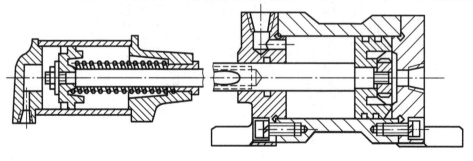

(a) 单向作用汽缸　　　　　　　　　　(b) 双向作用汽缸

图 2-61 单活塞汽缸

缸只是由单向进气完成夹紧动作,当汽缸左腔与大气接通时,活塞便在弹簧力作用下退回原位。图 2-61(b)所示为固定式双向作用汽缸,它通常固定在夹具体上。活塞在压缩空气的推动下,来回往复运动,实现夹紧和松开。

图 2-62 所示为单活塞回转式汽缸,主要用于需要连续或周期性转动的车、磨床夹具及分度夹具。使用时将汽缸、夹具分别通过过渡盘安装在机床主轴上。当压缩空气进入汽缸右腔时,活塞向左移动并通过拉杆拉动三个钩形压板将工件夹紧。

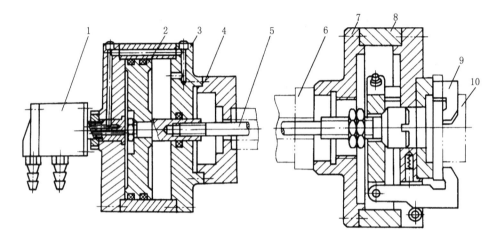

图 2-62 回转式汽缸

1—导气接头;2—活塞;3—汽缸;4、7—过渡盘;5—拉杆;6—主轴;8—夹具;9—钩形压板;10—工件

导气接头是回转式汽缸的特有部件,图 2-63 所示为其中的一种结构形式。轴用

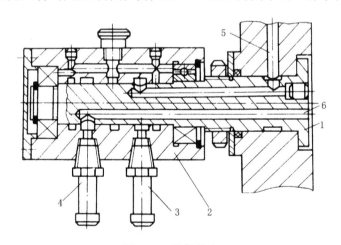

图 2-63 导气接头

1—轴;2—阀体;3、4—接头;5、6—通道

螺母紧固在汽缸盖上,随汽缸一起在轴承内转动。阀体固定不动,压缩空气可由接头4经通道5进入汽缸左腔,或由接头3经通道6进入汽缸右腔。阀体与轴的间隙为0.007～0.015 mm,在保证充分润滑的同时保持密封性。

由于回转式汽缸工作时转动,致使结构复杂,且汽缸转动惯量大,容易损坏机床主轴轴承。因此,近年来回转式汽缸在夹具中逐渐被不动式汽缸所代替。

图 2-64 所示为车床用的一种不动式汽缸。由图中可以看出,汽缸固定不动,活塞只作移动而不转动,装于活塞中部的拉杆可随机床主轴转动并传递活塞的推力。由于拉杆是在滚动轴承内转动,故可避免回转式汽缸的缺点。

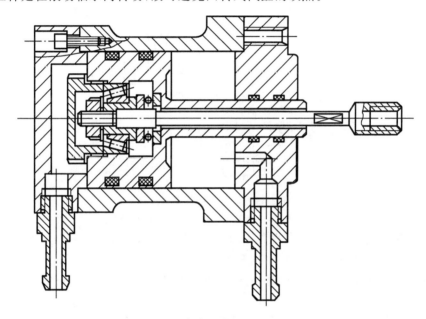

图 2-64　车床用的不动式汽缸

(2) 薄膜式汽缸

图 2-65 所示为单向作用薄膜式汽缸。这种汽缸没有活塞,而是使用橡胶薄膜传递压力。压缩空气从接头输入汽缸并作用在薄膜上,经托盘、推杆传至夹紧机构,回程时依靠弹簧的力量复位。

薄膜式汽缸也可以做成旋转式和双向作用式。

薄膜式汽缸结构简单、零件较少,且可以直接采用标准配件,因此成本比较低。但由于受薄膜变形量的限制,其工作行程较短,推力也较小,并随着推杆的位置而变化,选用时必须注意。

4. 气动-液压夹紧系统

为了综合应用气压夹紧和液压夹紧的优点,可以采用气-液联合的增压装置。由

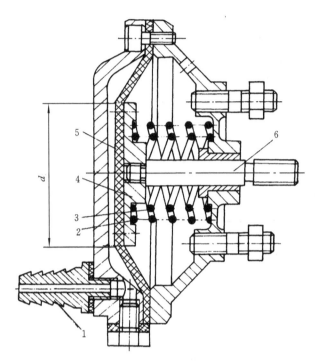

图 2-65 单向作用薄膜式汽缸

1—接头;2、3—弹簧;4—托盘;5—薄膜;6—推杆

于该种装置只利用气源即可获得高压油,因此成本低,维护方便。

气-液增压装置分为直接作用式和低、高压先后作用式两种。图 2-66 所示为直接作用式气-液增压虎钳。工作时,先通过丝杠将钳口调至接近工件的位置,然后操

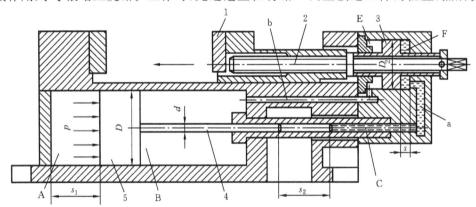

图 2-66 气-液增压虎钳示意图

1—钳口;2—丝杠;3、5—活塞;4—活塞杆

纵换向阀,使压缩空气进入汽缸的 A 腔,推动活塞 5 右移,B 腔中的废气经换气阀排出,此时活塞杆对油腔 C(增压缸)加压,并使高压油经油路 a 进入油腔 F(工作液压缸),推动活塞 3 左移,即可夹紧工件。

也可以采用如图 2-67 所示的气-液增压器,其预夹紧、增压夹紧和松夹过程如下。

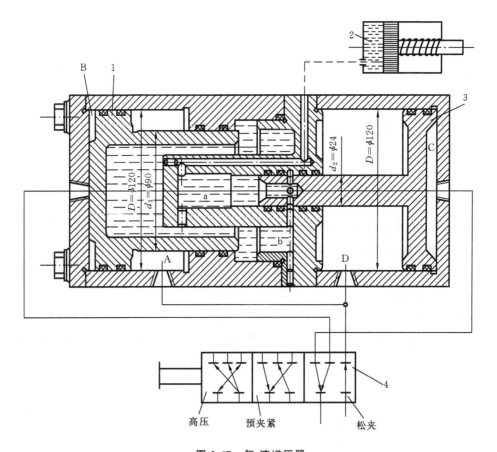

图 2-67 气-液增压器
1—汽缸活塞;2—高压缸;3—活塞和柱塞;4—换向阀

(1) 预夹紧

先将三位五通阀的手柄放到预夹紧的位置,压缩空气进入左汽缸的 B 腔,推动活塞 1 向右移动,油液由 b 腔经 a 腔输送至高压缸,其活塞即以低压快速移动对工件进行预夹紧。此时油液容量大,活塞的行程也较大。在缸径 $D=120$ mm,$d_1=90$ mm,气源气压为 $5.5×10^5$ Pa 时,低压油压力约为 $9.9×10^5$ Pa。

(2) 增压夹紧

在预夹紧后,把手柄移至高压位置,压缩空气即进入右汽缸的 C 腔,推动活塞 3 向左移动,直径为 d_2 的柱塞将油腔 a 和 b 隔开,并对 a 腔的油液施加压力,使油压升高,并输送至工作液压缸而实现高压夹紧。在 $D=120$ mm,$d_2=24$ mm 时,高压油压力可高达 137.5×10^5 Pa。

(3) 松开工件

加工完毕后,把手柄转换到松夹的位置,压缩空气进入 A、D 两腔,活塞 1 和 3 作相反方向移动,此时工作液压缸的活塞在弹簧力的作用下复位,放松工件,油液回到增压缸中。

2.5 夹具概述及典型机床夹具

2.5.1 机床夹具概述

机床夹具是在机床上用来快速、准确、方便地安装工件的工艺装备。

1. 机床夹具的类型

按专门化程度分类有以下几种类型。

(1) 通用夹具

通用夹具是指已经标准化、无须调整或稍加调整就可用于装夹不同工件的夹具。如三爪自定心卡盘和四爪单动卡盘、平口钳、回转工作台、分度头等。这种夹具主要用于单件、小批量生产。

(2) 专用夹具

专用夹具是指专为某一工件的一定加工工序而设计制造的夹具。这种夹具结构紧凑、操作方便,主要用于固定产品的大批量生产。

(3) 可调夹具

可调夹具是指加工完一种工件后,通过调整或更换个别元件就可加工形状相似、尺寸相近的其他工件。这种夹具多用于中小批量生产。

(4) 组合夹具

组合夹具是指按一定的工艺要求,由一套预先制造好的通用标准元件和部件组合而成的夹具。这种夹具使用完后,可进行拆卸或重新组装成新的夹具,这种夹具具有能缩短生产周期,减少专用夹具的品种和数量的优点。这种夹具适用于新产品的试制及多品种、小批量的生产。

(5) 随行夹具

随行夹具是指在自动线加工中针对某一种工件而采用的一种夹具。这种夹具除了具有一般夹具所担负的装夹工件的任务外,还担负着沿自动线输送工件的任务。

按使用的机床类型可分为车床夹具、铣床夹具、钻床夹具、镗床夹具、加工中心机床夹具和其他机床夹具等。

按驱动夹具工作的动力源可分为手动夹具、气动夹具、液压夹具、电动夹具、磁力夹具、真空夹具及自夹紧夹具等。

2. 机床夹具的组成

虽然机床夹具种类很多,但它们的基本组成是相同的。下面以一种数控铣床夹具为例来说明夹具的组成。图 2-68 所示为在数控铣床上连杆铣槽夹具,该夹具靠工作台的T形槽和夹具体上的定位键确定其在数控铣床上的位置,用T形螺钉紧固。

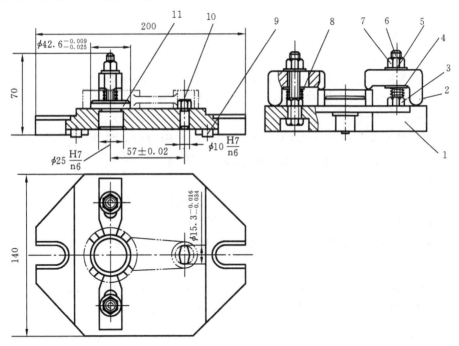

图 2-68 连杆铣槽夹具结构

1—夹具体;2—压板;3,7—螺母;4,5—垫圈;6—螺栓;8—弹簧;9—定位键;10—菱形销;11—圆柱销

加工时,工件在夹具中的正确位置靠夹具体的上平面、圆柱销和菱形销保证。夹紧时,转动螺母,压下压板,压板一端压紧夹具体,另一端压紧工件,保证工件的正确位置不变。

从连杆铣槽夹具的工作过程可知,机床夹具由以下几部分组成。

(1) 定位装置

定位装置是由定位元件及其组合构成的,它用于确定工件在夹具中的正确位置。如图 2-68 中的圆柱销、菱形销、夹具体的上平面等都是定位元件。

(2) 夹紧装置

夹紧装置用于保证工件在夹具中的既定位置,使其在外力作用下不致产生移动。它包括夹紧元件、传动装置及动力装置等。如图 2-68 中的压板、螺母、垫圈、螺栓及弹簧等元件构成夹紧装置。

(3) 夹具体

夹具体用于连接夹具各元件及装置,使其成为一个整体的基础件,以保证夹具的精度和刚度。

(4) 其他元件及装置

如定位键、操作件和分度装置,以及标准化连接元件等。

3. 对机床夹具的基本要求

(1) 保证工件的加工精度

机床夹具应有合理的定位方案,尤其对于精加工工序,应有合适的尺寸、公差和技术要求,以确保加工工件的尺寸公差和形位公差等要求。

(2) 提高生产效率

机床夹具的复杂程度及先进性应与工件的生产纲领相适应,根据工件生产批量的大小进行合理设置,以缩短辅助时间,提高生产效率。

(3) 工艺性好

机床夹具的结构应简单、合理,便于加工、装配、检验和维修。

(4) 使用性好

机床夹具的操作应简便、省力、安全可靠、排屑方便,必要时可设置排屑结构。

(5) 经济性好

应能保证机床夹具有一定的使用寿命和较低的制造成本。适当提高机床夹具元件的通用化和标准化程度,以缩短夹具的制造周期,降低夹具成本。

2.5.2 车床夹具及装夹

1. 花盘式车床夹具

如图 2-69 所示为十字槽轮零件精车圆弧 $\phi23^{+0.023}_{0}$ mm 的工序简图。工序要求保证四处 $\phi23^{+0.023}_{0}$ mm 圆弧;对角圆弧位置尺寸 18mm±0.02 mm 及对称度公差 0.02 mm;$\phi23^{+0.023}_{0}$ mm 轴线与 $\phi5.5$h6 轴线的平行度允差 $\phi0.01$ mm。

如图 2-70 所示为加工该工序的车床夹具,工件以 $\phi5.5$h6 外圆柱面与端面 B、半精车的 $\phi22.5$h8 圆弧面(精车第二个圆弧面时,则用已经车好的 $\phi23^{+0.023}_{0}$ mm 圆弧面

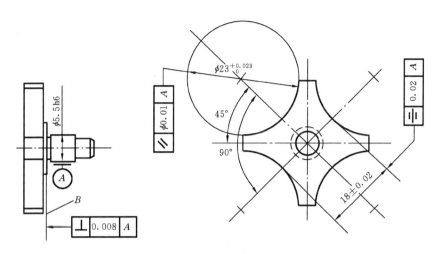

图 2-69 十字槽轮精车工序简图

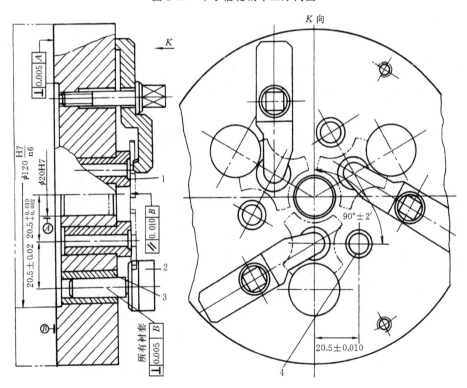

图 2-70 花盘式车床夹具

1、3、4—定位套；2—定位销

为定位基面)为定位基面,在夹具上定位套的内孔表面与端面、定位销(安装在定位套中,限位表面尺寸为 $\phi 22.5_{-0.01}^{0}$ mm,安装在定位套中,限位表面尺寸为 $\phi 23_{-0.08}^{0}$ mm(图中未画出),精车第二个圆弧面时使用)的外圆表面为相应的限位基面。限制工件六个自由度,符合基准重合原则。同时可加工三个工件,利于尺寸的测量。

该夹具保证工件加工精度的措施有以下几个方面。

○ $\phi 23_{0}^{+0.023}$ mm 圆弧尺寸由刀具调整来保证。

○ 尺寸 18 mm±0.02 mm 及对称度公差 0.02 mm,由定位套孔与工件采用 $\phi 5.5 G5/h6$ 配合精度,限位基准与安装基面 B 的垂直度公差 0.005 mm,与安装基准 A($\phi 20 H7$ 孔轴线)的距离 $\phi 22.5_{+0.002}^{+0.010}$ mm 来保证;且在工艺规程中要求同一工件的四个圆弧必须在同一定位套中定位,使用同一组定位销定位来进行加工。

○ 夹具体上 $\phi 120$ mm 止口与过渡盘上 $\phi 120$ mm 凸台采用过盈配合,设计要求就地加工过渡盘端面及凸台,以减小夹具的对刀和定位误差。

2. 角铁式车床夹具

图 2-71 所示为一角铁式车床夹具,用于加工壳体零件的孔和端面。工件以底面及两孔定位,并用两个钩形压板夹紧。镗孔中心线与零件底面之间的 8°夹角由角铁的角度来保证。为了控制端面尺寸,在夹具上设置了供测量用的测量基准(圆柱棒端面),同时设置了供检验和校正夹具用的工艺孔。

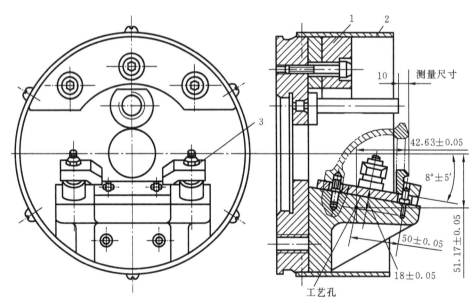

图 2-71 角铁式车床夹具

1—平衡块;2—防护罩;3—钩型压板

3. 车床通用夹具及装夹

数控车床上的工件安装方法与普通车床一样,要尽量选用已有的通用夹具,且应注意减少装夹次数,尽量做到在一次装夹中就能把零件上所有要加工表面都加工出来。工件定位基准应尽量与设计基准重合,以减少定位误差对尺寸精度的影响。

工件的装夹就是将工件在机床上或夹具中定位、夹紧的过程。由于工件的形状、大小和加工数量不同,因此可采用以下几种装夹方法。

(1) 在四爪卡盘上装夹工件

四爪卡盘夹紧力大,但找正比较费时。适用装夹大型或形状不规则的工件。

(2) 在三爪卡盘上装夹工件

三爪卡盘能自动定心,不需花很多时间找正工件,安装效率比四爪卡盘高,但夹紧力没有四爪卡盘大。适用装夹大批量的中小规格的零件。

(3) 在两顶尖间装夹工件

对于较长的或必须经多次装夹才能加工好的工件(如长轴、长丝杠或车削后还要铣、磨的工件),可用两顶尖来装夹。两顶尖装夹工件方便,不需找正,装夹精度高。

用两顶尖装夹工件,必须先在工件端面钻出中心孔。中心孔分为 A、B、C 型。A 型不带护锥,B 型带护锥,C 型带螺孔(详见国家标准 GB 145—1985)。精度要求一般的工件用 A 型;精度要求较高、工序较多的工件用 B 型;当需要将其他零件轴向固定在工件上时用 C 型。

中心孔是精加工的定位基准,对工件质量影响很大。如果两端中心孔连线与工件外圆轴线不同轴,工件外圆可能加工不出来;如果中心孔圆度差,加工出的工件圆度误差也大;如果中心孔锥面粗糙,加工出的工件表面质量也差。因此,在加工中心孔时,应保证上述要求,对于要求较高的中心孔,还需精车修整或研磨。

另外,在采用两顶尖装夹工件时应注意:前后顶尖连线应与车床主轴轴线同轴;尾座套筒在不影响车刀切削的前提下,尽量伸出短些;装夹前注意清除中心孔中的异物;如果后顶尖用死顶尖,中心孔中应加入工业润滑脂;两顶尖与中心孔的配合必须松紧适当,如果顶得过紧,细长工件会弯曲变形。

(4) 一夹一顶装夹工件

两顶尖装夹工件虽然精度高,但刚度较差。因此,加工一般轴类零件,尤其是对于较重的零件,采用一端夹住(用三爪或四爪卡盘)、另一端用后顶尖顶住的装夹方式,并且在卡盘内装一限位支承,或利用工件台阶作限位。这种装夹方式比较安全,能承受较大的轴向切削力,因此应用很广泛。

后顶尖分为死顶尖和活顶尖两种。死顶尖刚度好,定心准确,但与工件中心孔之间产生滑动摩擦而发热多,故只适用于低速加工精度要求较高的工件。活顶尖能在很高的转速下正常工作,因此应用很广泛,但装配误差较大,或磨损后会使顶尖产生径向跳动。

(5) 软爪的应用

有时卡盘用的卡爪(三爪或四爪)不是淬硬卡爪,而是硬度较低的卡爪。加工前,先按工件的大小对卡爪车一刀(卡爪外圈套一圆圈,并反向夹紧),这种方法适用精度要求较高的小批量零件的加工。

(6) 自动卡盘

对自动程度较高的机床,其工件装夹往往采用气动卡盘或液压卡盘。就工件夹紧而言,与三爪卡盘相同。

(7) 弹簧夹头

弹簧夹头装夹方便快速,适用大批量的中小型零件的加工。

(8) 中心架的应用

中心架一般用于:车削长轴零件时,提高长轴的刚度;车削大而长工件的端面或钻中心孔;车削较长套类工件的内孔或螺纹。

(9) 跟刀架的应用

跟刀架主要用于不允许接刀的细长工件的加工,用以提高工件刚度。

2.5.3 铣床夹具

1. 铣床夹具的结构

铣床夹具主要用于加工工件上的平面、键槽、缺口及成形表面等。铣削加工的切削力较大,又是断续切削,容易引起振动,因此要求铣床夹具要有足够的强度,夹紧力应足够大,有较好的自锁性。此外,铣床夹具一般通过对刀装置确定刀具与工件的相对位置,其夹具体底面上大多设有定向键,通过定向键与铣床工作台 T 形槽的配合来确定夹具在机床上的方位。

图 2-72 所示为铣削垫块上直角的夹具。工件以底面、槽及端面在夹具体和定位块上定位。拧紧螺母,通过螺栓带动浮动杠杆,即能使两副压板均匀地同时夹紧工件。该夹具可同时加工三个工件,提高了生产效率。工件的加工要求由夹具相应的精度来保证。

2. 铣床夹具与机床的连接

为提高铣床夹具在机床上安装的稳固性,除要求夹具体有足够的强度和刚度外,还应使被加工表面尽量靠近工作台面,以降低夹具的重心。因此,夹具体的高宽比($H:B$)应限制在 $1 \sim 1.25$ 范围内,如图 2-73 所示。

铣床夹具与工作台的连接部分称为耳座,夹具上耳座两边的表面要加工平整,为此常在该处做一凸台,以便于加工,如图 2-73(a)所示。也可以沉下去,如图 2-73(b)所示。当夹具体的宽度尺寸较大时,可设置四个耳座,但耳座间的距离一定要与铣床

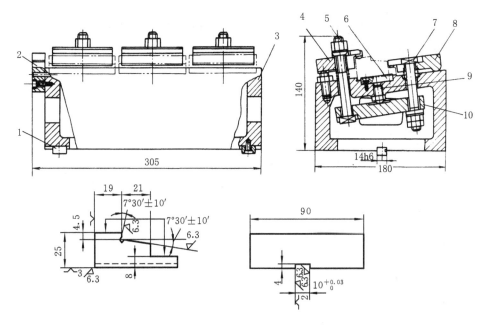

图 2-72 铣削垫块直角面夹具
1—定向键;2—对刀块;3—夹具体;4、8—压板;5—螺母;6—定位块;7—螺栓;9—支钉;10—浮动杠杆

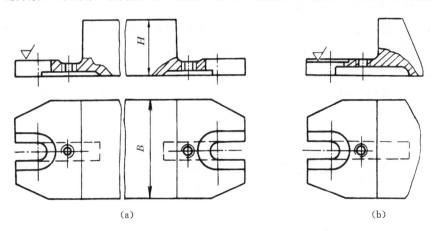

图 2-73 夹具体与耳座

工作台的 T 形槽间的距离一致。

安装在铣床工作台上的夹具,其夹具体的底面便是夹具的安装基准面,应经过比较精密的加工(如磨、刮研等)。为保证夹具的定位元件相对于切削运动有准确的方向,有时在夹具的底面安装两个定向键,或在夹具体的侧面加工一窄长的找正面,以

便于夹具安装时找正。

定向键有矩形和圆形两种，如图 2-74 所示。常用的是矩形键，其结构尺寸已经标准化，矩形键有 A 型、B 型两种结构形式。

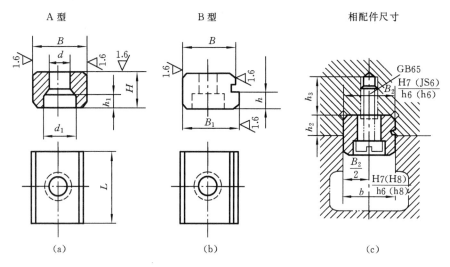

图 2-74　定向键及其连接

3. 铣床夹具的对刀元件

对刀元件主要由对刀块和塞尺组成，它的作用是用来确定夹具和刀具的相对位置。对刀元件的结构形式取决于加工表面的形状。图 2-75(a)、(b)所示分别为圆形、方形对刀块，用于加工平面时对刀；图 2-75(c)所示为直角对刀块，用于加工两相互垂直面或铣槽时的对刀；图 2-75(d)所示为侧装对刀块，亦用于加工两相互垂直面或铣槽时的对刀。这些标准对刀块的结构参数均可从有关手册中查取。

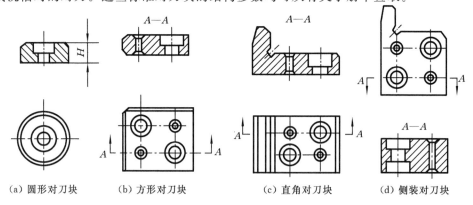

图 2-75　标准对刀块

使用对刀元件对刀时,在刀具和对刀块之间用塞尺进行调整,以免损坏切削刃或造成对刀块的磨损,以保证正常走刀。图2-76所示为常用标准对刀塞尺的结构。图2-76(a)所示为对刀平塞尺,图2-76(b)所示为对刀圆柱塞尺。常用塞尺的基本尺寸 s 为1～5 mm,圆柱塞尺的基本尺寸 d 为$\phi 3$ mm 或 $\phi 5$ mm,公差按h6制造。

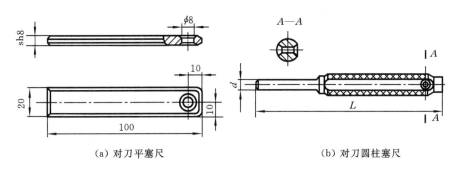

(a) 对刀平塞尺　　　　　　　　(b) 对刀圆柱塞尺

图2-76　标准对刀塞尺

2.6　制订机械加工工艺规程

2.6.1　零件的工艺分析

零件的工艺分析是指对所设计的零件,在满足使用要求的前提下进行加工制造的可行性和经济性分析。它包括零件的铸造、锻造、冲压、焊接、热处理及切削加工工艺性能分析等。在制订机械加工工艺规程时,主要是对零件切削加工工艺性能进行分析。

1. 读图和审图

在制订机械加工工艺之前,首先要认真分析与研究产品的用途、性能和工作条件,了解零件在产品中的位置、装配关系及其作用,弄清各项技术要求对装配质量和使用性能的影响,找出主要的和关键的技术要求,然后对零件图样进行分析。分析时要注意以下几个方面。

● 分析零件图是否完整、正确,零件的视图是否正确、清楚,尺寸、公差、表面粗糙度及有关技术要求是否齐全、明确。

● 分析零件的技术要求,包括尺寸精度、形位公差、表面粗糙度及热处理是否合理。过高的要求会增加加工难度,提高成本;过低的要求会影响工作性能。两者都是不允许的。例如图2-77所示的汽车板弹簧和吊耳,吊耳两内侧面与板弹簧要求不接

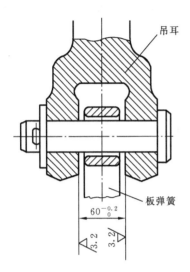

图 2-77 汽车板弹簧和吊耳

触,因此其表面粗糙度可由原设计的 $R_a3.2~\mu m$ 增大至 $R_a12.5~\mu m$,这样,在铣削时可增大进给量,提高生产率。

● 尺寸标注应符合数控加工的特点。零件图样上的尺寸标注对工艺性能有较大的影响。尺寸标注既要满足设计要求,又要便于加工。由于数控加工程序是以准确的坐标点来编制的,因而图形中各几何要素间的相互关系(如相切、相交、垂直和平行等)应明确,各几何要素的条件要充分,应无引起矛盾的多余尺寸或影响工序安排的封闭尺寸等。对数控加工的零件,图样上的尺寸可以不采用局部分散标注,而采用集中标注的方法,或以同一基准标注,即标注坐标尺寸。这样,既便于编程,又有利于设计基准、工艺基准与编程原点的统一。

● 定位基准可靠。在数控加工中,加工工序往往较集中,可对零件进行双面、多面的顺序加工,因此以同一基准定位十分必要,否则很难保证两次安装加工后两个面上的轮廓位置及尺寸协调。如零件本身有合适的孔,最好就用它作为定位基准孔,即使没有合适的孔,也可设置工艺孔。如果无法加工工艺孔,可考虑以零件轮廓的基准边定位或在毛坯上增加工艺凸台,并加工工艺孔,在零件加工完后再除去。

针对数控铣削加工的特点,下面列举出一些经常遇到的工艺性问题作为对零件图进行工艺性分析的要点,并加以分析与考虑。

● 图纸尺寸的标注方法是否方便编程,构成工件轮廓图形的各种几何元素的条件是否充分和必要,各几何元素的相互关系(如相切、相交、垂直和平行等)是否明确,有无引起矛盾的多余尺寸或影响工序安排的封闭尺寸等。

● 零件尺寸所要求的加工精度、尺寸公差是否都可以得到保证。不要认为数控机床加工精度高就可以放弃这种分析。特别要注意过薄的腹板与缘板的厚度公差,"铣工怕铣薄",数控铣削也是一样。因为加工时产生的切削拉力及薄板的弹性退让,极易产生切削面的振动,使薄板厚度尺寸公差难以保证,其表面粗糙度也将难以保证。根据实践经验,当面积较大的薄板厚度小于 3 mm 时,就应充分重视这一问题。

● 内槽及缘板之间的内接圆弧是否过小。

● 零件铣削面的槽底圆角或腹板与缘板相交处的圆角半径 r 是否太大。

● 零件图中各加工面的凹圆弧(R 与 r)是否过于零乱,是否可以统一。因为在数控铣床上多换一次刀就要增加不少新问题,如增加铣刀规格、计划停车次数和对刀次数等,不但给编程带来许多麻烦,增加生产准备时间而降低生产效率,而且也会因频繁换刀增加了工件加工面上的接刀台阶而降低表面质量。所以,在一个零件上的这种凹圆弧半径在数值上的一致性对数控铣削的工艺性显得相当重要。一般来说,即使不能寻求完全统一,也要力求将数值相近的圆弧半径分组靠拢,达到局部统一,以尽量减少铣刀规格与换刀次数。

● 零件上有无统一基准,以保证两次装夹后其相对位置的正确性。有些工件需要在铣完一面后,再重新安装铣削另一面。由于数控铣削不能使用通用铣床加工时常用的试切削方法来接刀,往往会因为工件的重新安装而接不好刀(即与上道工序加工的面接不上,或造成本来要求一致的两对应面上的轮廓错位)。为了避免上述问题的产生,减小两次装夹误差,最好采用统一基准定位。因此,零件上最好有合适的孔作为定位基准孔;如果零件上没有基准孔,也可以专门设置工艺孔作为定位基准(如在毛坯上增加工艺凸耳,或在后续工序要铣去的余量上设基准孔);如实在无法加工出基准孔,起码也要用经过精加工的面作为统一基准;如果连这也办不到,则最好只加工其中一个最复杂的面,而另一面放弃数控铣削,改由通用铣床加工。

● 分析零件的形状及原材料的热处理状态,是否会在加工过程中变形,哪些部位最容易变形。因为数控铣削最忌讳工件在加工时变形,这种变形不但无法保证加工的质量,而且经常会使加工不能继续进行下去,造成中途而废。这时应当考虑采取一些必要的工艺措施进行预防,如对钢件进行调质处理;对铸铝件进行退火处理;对不能用热处理方法解决的,也可考虑粗、精加工及对称铣去余量等常规方法。此外,还要分析加工后的变形问题,采取相应的工艺措施来解决。

2. 数控加工的内容选择

对某个零件而言,并非全部加工过程都适合在数控机床上完成,而往往只是其中的一部分适合于数控加工。这就需要对零件图样进行仔细的工艺分析,选择那些最适合、最需要进行数控加工的内容和工序。在选择并作出决定时,应结合本企业设备的实际情况,立足于解决难题、攻克关键和提高生产效率,充分发挥数控加工的优势。选择数控加工的内容时,一般可按下列顺序考虑。

● 通用机床无法加工的内容,应作为优选考虑内容(如内腔成型面)。

● 通用机床难加工、质量也难以保证的内容,应作为重点选择的内容(如车锥面、断面时,普通车床的转速恒定,使表面粗糙度不一致,而数控车床具有恒线速度功能,可选择最佳线速度,使加工后的表面粗糙度小且均匀一致)。

● 通用机床效率低、工人劳动强度大的加工内容,可在数控机床尚存在富余能力的基础上选择采用。

一般来说,上述这些加工内容采用数控加工后,在产品质量、生产效率和综合效益等方面都会得到明显提高。相比之下,下列一些内容则不宜采用数控加工。

● 占机调整时间长,如以毛坯的粗基准定位加工第一个精基准和需用专用工装协调的加工内容。

● 加工部位分散,要多次安装、设置原点。这时采用数控加工很麻烦,效果不明显,可安排通用机床加工。

此外,在选择和决定加工内容时,也要考虑生产批量、生产周期、工序间周转情况等。总之,要尽量做到合理使用数控机床,达到多、快、好、省的目的,不要将数控机床降格为通用机床使用。

3. 零件结构的工艺性

零件结构的工艺性是指所设计零件的结构,在满足使用要求的前提下制造的可行性和经济性。它包括零件在各个加工过程中的工艺性,如零件的铸造、锻造、冲压、焊接、热处理和切削加工工艺性等。好的工艺性会使零件加工容易,节省工时,降低消耗;差的工艺性会使零件加工困难(甚至无法加工),多耗工时,增大消耗。

应该指出的是,数控加工的工艺性问题涉及面很广,某些零件用普通机床可能难于加工,即所谓结构工艺性差,但若采用数控机床加工,则可轻而易举地实现。因此,在分析零件的加工工艺性时,需要结合所使用的工艺方法对结构工艺性进行具体评价。

如图 2-78 所示的三类槽形,从普通车床或磨床的切削加工方式进行结构工艺性判断,图(a)的工艺性最好,图(b)次之,图(c)最差,因为图(b)和图(c)的刀具制造困难,切削抗力比较大,刀具磨损后不易重磨。若改用数控车床加工,如图 2-79 所示,则图(c)工艺性最好,图(b)次之,图(a)最差,因为图(a)在数控车床上加工时仍要用成形槽刀切削,不能充分利用数控加工走刀的特点,而图(b)和图(c)则可用通用的外圆刀具加工。

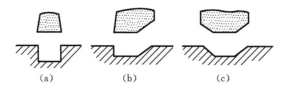

图 2-78 普通车床用成形车刀加工沟槽

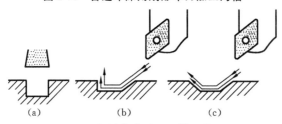

图 2-79 数控车床对不同槽形的加工

如图 2-80 所示为一个端面形状比较复杂的盘类零件,其轮廓剖面由多段直线、斜线和圆弧组成。虽然形状比较复杂,但用标准的 35°刀尖角的菱形刀片可以毫无障碍地完成整个形面的切削,这一设计方案的数控加工工艺性是良好的。

在设计零件时,如果对某些细小的部位不加以注意,则有可能给数控加工带来很多问题。例如,若在圆弧上端出口处没有安排一段 45°的斜线,而是以圆弧与端面相交(如图 2-81 所示),则会导致零件的数控车削工艺性极差,难以加工。一般情况下,车削内孔中的形面比车削外圆和端面上的形面更困难一些。因此,当内孔有复杂形面的设计要求时,更要注意数控车削的走刀特点,尽量让普通的刀具能一次走刀成形。

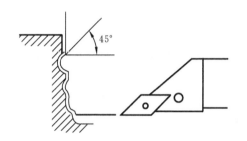

图 2-80 复杂轮廓形面的数控加工

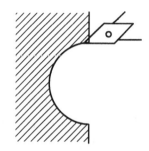

图 2-81 不利于数控车削的设计

零件的外形、内腔最好采用统一的几何类型和尺寸,这样不仅可以减少换刀次数,还可采用子程序以缩短程序长度。图 2-82(a)所示的零件,由于圆角大小决定着刀具直径大小,因而内腔的多个圆角应选相同的半径,并且其半径应与刀具的结构尺寸相匹配;图 2-82(b)所示为应尽量避免的设计结构。

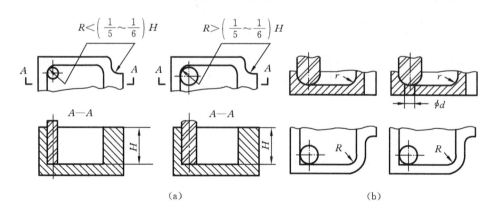

图 2-82 数控加工工艺性

对零件进行工艺分析时发现的问题,工艺人员可提出修改意见,经设计部门同意并通过一定的审批程序后方可修改零件图样。

2.6.2 毛坯的确定

毛坯制造是零件生产过程的一部分。根据零件的技术要求、结构特点、材料、生产纲领等方面的情况,合理地确定毛坯的种类、毛坯的制造方法、毛坯的形状和尺寸等,同时还要从工艺角度出发,对毛坯的结构、形状提出要求。

1. 毛坯的种类

毛坯的种类很多,同一毛坯又有很多制造方法。机械制造中常用的毛坯有以下几种。

(1) 铸件

形状复杂的毛坯,常采用铸造方法制造。按铸造材料的不同可分为铸铁、铸钢和有色金属。

根据制造方法的不同,铸件又可分为:砂型铸造的铸件、金属型铸造的铸件、离心铸造的铸件、压力铸造的铸件和精密铸造的铸件。

(2) 锻件

机械强度较高的钢件,一般要采用锻件毛坯来制造。锻件有自由锻造锻件和模锻件两种。自由锻造锻件是在锻锤或压力机上用手工操作而成形的锻件,它的精度低,加工余量大,生产率也低,适用于单件小批量生产及大型锻件。模锻件是在锻锤或压力机上通过专用锻模锻制而成的锻件,它的精度和表面质量均比自由锻造好,加工余量小,锻件的机械强度高,生产率也高。但需要专用的模具,且锻造设备的吨位比自由锻造大,主要适用于加工批量较大的中、小型零件。

(3) 型材

型材有冷拉和热轧两种。热轧型材的尺寸精度低,价格便宜,用于一般零件的毛坯。冷拉型材的尺寸较小,精度高,易于实现自动送料,但价格贵,多用于批量较大、在自动机床上进行加工的毛坯。型材按截面形状可分为圆钢、方钢、六角钢、扁钢、角钢、槽钢及其他截面形状的型材。

(4) 焊接件

焊接件是指将型材或钢板焊接成所需的结构,适用于单件小批量生产中制造大型零件,其优点是制造简单,周期短,毛坯重量轻;其缺点是焊接件的抗振性差,焊接变形大,因此在机械加工前要进行时效处理。

(5) 冲压件

冲压件是在冲床上用冲模将板料冲制而成。冲压件的尺寸精度高,可以不再进行加工或只进行精加工,生产率高。适用于加工批量较大而厚度较小的中、小型零件。

(6) 冷挤压件

冷挤压件是在压力机上通过挤压模挤压而成。这种毛坯生产率高,毛坯精度高,表面粗糙度值小,只需进行少量的机械加工。但要求材料塑性好,主要为有色金属和塑性好的钢材。适用于大批量生产中制造简单的小型零件。

(7) 粉末冶金件

粉末冶金件是以金属粉末为原料,在压力机上通过模具压制成坯料后经高温烧结而成。这种毛坯生产效率高,表面粗糙度值小,一般只需进行少量的精加工,但粉末冶金件成本较高。适用于大批大量生产中加工形状较简单的小型零件。

2. 毛坯种类的选择

毛坯的种类和制造方法对零件的加工质量、生产效率、材料消耗及加工成本都有影响。提高毛坯精度,可减少机械加工工作量,提高材料利用率,降低机械加工成本,但毛坯的制造成本会增加,这两者是相互矛盾的。在选择毛坯时应综合考虑以下几个方面的因素。

(1) 零件的材料及对零件力学性能的要求

例如零件的材料是铸铁或青铜,只能选铸造毛坯,不能选锻件;若材料是钢材,当零件的力学性能要求较高时,不论形状简单还是复杂,都应选锻件;当零件的力学性能无过高要求时,可选型材或铸钢件。

(2) 零件的结构形状与外形尺寸

一般用途的钢质阶梯轴,如台阶直径相差不大,可用棒料;若台阶直径相差大,则宜用锻件,以节约材料和减少机械加工工作量。大型零件受设备条件限制,其毛坯一般只能用自由锻造和砂型铸造;根据需要,中、小型零件的毛坯可选用模锻和各种先进的铸造方法来制造。

(3) 生产类型

在大批量生产时,应选毛坯精度和生产效率都较高的先进的毛坯制造方法,使毛坯的形状、尺寸尽量接近零件的形状、尺寸,以节约材料,减少机械加工工作量,由此而节约的费用会远远超出毛坯制造所增加的费用。单件小批量生产时,采用先进的毛坯制造方法所节约的材料和机械加工成本,相对于毛坯制造所增加的设备和专用工艺装备费用来说,就得不偿失了,故应选择一般的毛坯制造方法,如自由锻造和手工木模造型等方法。

(4) 生产条件

选择毛坯时,应考虑现有的生产条件,如现有毛坯的制造水平、设备状况和外协的可能性等。可能时,应尽可能组织外协,实现毛坯制造的社会专业化生产,以获得好的经济效益。

(5) 充分考虑利用新工艺、新技术和新材料

随着毛坯制造专业化生产的发展,目前,毛坯制造方面的新工艺、新技术和新材料的应用越来越多,如精铸、精锻、冷轧、冷挤压、粉末冶金和工程塑料的应用日益广泛,这些应用可大大减少机械加工工作量,节约材料,有十分显著的经济效益。我们在选择毛坯时,应予充分考虑,在可能的条件下尽量采用。

3. 毛坯形状和尺寸的选择

选择毛坯形状和尺寸总的要求是:毛坯形状要力求接近成品形状,以减少机械加工的工作量。但也有一些特殊情况,下面分别说明。

● 采用锻件、铸件毛坯时,因模锻时的欠压量与允许的错模量不等,铸造时也会因砂型误差、收缩量及金属液体的流动性差等,不能充满型腔,造成余量的不等。此外,经锻造、铸造后的毛坯,其挠曲与扭曲变形量的不同也会造成加工余量不均匀、不稳定。所以,不论是锻件、铸件还是型材毛坯,其加工表面均应有较充足的余量。

对于热轧中、厚铝板毛坯,经淬火时效后很容易在加工中与加工后出现变形现象,因此需要考虑加工时是否分层切削,分几层切削,一般尽量做到各个加工表面的切削余量均匀,以减少内应力所致的变形。

● 对尺寸小或薄的零件,为便于装夹并减少材料浪费,可采用组合毛坯。如图2-83所示的活塞环的筒状毛坯,图2-84所示的凿岩机棘爪毛坯都是组合毛坯,待机械加工到一定程度后再分割开来成为一个个零件。

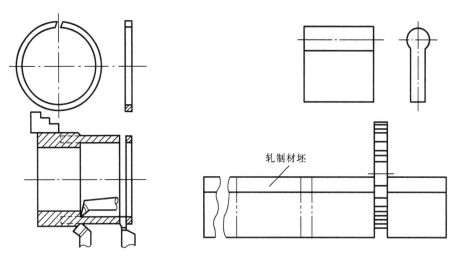

图 2-83　活塞环筒状毛坯　　　　图 2-84　凿岩机棘爪毛坯

● 装配后形成同一工作表面的两个相关零件,为保证加工质量并使加工方便,常把两件(或多件)合为一个整体毛坯,加工到一定阶段后再切开。如图 2-85(a)所示的

开合螺母外壳、图 2-85(b)所示的发动机连杆和曲轴轴瓦盖等毛坯都是两件合制的。

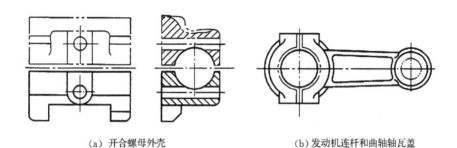

(a) 开合螺母外壳　　　　　　(b) 发动机连杆和曲轴轴瓦盖

图 2-85　两件合制在一起的毛坯

○ 对不便装夹的毛坯,可考虑在毛坯上另外增加装夹余料或工艺凸台、工艺凸耳等辅助基准。如图2-86所示,由于该工件缺少合适的定位基准,因而可在毛坯上铸出三个工艺凸耳,在凸耳上制出定位基准孔。工艺凸耳在加工后一般均应切除,如对零件使用没有影响,也可保留在零件上。

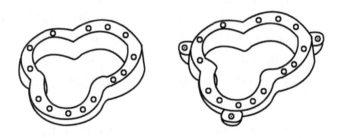

图 2-86　毛坯上增加工艺凸耳

2.6.3　加工路线的确定

拟定机械加工的工艺路线是制订工艺规程的关键。零件机械加工的工艺路线是指零件生产过程中,由毛坯到成品所经过的工序的先后顺序。在拟定工艺路线时,除考虑定位基准的选择外,还应当考虑零件表面加工方法的选择,加工阶段的划分,加工工序的划分,工序的集中与分散,工序顺序的安排等问题。下面就上述问题阐述如下。

1. 表面加工方法的选择

1) 加工方法的经济精度

各种加工方法(如车、铣、刨、磨、钻等)所能达到的加工精度和表面粗糙度是有一

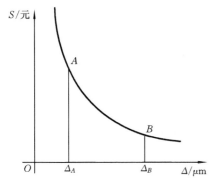

图 2-87 零件成本和加工误差的关系

定范围的。任何一种加工方法,如果由技术水平高的熟练工人在精密完好的设备上仔细地操作,必然使加工误差减小,可以得到较高的加工精度和较小的表面粗糙度,但却使成本增加;反之,若由技术水平较低的工人在精度较差的设备上操作,虽然成本下降,但得到的加工误差必然较大,使加工精度降低。

统计资料表明,采用各种加工方法加工时,误差和成本之间的关系如图 2-87 所示。图中横坐标是加工误差 Δ,纵坐标是零件成本 S。从图中可以看出:加工精度要求越高,即允许的加工误差越小,零件成本就越高,这一关系在曲线 AB 段比较正常;当 $\Delta < \Delta_A$ 时,两者之间的关系十分敏感,即加工误差减少一点,成本会增加很多;当 $\Delta > \Delta_B$ 时,即使加工误差增加很多,成本下降却很少。显然,后两种情况都是不经济的,也是不应当采用的精度范围。

曲线 AB 段所显示的加工精度范围是某种加工方法在正常加工条件下所能保证的加工精度,也称为加工的经济精度。所谓正常的加工条件是指采用符合质量标准的设备、工艺装备和标准技术等级的工人,不延长加工时间等。各种加工方法都有一个加工的经济精度和表面粗糙度范围。选择表面加工方法时,应当使得工件的加工要求与之相适应。表 2-10 介绍了各种加工方法的加工经济精度和表面粗糙度,供选择加工方法时参考。

表 2-10 各种表面加工方法的经济精度及表面粗糙度

加 工 表 面	加 工 方 法	经济精度等级/IT	表面粗糙度 $R_a/\mu m$
外圆柱面和端面	粗车	11~13	12.5~50
	半精车	9~10	3.2~6.3
	精车	7~8	0.8~1.6
	粗磨	8~9	0.4~0.8
	精磨	6	0.1~0.4
	研磨	5	0.012~0.1
	超精加工	5~6	0.012~0.1
	金刚石车	6	0.025~0.4

续表

加工表面	加工方法	经济精度等级/IT	表面粗糙度 $R_a/\mu m$
圆柱孔	钻孔	11～12	12.5～25
	粗镗(扩孔)	11～12	6.3～12.5
	半精镗(精扩)	8～9	1.6～3.2
	精镗(铰孔、拉孔)	7～8	0.8～1.6
	粗磨	7～8	0.2～0.8
	精磨	6～7	0.1～0.2
	珩磨	6～7	0.025～0.1
	研磨	5～6	0.025～0.1
平面	粗刨(粗铣)	11～13	12.5～50
	精刨(精铣)	8～10	1.6～6.3
	粗磨	8～9	1.25～5
	精磨	6～7	0.16～1.25
	刮研	6～7	0.16～1.25
	研磨	5	0.006～0.1

2) 选择表面加工方法应考虑的因素

选择表面加工方法时,应根据零件的加工要求,查表或根据经验来确定哪些加工方法能达到所要求的加工精度。从表2-10中可以看出,满足同样精度要求的加工方法有若干种,所以选择加工方法时还必须考虑下列因素,才能最后确定下来。

(1) 工件材料的性质

如有色金属的精加工不宜采用磨削,因为有色金属易使砂轮堵塞,因此常采用高速精细车削或金刚镗等切削加工方法。

(2) 工件的形状和尺寸

如形状比较复杂、尺寸较大的零件,其上的孔一般不宜采用拉削或磨削;直径大于60 mm的孔不宜采用钻、扩、铰等。

(3) 选择的加工方法要与生产类型相适应

一般说来,大批量生产应选用高生产率的和质量稳定的加工方法,而单件小批量生产则应尽量选择通用设备,避免采用非标准的专用刀具。如平面加工一般采用铣削或刨削,但刨削由于生产率低,除特殊场合(如狭长表面)外,在成批以上生产中已逐渐被铣削所代替,而大批量生产时,常常要考虑拉削平面的可能性。对于孔的加工,镗削由于刀具简单,在单件小批量生产中得到极其广泛的应用。

(4) 具体的生产条件

选择加工方法时,必须考虑工厂现有的加工设备和它们的工艺能力及工人的技术水平，充分利用现有设备和工艺手段，同时也要注意不断引进新技术，对老设备进行技术改造，挖掘企业的潜力，不断提高工艺水平。

3) 各种表面的典型加工路线

根据上述因素确定了某个表面的最终加工方法后，还必须同时确定该表面的预加工方法，形成一个表面的加工路线，才能付诸实施。下面介绍几种生产中较为成熟的表面加工路线，供选用时参考。

(1) 外圆表面的加工路线

如图 2-88 所示为常用的外圆表面加工路线，有以下四条。

● 粗车→半精车→精车。如果加工精度要求较低，可以只粗车或粗车→半精车。

● 粗车→半精车→粗磨→精磨。对于黑色金属材料，加工精度≤IT6、表面粗糙度≥0.4 μm 的外圆表面，特别是有淬火要求的表面，通常采用这种加工路线，有时也可采取"粗车→半精车→磨"的路线。

● 粗车→半精车→精车→金刚石车。这种加工路线主要适用于有色金属材料及其他不宜采用磨削加工的外圆表面。

● 粗车→半精车→粗磨→精磨→精密加工（或光整加工）。当外圆表面的精度要求特别高或表面粗糙度值要求特别小时，在第二条加工路线的基础上，还要增加精密加工或光整加工方法。常用的外圆表面的精密加工方法有研磨、超精加工、精密磨等；抛光、砂带磨等光整加工方法则是以减小表面粗糙度为主要目的的。

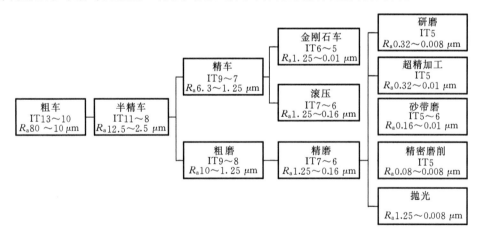

图 2-88　外圆表面的加工路线

(2) 孔的加工路线

如图 2-89 所示为孔的加工路线框图。常用的加工路线有以下四条。

● 钻→扩→粗铰→精铰。此加工路线广泛用于加工直径小于 40 mm 的中小孔。

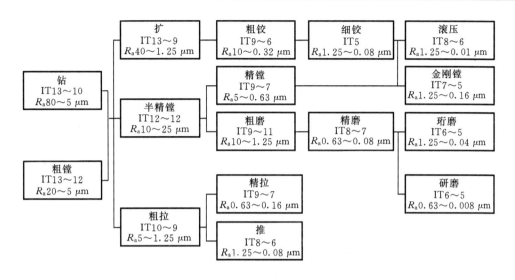

图 2-89 孔的加工路线

其中,扩孔有纠正孔位误差的能力,而铰刀又是定尺寸刀具,容易保证孔的尺寸精度。对于直径较小的孔,有时只需铰一次便能达到要求的加工精度。

- 粗镗(或钻)→半精镗→精镗。这条加工路线适用于下列情况:直径较大的孔;位置精度要求较高的孔系;单件小批量生产中的非标准中小尺寸孔或有色金属材料的孔。

如果毛坯上已有铸出或锻出的孔,第一道工序应先安排粗镗(或扩),若毛坯上没有孔,则第一道工序便安排钻或两次钻。当孔的加工要求更高时,可在精镗后再安排浮动镗或金刚镗或珩磨等其他精密加工方法。

- 钻→拉。这条加工路线多用于大批量生产中加工盘、套类零件的圆孔、单键孔及花键孔。拉刀为定尺寸刀具,其加工质量稳定,生产率高。当加工要求较高时,拉削可分为粗拉和精拉。

- 粗镗→半精镗→粗磨→精磨。这条加工路线主要用于中、小型淬硬零件的孔加工。当孔的精度要求更高时,可增加研磨或珩磨等精加工工序。

(3) 平面的加工路线

平面加工一般采用铣削或刨削。要求较高的表面在铣或刨以后,还须安排磨削、刮研、高速精铣等精加工。

2. 加工阶段的划分

工件上每一个表面的加工,总是先粗后精。粗加工去掉大部分余量,要求生产率高;精加工保证工件的精度要求。对于加工精度要求较高的零件,应当将整个工艺过程划分成粗加工、半精加工、精加工和精密加工(光整加工)等几个阶段。在各个加工阶段之间安排热处理工序。划分加工阶段有如下优点。

（1）有利于保证加工质量

粗加工时，由于切去的余量较大，切削力和所需的夹紧力也较大，因而加工工艺系统受力变形和热变形都比较严重，而且毛坯在制造过程中因冷却速度不均，使工件内部存在着内应力，粗加工从工件表面切去一层金属，致使内应力重新分布，也会引起工件变形，这就使得粗加工不仅不能得到较高的精度和较小的表面粗糙度，还可能影响其他已经精加工过的表面。如果粗、精加工分阶段进行，就可以避免上述因素对精加工表面的影响，有利于保证加工质量。

（2）合理地使用设备

粗加工采用功率大、刚度大、精度不太高的机床，精加工应在精度高的机床上进行，有利于长期保持机床的精度。

（3）有利于及早发现毛坯的缺陷

粗加工安排在前，若发现了毛坯缺陷（如铸件的砂眼气孔等），能及时予以报废，以免继续加工，造成工时的浪费。

综上所述，工艺过程应当尽量划分阶段进行。至于划分为两个阶段、三个阶段，还是更多的阶段，必须根据工件的加工精度要求和工件的刚度来决定。一般说来，工件精度要求越高、刚度越差，划分阶段应越细。

工件的粗、精加工分开，使机床台数和工序数增加，当生产批量较小时，机床负荷率低，不经济。所以当工件批量小、精度要求不太高、工件刚度较好时也可以不分或少分阶段。

重型零件由于输送及装夹困难，一般在一次装夹下完成粗、精加工。为了弥补不分阶段带来的弊端，常常在粗加工后松开工件，然后以较小的夹紧力重新夹紧，再继续进行精加工。

3. 加工工序的划分

在数控铣床上加工零件，工序比较集中，一般只需一次装夹即可完成全部工序的加工。根据数控机床的特点，为了提高数控机床的使用寿命，保持数控铣床的精度，降低零件的加工成本，通常是把零件的粗加工，特别是零件的基准面、定位面在普通机床上加工。加工工序的划分经常使用的有以下几种方法。

（1）刀具集中分序法

这种方法就是按所用刀具来划分工序，用同一把刀具加工完成所有可以加工的部位，然后再换刀。这种方法可以减少换刀次数，缩短辅助时间，减少不必要的定位误差。

（2）粗、精加工分序法

根据零件的形状、尺寸精度等要求，按粗、精加工分开的原则，先粗加工，再半精加工,最后精加工。

(3) 加工部位分序法

即先加工平面、定位面,再加工孔;先加工简单的几何形状,再加工复杂的几何形状;先加工精度比较低的部位,再加工精度比较高的部位。

4. 工序的集中与分散

(1) 集中与分散的概念

在安排零件的工艺过程时,还要解决工序的集中与分散问题。所谓工序集中,就是在一个工序中尽可能包含多的工步内容。在批量较大时,常采用多轴、多面、多工位、自动换刀机床和复合刀具来实现工序集中,从而有效地提高生产率。在多品种、小批量生产中,越来越多地使用加工中心机床,便是一个工序集中的典型例子。

工序分散与上述情况相反,整个工艺过程的工序数目较多,工艺路线长,而每道工序所完成的工步内容较少,最少时一个工序仅一个工步。

(2) 工序集中与分散的特点

工序集中的特点如下。

● 减少了工件的装夹次数。当工件各加工表面位置精度较高时,在一次装夹下把各个表面加工出来,既有利于保证各表面之间的位置精度,又可以减少装卸工件的辅助时间。

● 减少了机床数量和机床占地面积,便于采用高生产率的机床加工,大大提高了生产率。

● 简化了生产组织和计划调度工作。因为工序集中后,工序数目少、设备数量少、操作工人少,生产组织和计划调度工作比较容易。

但工序集中程度过高也会带来下列问题:一是使机床结构过于复杂,一次投资费用高,机床的调整和使用费时费事;二是不利于划分加工阶段。

工序分散的特点正好相反,由于工序内容简单,所用的机床设备和工艺装备也简单,调整方便,对操作工人的技术水平要求较低。

(3) 工序集中与分散程度的确定

在制订机械加工工艺规程时,恰当地选择工序集中与分散的程度是十分重要的,必须根据生产类型、工件的加工要求、设备条件等具体情况进行分析,确定最佳方案。当前,机械加工的发展方向趋向于工序集中。在单件小批量生产中,常常将同工种的加工集中在一台普通机床上进行,以避免机床负荷不足。在大批量生产中,广泛采用各种高生产率设备使工序高度集中。数控机床尤其是加工中心机床的使用,使多品种的中、小批量生产几乎全部采用了工序集中的方案。

对于某些零件,如活塞、轴承等,采用工序分散仍然可以体现较大的优越性。如分散加工的各个工序可以采用效率高而结构简单的专用机床和专用夹具,投资少又易于保证加工质量,同时也方便按节拍组织流水生产,故常常采用工序分散的原则制订工艺规程。

5. 工序顺序的安排

1) 工序顺序安排的基本原则

(1) "先基面,后其他"原则

工艺路线开始安排的加工表面,应该是作为后续工序精基准的表面。如轴类零件,第一道工序一般为铣端面、钻中心孔,然后以中心孔定位加工其他表面。再如箱体零件,通常先加工基准平面和其上的两个孔,再以一面两孔为精基准,加工其他表面。

(2) "先面后孔"原则

当零件上有较大的平面可以用来作为定位基准时,总是先加工平面,再以平面定位加工孔,保证孔和平面之间的位置精度,这样定位比较稳定,装夹也方便。若在毛坯表面上钻孔,钻头容易引偏,所以从保证孔的加工精度出发,也应当先加工平面,再加工该平面上的孔。

当然,如果零件上并没有较大的平面,它的装配基准和主要设计基准是其他的表面,此时就可以运用第(1)个原则,先加工其他的表面。如对变速箱拨叉零件,就是先加工深孔,再加工端面和其他小平面。

(3) "先主后次"原则

零件上的加工表面一般可以分为主要表面和次要表面两大类。主要表面通常是指位置精度要求较高的基准面和工作表面;次要表面则是指那些要求相对较低,对零件整个工艺过程影响较小的辅助表面,如键槽、螺孔、紧固小孔等。次要表面与主要表面间也有一定的位置精度要求,一般是先加工主要表面,再以主要表面定位加工次要表面。对于整个工艺过程而言,次要表面的加工一般安排在主要表面最终精加工之前。

(4) "先粗后精"原则

如前所述,对于精度要求较高的零件,加工应划分粗、精加工阶段。这一点对于刚度较差的零件,尤其不能忽视。

在数控机床加工过程中,由于加工对象复杂多样,特别是轮廓曲线的形状及位置千变万化,加上材料不同、批量不同等多方面因素的影响,在对具体零件制订加工顺序时,应该进行具体分析和区别对待,灵活处理。只有这样,才能使所制订的加工顺序合理,从而达到质量优、效率高和成本低的目的。

2) 数控车削的加工顺序安排

数控车削的加工顺序一般按照前述基本原则确定。针对数控车削的特点,下面对这些原则进行详细的叙述。

(1) 先粗后精

为了提高生产效率并保证零件的精加工质量,在车削加工时,应先安排粗加工工序,在较短的时间内,将精加工前大量的加工余量去掉,同时尽量满足精加工的余量均匀性要求。

当粗加工工序安排完后,应接着安排换刀后进行的半精加工和精加工。其中,安排半精加工的目的是,当粗加工后所留余量的均匀性满足不了精加工要求时,则可安排半精加工作为过渡性工序,以便使精加工余量小而均匀。

在安排可以一刀或多刀进行的精加工工序时,其零件的最终轮廓应由最后一刀连续加工而成。这时,加工刀具的进退刀位置要考虑妥当,尽量不要在连续加工的轮廓中安排切入和切出,或换刀及停顿,以免因切削力突然变化而造成弹性变形,致使光滑连接的轮廓上产生表面划伤、形状突变或滞留刀痕等瑕疵。

(2) 加工先近后远,减少空行程时间

这里所说的远与近,是按加工部位相对于对刀点的距离而言的。在一般情况下,特别是在粗加工时,通常安排离对刀点近的部位先加工,离对刀点远的部位后加工,以便缩短刀具移动距离,减少空行程时间。对车削加工,先近后远有利于保持毛坯件或半成品件的刚度,改善其切削条件。

(3) 内外交叉

对既有内表面(内型腔),又有外表面加工的零件,在安排加工顺序时,应先进行内外表面粗加工,后进行内外表面精加工。切不可将零件上一部分表面(外表面或内表面)加工完毕后,再加工其他表面(内表面或外表面)。

(4) 基面先行原则

用做精基准的表面应优先加工出来。因为定位基准的表面越精确,装夹误差就越小。例如轴类零件加工时,总是先加工中心孔,再以中心孔为精基准加工外圆表面和端面。

另外,加工配合件时,由于凸件外径尺寸便于测量,一般先加工凸件,可方便地得到准确尺寸,再以此作为标准件,配做凹件。

上述原则并不是一成不变的,对于某些特殊情况,需要采取灵活可变的方案。

在确定了某个工序的加工内容后,要进行详细的工步设计,即安排这些工序内容的加工顺序,同时考虑程序编制时刀具运动轨迹的设计。一般将一个工步编制为一个加工程序,因此,工步顺序实际上也就是加工程序的执行顺序。

3) 数控铣削的加工顺序安排

一般数控铣削采用工序集中的方式,这时工步的顺序就是工序分散时的工序顺序,可以按一般切削加工顺序安排的原则进行。通常,按照从简单到复杂的原则,先加工平面、沟槽、孔,再加工内腔、外形,最后加工曲面,先加工精度要求低的表面,再加工精度要求高的表面等。

在安排数控铣削加工工序的顺序时还应注意以下几点。

- 上道工序的加工不能影响下道工序的定位与夹紧,中间穿插有通用机床加工工序的也要综合考虑。
- 一般先进行内形、内腔加工工序,后进行外形加工工序。
- 对以相同定位、夹紧方式或同一把刀具加工的工序,最好连续进行,以减少重复定位次数与换刀次数。
- 在同一次定位安装中进行的多道工序,应先安排对工件刚度破坏较小的工序。

总之,顺序的安排应根据零件的结构和毛坯状况,以及定位安装与夹紧的需要综合考虑。

4) 箱体类零件的加工顺序安排

- 当既有面又有孔时,应先铣面,后加工孔。
- 对孔系,先完成全部孔的粗加工,再进行精加工。
- 一般情况下,直径大于 30 mm 的孔都应铸造出毛坯孔。在普通机床上先完成毛坯的粗加工,一般给加工中心加工工序留下的余量为 4~6 mm(直径),在加工中心上进行面和孔的粗、精加工。通常分"粗镗→半精镗→孔端倒角→精镗"四个工步完成。
- 直径小于 30 mm 的孔可以不铸出毛坯孔,孔和孔的端面加工都在加工中心上完成。可分为"锪平端面→(打中心孔)→钻→扩→孔端倒角→铰"等工步。有同轴度要求的小孔(直径小于 30 mm),须采用"锪平端面→(打中心孔)→钻→半精镗→孔端倒角→精镗(或铰)"工步来完成,其中打中心孔需视具体情况而定。
- 在孔系加工中,先加工大孔,再加工小孔,特别是在大孔与小孔相距很近的情况下,更要采取这一措施。
- 对于跨距较大的箱体的同轴孔加工,尽量采取调头加工的方法,以缩短刀辅具的长/径比,增加刀具刚度,提高加工质量。
- 对螺纹加工,一般情况下,M6 mm~M20 mm 的螺纹孔可在加工中心上完成螺纹攻丝。M6 mm 以下,或 M20 mm 以上的螺纹可在加工中心上完成底孔加工,攻丝可通过其他手段加工。因加工中心的自动加工方式在攻小螺纹时,小丝锥容易折断,从而产生废品;由于刀具、辅具等因素影响,在加工中心上攻 M20 mm 以上的大螺纹有一定困难,但这也不是绝对的,可视具体情况而定,在某些加工中心上可用镗刀片完成螺纹加工。

5) 热处理工序的安排

热处理工序在工艺路线中安排得是否恰当,对零件的加工质量和材料的使用性能影响很大,因此应当根据零件的材料和热处理的目的妥善安排热处理工序。以下就常见的几种热处理工序及安排介绍如下。

(1) 退火与正火

退火与正火的目的是为了消除组织的不均匀,细化晶粒,改善金属的切削加工性能。对高碳钢材料用退火降低其硬度,对低碳钢材料用正火提高其硬度,以获得适中的硬度和较好的可切削性,同时能消除毛坯在制造中产生的应力。退火与正火一般安排在机械加工之前进行。

(2) 时效处理

毛坯在制造和切削加工中都会在工件内部产生残余应力,残余应力将会引起工件的变形,影响加工质量甚至造成废品。为了消除残余应力,在工艺路线中常需安排时效处理。对一般铸件,常在粗加工前或粗加工后安排一次时效处理;对要求较高的零件,在半精加工后尚需再安排一次时效处理;对一些刚度较差、精度要求特别高的重要零件(如精密丝杠、主轴等),常常在各个加工阶段之间安排时效处理。

(3) 淬火和调质处理

对金属材料进行淬火和调质处理可以获得需要的力学性能,但淬火和调质处理后会产生较大的变形。调质处理一般安排在机械加工以前;淬火后的材料因其硬度高且不易切削,一般安排在精加工阶段的磨削加工之前进行。

(4) 渗碳淬火和渗氮

低碳钢零件有时需要渗碳淬火,并要求保证一定的渗碳层厚度。零件渗碳后变形较大,一般安排在精加工之前进行,但渗碳表面常预先安排粗磨,以便控制渗碳层厚度和减少以后的磨削余量。渗碳时对零件上不需要淬硬的部位(如装配时需要配铰的销孔等)应注意保护,或者在渗碳后安排切除渗碳层工序,然后再进行淬火和进行精加工。

渗氮处理是为了提高零件表面硬度和抗蚀性,零件变形较小,一般安排在工艺路线的最后阶段,即零件表面的最终加工之前或之后进行。

6) 辅助工序的安排

(1) 检验工序

为了确保零件的加工质量,在工艺路线中必须合理安排检验工序。一般在关键工序前后,各加工阶段之间及工艺路线的最后,都应当安排检验工序,以保证零件加工质量。

除了一般性的尺寸检查外,对于重要的零件,有时还需要安排 X 射线检查、磁粉探伤、密封性试验等;对工件内部质量进行检查,根据检查的目的可安排在机械加工之前(检查毛坯)或工艺路线的最后阶段进行。

(2) 清洗和去毛刺

切削加工后,在零件表层或内部有时会留下毛刺,它们将影响装配的质量甚至产品的性能,应当安排去毛刺处理。

工件在进入装配之前,一般应安排清洗。特别是研磨、珩磨等光整加工工序之后,砂粒易附着在工件表面上,必须认真清洗,以免加剧零件在使用中的磨损。

(3) 其他工序

可根据需要安排平衡、去磁等其他工序。

必须指出,正确安排辅助工序是十分重要的。如果安排不当或遗漏,将会给后续工序带来困难,甚至影响产品的质量。

工艺路线拟定后,各道工序的内容已基本确定,接下来就要对每道工序进行设计。工序设计包括为各道工序选择机床及工艺装备、确定进给路线、确定加工余量、计算工序尺寸及公差、选择切削用量、计算工时定额等内容。

2.6.4 加工余量及工序尺寸的确定

1. 加工余量及其确定

1) 加工余量的概念

加工余量是指在加工过程中所切去的金属层的厚度。加工余量有工序加工余量和加工总余量(毛坯余量)之分。工序加工余量是相邻两工序的工序尺寸之差;加工总余量是毛坯尺寸与零件图样的设计尺寸之差。显然,总余量 $Z_总$ 与工序余量 Z_i 的关系为

$$Z_总 = \sum_{i=1}^{n} Z_i$$

式中:n 为零件某表面加工经历的工序数目。

对于回转表面(外圆和内孔等),加工余量是直径上的余量,它在直径上是对称分布的,故称为对称余量;而在加工中,实际切除的金属层厚度是加工余量的一半,因此又有双面余量和单面余量之分。对于平面,由于加工余量只在一面单向分布,因而只有单面余量。

无论是双面余量、单面余量,还是外表面、内表面,都涉及工序尺寸的问题。每道工序完成后,应保证的尺寸称为该工序的工序尺寸。由于加工中不可避免地存在误差,故工序尺寸也有公差,这种公差称为工序公差。

工序尺寸、工序公差、加工余量三者的关系如图 2-90 所示。

由于工序加工余量是相邻两工序的工序

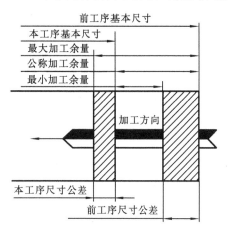

图 2-90 加工余量及其公差

尺寸之差,则本工序的加工余量的基本值 $Z_b = a - b$,最小加工余量是前工序的最小工序尺寸和本工序的最大工序尺寸之差,即 $Z_{bmin} = a_{min} - b_{max}$;最大加工余量是前序的最大工序尺寸和本工序的最小工序尺寸之差,即 $Z_{bmax} = a_{max} - b_{min}$。其中,$a$ 表示前道工序的工序尺寸,b 表示本道工序的工序尺寸。

2) 确定加工余量的方法

在保证加工质量的前提下,加工余量越小越好。确定加工余量有以下三种方法。

(1) 经验估算法

工艺人员根据生产的技术水平,靠经验来确定加工余量。为了防止余量不足而产生废品,通常所取的加工余量都偏大。此法一般用于单件小批量生产。

(2) 查表修正法

根据各企业长期的生产实践与试验研究所积累的有关加工余量资料,制成各种表格并汇编成手册。如机械加工工艺手册、机械工艺工程师手册、机械加工工艺设计手册等。确定加工余量时,可查阅这些手册,再根据本单位的实际情况进行适当的修正后确定。目前,这种方法运用较为普遍。

单件小批量生产中,加工中、小零件时,其单边加工余量可参考如下数据。

对总加工余量(毛坯余量),有

(手工造型)铸件　3.5～7 mm
　　自由锻件　　2.5～7 mm
　　模锻件　　　1.5～3 mm
　　圆钢料　　　1.5～2.5 mm

对工序加工余量,有

　　粗车　　　1～1.5 mm
　　半精车　　0.8～1 mm
　　高速精车　0.4～0.5 mm
　　低速精车　0.1～0.15 mm
　　磨削　　　0.1～0.15 mm
　　研磨　　　0.002～0.005 mm
　　粗铰　　　0.15～0.35 mm
　　精铰　　　0.05～0.15 mm
　　珩磨　　　0.02～0.15 mm

(3) 分析计算法

分析计算法是指根据计算公式和一定的试验资料,对影响加工余量的各项因素进行分析,并计算确定加工余量的方法。这种方法比较合理,但必须有比较全面和可靠的试验资料,目前较少采用。

2. 工序尺寸及其公差的确定

每道工序完成后应保证的尺寸称为该工序的工序尺寸。工件上的设计尺寸及其公差是经过各加工工序后得到的。每道工序的工序尺寸都不相同,它们逐步向设计尺寸接近。为了最终保证工件的设计尺寸,各中间工序的工序尺寸及其公差需要计算确定。

工序余量确定后,就可计算工序尺寸。工序尺寸及其公差的确定要根据工序基准或定位基准与设计基准是否重合,采取不同的计算方法。

基准重合时的工序尺寸及其公差的计算比较简单。例如,对外圆和内孔的多工序加工均属于这种情况。此时,工序尺寸及其公差与工序余量的关系如图 2-90 所示。计算顺序是:先确定各工序的基本尺寸,再由后往前逐个工序推算,即由工件的设计尺寸开始,由最后一道工序向前推算,直到毛坯尺寸为止;工序尺寸的公差则按各工序的经济精度来确定,并按"入体原则"确定上、下偏差,毛坯尺寸则按双向对称要求取上、下偏差。

例如,某套筒零件内孔($\phi 60^{+0.019}_{0}$)的加工路线为:毛坯孔→粗车→半精车→磨削→珩磨,求各工序尺寸。

首先,通过查表或凭经验确定毛坯总余量及其公差、工序余量以及工序的经济精度和公差值,然后,计算工序尺寸,计算结果见表 2-11。

表 2-11 工序尺寸及公差的计算 mm

工序名称	工序余量	工序经济精度	工序基本尺寸	工序尺寸及公差
珩磨	0.1	0.019	60	$\phi 60^{+0.019}_{0}$
磨削	0.4	0.03	60−0.1=59.9	$\phi 59.9^{+0.03}_{0}$
半精车	1.5	0.18	59.9−0.4=59.5	$\phi 59.5^{+0.18}_{0}$
粗车	8	0.45	59.5−1.5=58	$\phi 58^{+0.45}_{0}$
毛坯孔	10	±1.5	58−8=50	$\phi 50 \pm 1.5$

3. 工艺尺寸链及其应用

工序基准或定位基准与设计基准不重合时,工序尺寸及其公差计算比较复杂,需用工艺尺寸链来分析计算。

1) 尺寸链的基本概念

在零件加工或机器装配过程中,由相互连接的尺寸按照一定的顺序排列成封闭的尺寸组称为尺寸链。

如图 2-91 所示零件的尺寸为 A_1、A_0,设 A、B 面已加工,现采用调整法加工 C 面。若以设计基准 B 作为定位基准,则定位和夹紧都不方便;若以 A 面作为定位基准,则直接保证的是对刀尺寸 A_2。图纸上要求的设计尺寸 A_0 将由本工序尺寸 A_2 和上工序尺寸 A_1 来间接保证,当 A_1 和 A_2 确定之后,A_0 随之确定。像这样一组相互关联的尺寸,组成封闭的形式,如同链条一样环环相扣,形象地称为尺寸链。

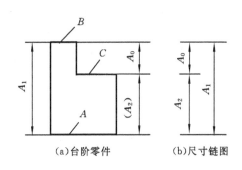

(a)台阶零件　　(b)尺寸链图

图 2-91　零件的尺寸链

在零件图纸上,用来确定表面之间相互位置的尺寸链,称为设计尺寸链;在工艺文件上,由加工过程中的同一零件的工艺尺寸组成的尺寸链,称为工艺尺寸链。

2) 工艺尺寸链的组成

组成尺寸链的各个尺寸称为环,而环又有组成环和封闭环之分。在尺寸链中凡是最后被间接获得的尺寸,称为封闭环。封闭环一般以下脚标"0"表示。如图 2-91 中的 A_0 就是封闭环。

应该特别指出:在计算尺寸链时,区分封闭环是至关重要的。封闭环搞错了,一切计算结果都是错误的。在工艺尺寸链中,封闭环随着加工顺序的改变或测量基准的改变而改变,区分封闭环的关键在于要紧紧抓住"间接获得"或"最后形成"的设计尺寸这一概念。

在加工过程中直接形成的尺寸(在零件加工的工序中出现或直接控制的尺寸),称为组成环。任一组成环的变动,必然引起封闭环的变动,根据它对封闭环影响的不同,组成环可分为增环和减环。

若该环尺寸增大时,封闭环随着增大,或该环尺寸减小时,封闭环尺寸随着减小,则该环称为增环,以 $\vec{A}_i$ 表示。

若该环尺寸增大时,封闭环随着减小,或该环尺寸减小时,封闭环尺寸随着增大,则该环称为减环,以 $\overleftarrow{A}_j$ 表示。

当尺寸链中的组成环较多时,根据定义来区别增、减环比较麻烦,这时可用简易的方法来判断:在尺寸链简图中,先在封闭环上任定一方向画出一箭头,然后沿着此方向绕尺寸链回路依次在每一组成环上画出一箭头,凡是组成环上所画箭头方向与封闭环箭头方向相同的为减环,相反的为增环。

在一个尺寸链中,只有一个封闭环。组成环和封闭环的概念是针对某一尺寸链而言的,是一个相对的概念。对同一个尺寸,在一个尺寸链中是组成环,而在另一个尺寸链中有可能是封闭环。

3) 计算工艺尺寸链的基本公式

工艺尺寸链的计算方法有极值法和概率法两种,生产中一般多采用极值法计算工艺尺寸,其基本计算公式如下。

(1) 封闭环的基本尺寸

封闭环的基本尺寸 A_0 等于所有增环的基本尺寸之和减去所有减环的基本尺寸之和,即

$$A_0 = \sum_{i=1}^{m} \vec{A}_i - \sum_{j=1}^{n} \overleftarrow{A}_j$$

式中:m 为增环的数目;n 为减环的数目。

(2) 封闭环的上偏差

封闭环的上偏差 $\text{ES}(A_0)$ 等于所有增环的上偏差之和减去所有减环的下偏差之和,即

$$\text{ES}(A_0) = \sum_{i=1}^{m} \text{ES}(\vec{A}_i) - \sum_{j=1}^{n} \text{EI}(\overleftarrow{A}_j)$$

(3) 封闭环的下偏差

封闭环的下偏差 $\text{EI}(A_0)$ 等于所有增环的下偏差之和减去所有减环的上偏差之和,即

$$\text{EI}(A_0) = \sum_{i=1}^{m} \text{EI}(\vec{A}_i) - \sum_{j=1}^{n} \text{ES}(\overleftarrow{A}_j)$$

(4) 封闭环的公差

封闭环的公差 T_0 等于所有组成环公差之和,即

$$T_0 = \sum_{i=1}^{m} T_i + \sum_{j=1}^{n} T_j$$

显然,在工艺尺寸链的计算中,封闭环的公差大于任一组成环的公差。当封闭环公差为一定值时,若组成环的数目较多,则各组成环的公差就会偏小,造成工序加工困难。因此,在分析尺寸链时,应使尺寸链组成环数最少,即遵循尺寸链最短原则。

4) 工艺尺寸链的应用

在机械加工过程中,每一道工序的加工结果都以一定的尺寸值表示出来,尺寸链反映了相互关联的一组尺寸之间的关系,也就反映了这些尺寸所对应的加工工序之间的相互关系。

从一定意义上讲,尺寸链的构成反映了加工工艺的构成。特别是加工表面之间位置尺寸的标注方式,在一定程度上决定了表面加工的顺序。通常在工艺尺寸链中,组成环是各工序的工序尺寸,即各工序直接得到并保证的尺寸;封闭环是间接得到的设计尺寸或工序加工余量。

在制订零件工艺路线中,遇到的尺寸链的应用情况是:已知封闭环和部分组成环的尺寸,求剩余的一个组成环的尺寸。

(1) 定位基准与设计基准不重合

零件加工中,当定位基准与设计基准不重合时,要保证设计尺寸的要求,必须求出工序尺寸来间接保证设计尺寸,要进行工序尺寸的换算。

如图 2-92(a)所示的零件,孔 D 的设计尺寸是 100 ± 0.15 mm,设计基准是 C 孔的轴线。在加工 D 孔前,A 面、B 孔、C 孔已加工,为了使工件装夹方便,加工 D 孔时以 A 面定位,按工序尺寸 A_3 加工,试求 A_3 的基本尺寸及极限偏差。

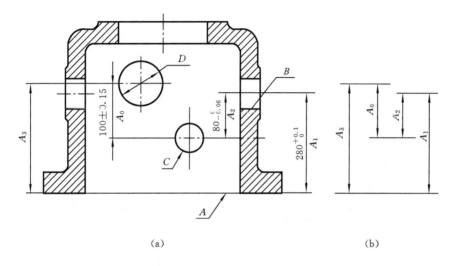

图 2-92 定位基准与设计基准不重合

计算步骤如下。

- 画出尺寸链简图。其尺寸链简图如图 2-92(b)所示。
- 确定封闭环。这时孔的定位基准与设计基准不重合,设计尺寸 A_0 是间接得到的,因而 A_0 是封闭环。
- 确定增环、减环。A_2、A_3 是增环,A_1 是减环。
- 利用基本计算公式进行计算。

$$A_0 = \sum_{i=1}^{m} \vec{A}_i - \sum_{j=1}^{n} \overleftarrow{A}_j \Rightarrow A_0 = A_2 + A_3 - A_1 \Rightarrow 100$$
$$= 80 + A_3 - 280 \Rightarrow A_3 = 300 \text{ mm}$$

$$\text{ES}(A_0) = \sum_{i=1}^{m} \text{ES}(\vec{A}_i) - \sum_{j=1}^{n} \text{EI}(\overleftarrow{A}_j) \Rightarrow 0.15$$
$$= 0 + \text{ES}(A_3) - 0 \Rightarrow \text{ES}(A_3) = 0.15 \text{ mm}$$

$$\text{EI}(A_0) = \sum_{i=1}^{m} \text{EI}(\vec{A}_i) - \sum_{j=1}^{n} \text{ES}(\overleftarrow{A}_j) \Rightarrow -0.15$$

$$=-0.06+\mathrm{EI}(A_3)-0.1 \Rightarrow \mathrm{EI}(A_3)=0.01 \text{ mm}$$

所以,工序尺寸 $A_3=300^{+0.15}_{+0.01}$ mm。

(2) 设计基准与测量基准不重合

测量时,由于测量基准和设计基准不重合,需测量的尺寸不能直接测量,只能由其他测量尺寸来间接保证,也需要进行尺寸换算。

如图 2-93(a)所示,加工时尺寸 $10^{\ 0}_{-0.36}$ mm 不便测量,改用深度游标尺测量孔深 A_2,通过孔深 A_2,总长 $50^{\ 0}_{-0.17}$ mm(A_1)来间接保证设计尺寸 $10^{\ 0}_{-0.36}$ mm(A_0),求孔深 A_2。

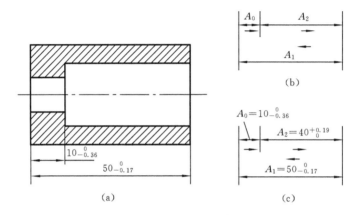

图 2-93 设计基准与测量基准不重合

计算步骤如下。

- 画出尺寸链简图。其尺寸链简图如图 2-93(b)所示。
- 确定封闭环。这时孔深的测量基准与设计基准不重合,设计尺寸 A_0 是通过 A_2 间接得到的,因而 A_0 是封闭环。
- 确定增环、减环。A_1 是增环,A_2 是减环。
- 利用基本计算公式进行计算。

$$10=50-A_2 \Rightarrow A_2=40 \text{ mm}$$
$$0=0-\mathrm{EI}(A_2) \Rightarrow \mathrm{EI}(A_2)=0$$
$$-0.36=-0.17-\mathrm{ES}(A_2) \Rightarrow \mathrm{ES}(A_2)=0.19 \text{ mm}$$

所以,孔深尺寸 $A_2=40^{+0.19}_{\ 0}$ mm。

(3) 工序尺寸的基准有加工余量时的工艺尺寸链计算

零件图上有时存在几个尺寸从同一基准面进行标注,当该基准面精度和表面粗糙度要求较高时,往往是在工艺路线最后的精加工阶段进行加工。这样,在进行该面的最终一次加工时,要同时保证几个设计尺寸,其中只有一个设计尺寸可以直接保证,其他设计尺寸只能间接获得,所以需要进行尺寸计算。下面以实例来说明。

如图 2-94(a)所示为齿轮内孔局部简图。以下为内孔和键槽的加工顺序。

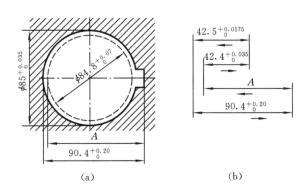

图 2-94　内孔键槽加工尺寸链

- 半精镗孔至尺寸 $\phi 84.8^{+0.1}_{\ 0}$ mm。
- 插键槽至尺寸 A。
- 淬火。
- 磨内孔至尺寸 $\phi 85^{+0.035}_{\ 0}$ mm,同时保证键槽深度 $90.4^{+0.2}_{\ 0}$ mm。

求插键槽工序的深度尺寸 A。

计算步骤如下。

- 画出尺寸链简图。在这里要注意直径的基准是轴线,其尺寸链简图如图 2-94(b)所示。
- 确定封闭环。键槽深度 $90.4^{+0.2}_{\ 0}$ 是间接得到的,因而 $90.4^{+0.2}_{\ 0}$ 是封闭环。
- 确定增环、减环。如尺寸链简图(见图 2-94(b))所示。
- 利用基本的计算公式进行计算。

$$90.4 = A + 42.5 - 42.4 \quad 即 \quad A = 90.3 \text{ mm}$$
$$0.2 = \text{ES}(A) + 0.017\,5 - 0 \quad 即 \quad \text{ES}(A) = 0.182\,5 \text{ mm}$$
$$0 = \text{EI}(A) + 0 - 0.035 \quad 即 \quad \text{EI}(A) = 0.035 \text{ mm}$$

所以插键槽的尺寸 A 为:$90.3^{+0.183}_{+0.035}$ mm。

2.6.5　制订工艺规程实例

如图 2-95 所示为某坐标镗床的变速箱壳体,材料为 ZL106,内部涂黄漆。现以在小批生产条件下制订该零件的机械加工工艺规程为例,简要介绍制订机械加工工艺规程的方法和要点。

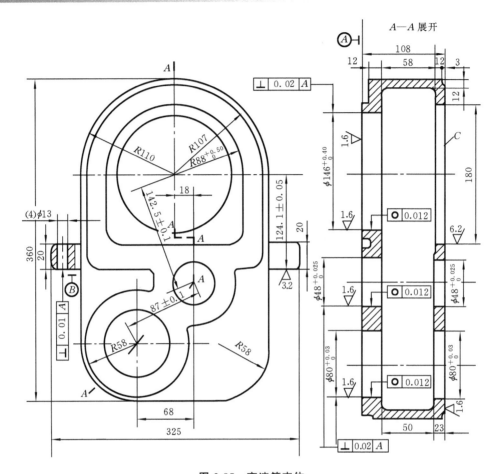

图 2-95 变速箱壳体

1. 制订工艺规程所需的原始资料

在制订机械加工工艺规程时,必须具备下列原始资料。

● 零件的设计图纸和产品或部件的装配图纸,对于简单的或者熟悉的典型零件,有时没有装配图纸也可以。

● 零件的生产纲领和生产类型。

● 现有的生产条件和有关的资料。包括毛坯的生产条件、机械加工车间的设备和工艺装备情况、专用设备和工装的制造能力、工人的技术水平,以及各种有关的工艺资料和标准等。

● 国内外同类产品的有关工艺资料。

本例着重介绍工艺规程的制定方法,并未针对某个具体的生产单位,故采用的各项资料均来源于手册和标准。

2. 分析零件的结构特点和技术要求，审查结构工艺性

该零件为某坐标镗床的变速箱壳体，其外形尺寸为 360 mm×325 mm×108 mm，属小型箱体零件，内腔无加强肋，结构简单，孔多壁薄，刚度较差。其主要加工面和加工要求如下。

（1）平行孔系

三组平行孔用来安装轴承，因此都有较高的尺寸精度（IT7）和形状精度（圆度 0.012 mm）要求，表面粗糙度 $R_a=0.6\ \mu m$，彼此之间的孔距公差为 ±0.1 mm。

（2）端面 A

端面 A 是与其他相关部件连接的结合面，表面粗糙度 $R_a=1.6\ \mu m$，三组孔均要求与 A 面垂直，允差为 0.02 mm。

（3）装配基准面 B

在变速箱壳体两侧中段，分别有两块外仲面积不大的安装面 B，它是该零件的装配基准。为了保证齿轮传动位置和传动精度的准确性，B 面要求与 A 面垂直，其垂直度允差为 0.01 mm，B 面与 $\phi 46$ mm 大孔的中心距离为 124 mm±0.05 mm，表面粗糙度 $R_a=3.2\ \mu m$。

（4）其他表面

除上述主要表面外，还有与 A 面相对的另一端面、半径为 88 mm 的扇形缺圆孔及面上的安装小孔（图中尺寸未注出）等。

该零件结构简单，工艺性较好。

3. 选择毛坯

该零件材料为 ZL106 铝硅铜合金，毛坯为铸件。在小批量生产类型下，考虑到零件结构比较简单，所以采用木模手工造型的方法生产毛坯。铸件精度较低，铸孔留的余量较多且不均匀。ZL106 材料硬度较低，切削加工性较好。但在切削过程中易产生积屑瘤，影响加工表面的粗糙度。这些条件和特点在制订工艺规程时应予充分的重视。

4. 选择定位基准和确定工件装夹方式

在成批生产中，工件加工时应采用夹具装夹，但因为毛坯精度较低，粗加工时可以部分采用划线找正装夹。

为了保证加工面与不加工面有正确的位置以及孔加工时余量均匀，根据粗基准选择原则，选择不加工的 C 面和两个相距较远的毛坯孔为粗基准，并通过划线找正的方法来兼顾其他各加工面的余量分布。

该零件为一小型箱体，加工面较多，且互相之间有较高的位置精度，故选择精基准时首先考虑采用基准统一的方案。B 面为该零件的装配基准，用它来定位可以使很多工序加工实现基准重合，但 B 面很小，用它作为主要定位基准装夹不稳定，故采用面积较大、要求也较高的端面 A 作为主要定位基准,限制三个自由度;用 B 面限制两个自由度;用加工过程中的 $\phi46$ mm 大孔限制一个自由度,以保证孔的加工余量均匀。

5. 拟定工艺路线

(1) 选择表面加工方法

工件材料为有色金属,孔的直径较大,要求较高,孔加工采用粗镗→半精镗→精镗的加工方案;平面加工采用粗铣→精铣的加工方案。B 面与 A 面有较高的垂直度要求,铣削不易达到,故铣后还应增加一道精加工工序,考虑到 B 面面积较小,在小批量生产条件下,采用刮削的方法来保证其加工要求是可行的。

(2) 划分加工阶段和确定工序集中的程度

该零件要求较高,刚度较差,加工应划分为粗加工、半精加工和精加工三个阶段。在粗加工和半精加工阶段,平面和孔交替反复加工,逐步提高精度。孔系位置精度要求高,三孔宜集中在一道工序、一次装夹下加工出来,其他平面的加工也应当适当集中。

(3) 工序顺序安排

根据"先基面,后其他"的原则,开始先将定位基准面加工出来。根据"先面后孔"的原则,在每个加工阶段均先加工平面,再加工孔。因为平面加工时工件的刚度较好,精加工阶段可以不再加工平面。最后适当安排次要表面(如小孔、扇形窗口等)的加工和热处理、检验等工序。拟定的工艺路线如表 2-12 所示。

表 2-12 变速箱加工工艺路线

工序号	工序名称	工 序 内 容	设备	工艺装备
1	铸	铸造		
2	热处理	退火		
3	画线	以 $\phi46$ mm、$\phi80$ mm 两孔为基准。适当兼顾轮廓,画出各表面和孔的轮廓线	钳台	
4	粗铣	按线校正,粗铣 A 面及其对面	X52	面铣刀
5	粗铣	以 A 面定位,按线找正,粗铣安装面 B	X52	盘端刀
6	画线	画三孔及 R88 mm 扇形、缺圆窗门线		通用角铁
7	粗镗	上角铁夹具,以 A 面(3)、B 面(2)为定位基准,按线找正粗镗三孔及 R88 mm 扇形缺圆面	T68	镗刀
8	精铣	精铣 A 面及其对面	X52	面铣刀
9	精铣	精铣安装面 B,留刮研余量 0.2 mm	X52	盘端刀
10	钻	上钻模,钻壳体端盖螺钉孔及 B 面安装孔	Z525	钻模、钻头

工序号	工序名称	工序内容	设备	工艺装备
11	刮	刮 B 面,达 6～10 点/25 mm×25 mm,保证垂直度 0.01 mm,四边修毛刺、倒角		平板、刮刀 研模、检具
12	半精镗	上镗模,半精镗三对孔及 R88 mm 扇形缺圆孔	T68	镗模、镗刀
13	涂装	内腔涂黄色漆		
14	精镗	上镗模装夹,精镗三孔达到图样要求	T68	镗模、镗刀
15	检验	按图样要求检验入库	检验台	内径量表

6. 设计工序内容

(1) 选择机床和工装

根据小批量生产类型的工艺特征,选择通用机床和部分专用夹具来加工,尽量采用标准的刀具和量具。机床的型号名称和工装的名称规格见表 2-12。

(2) 加工余量和工序尺寸 以端面加工为例,查表得余量为

$$Z_{毛坯A} = 4.5 \text{ mm} \quad (铸件顶面)$$
$$Z_{毛坯C} = 3.5 \text{ mm} \quad (铸件底面)$$
$$Z_{粗铣} = 2.5 \text{ mm}$$

粗铣经济精度 IT12,$T_{粗铣} = 0.35$ mm

精铣经济精度 IT10,$T_{精铣} = 0.14$ mm

毛坯尺寸为

$$L_{毛} = (108 + 4.5 + 3.5) \text{mm} = 116 \text{ mm}$$

第一次粗铣尺寸为

$$L_{粗} = 116 - Z_{粗铣} = (116 - 2.5) \text{mm} = 113.5 \text{ mm}$$

第二次粗铣尺寸为

$$L'_{粗} = (113.5 - 2.5) \text{ mm} = 111 \text{ mm}$$

A 面精铣余量=(4.5-2.5) mm=2 mm

C 面精铣余量=(3.5-2.5) mm=1 mm

第一次精铣尺寸为

$$L_{精} = (111 - 2) \text{ mm} = 109 \text{ mm}$$

第二次精铣尺寸 $L'_{精}$ 等于工件设计尺寸 108 mm。

按最小实体标注公差,结果见图 2-96。图中"。"表示定位基准,箭头指向加工面;"→"表示工序尺寸。

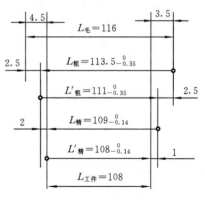

图 2-96 变速箱壳体铣削工序尺寸

(3) 切削用量和工时定额的确定

可用查表法来确定各工序切削用量和工时定额。

7. 填写工艺文件

零件的机械加工工艺路线制订完以后,必须将上述各项内容填写在工艺文件上,以便遵照执行。

2.7 机械加工质量

质量是表示产品优劣程度的参数。机械产品的工作性能和使用寿命在很大程度上取决于零件的机械加工质量。零件的加工质量是整个产品质量的基础。零件的加工质量包括机械加工精度和表面质量两个方面。

2.7.1 机械加工精度

1. 加工精度的概念

加工精度是指零件加工后的几何参数(尺寸、几何形状和相互位置)的实际值与理想值之间的符合程度。而实际值与理想值之间的偏离程度(即差异)则为加工误差。加工误差的大小反映了加工精度的高低。加工精度包括如下三个方面。

- 尺寸精度,它是指限制加工表面与其基准间的尺寸误差不超过一定的范围。
- 几何形状精度,它是指限制加工表面的宏观几何形状误差,如圆度、圆柱度、平面度、直线度等。
- 相互位置精度,它是指限制加工表面与其基准间的相互位置误差,如平行度、垂直度、同轴度、位置度等。

2. 影响加工精度的主要因素

1) 工艺系统的几何误差

(1) 加工原理误差

加工原理误差是指采用了近似的成型运动或近似形状的刀具进行加工而产生的误差。

比如,数控机床一般只具有直线和圆弧插补功能,因而即便是加工一条平面曲线,也必须用许多很短的折线段或圆弧去逼近它。刀具连续地将这些小线段加工出来,也就得到了所需的曲线形状。逼近的精度可由每条线段的长度来控制。因此,在曲线或曲面的数控加工中,刀具相对于工件的成型运动是近似的。进一步地说,数控机床在做直线或圆弧插补时,是利用平行坐标轴的小直线段来逼近理想直线或圆弧的,这里存在着加工原理误差。但由于数控机床的脉冲当量可以使这些小直线段很短,逼近的精度很高,事实上数控加工可以达到很高的加工精度。

又如,滚齿用的齿轮滚刀有两种误差:一是为了制造方便,采用阿基米得蜗杆或法向直廓蜗杆代替渐开线基本蜗杆而产生的刀刃齿廓形状误差;二是由于滚刀刀齿有限,实际上加工出的齿形是一条由微小折线段组成的曲线,它与理论上的光滑渐开线有一定的差异。这里也存在着加工原理误差。

采用近似的成型运动或近似形状的刀具虽然会带来加工原理误差,但往往可以简化机床结构或刀具形状,提高生产效率。因此,只要这种方法产生的误差不超过允许的范围,往往比准确的加工方法能获得更好的经济效益,在生产中仍得到广泛的应用。

(2) 机床误差

机床误差是由机床的制造、安装误差和使用中的磨损造成的。在机床的各类误差中,对工件加工精度影响较大的主要是主轴回转误差和导轨误差。

机床主轴是带动工件或刀具回转,产生主要切削运动的重要零件。其回转运动精度是机床主要精度指标之一,主轴回转误差主要影响零件加工表面的几何形状精度、位置精度和表面粗糙度。主轴回转误差主要包括其径向圆跳动、轴向窜动和摆动。

● 造成主轴径向圆跳动的主要原因是轴径与轴承孔圆度不高、轴承滚道的形状误差、轴与孔安装后不同轴以及滚动体误差等。主轴径向圆跳动将造成工件的形状误差。

● 造成主轴轴向窜动的主要原因有推力轴承端面滚道的跳动、轴承间隙等。以车床为例,主轴轴向窜动将造成车削端面与轴心线的垂直度误差。

● 主轴前后轴颈的不同轴以及前后轴承、轴承孔的不同轴会造成主轴出现摆动现象。摆动不仅会造成工件尺寸误差,而且还会造成工件的形状误差。

导轨是确定机床主要部件相对位置的基准件,也是运动的基准,它的各项误差直接影响着工件的精度。以数控车床为例,当床身导轨在水平面内出现弯曲(前凸)时,在工件上会产生腰鼓形误差,如图 2-97 (a)所示;当床身导轨与主轴轴心线在垂直面内不平行时,在工件上会产生鞍形误差,如图 2-97(b)所示;当床身导轨与主轴轴心线在水平面内不平行时,在工件上会产生锥形误差,如图 2-97(c)所示。

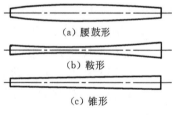

图 2-97 机床导轨误差对工件精度的影响

事实上,数控车床导轨在水平面和垂直面内的几何误差对加工精度的影响程度是不一样的。影响最大的是导轨在水平面内的弯曲或与主轴轴心线的平行度,而导轨在垂直面内的弯曲或与主轴轴心线的平行度对加工精度的影响则很小,甚至可以忽略。如图 2-98 所示,当导轨在水平面和垂直面内都有一个误差 Δ 时,前者造成的半径方向的加工误差 $\Delta R = \Delta$,而后者 $\Delta R \approx \Delta^2/d$,完全可以忽略不计。因此,对于几何误差所引起的刀具与工件间的相对位移,如果该误差产生在加工表面的法线方向,则对加工精度构成直接影响,即为误差敏感方向;若位移产生在加工表面的切线方向,则不会对加工精度构成直接影响,即为误差非敏感方向。减小导轨误差对加工精度的影响,可以通过提高导轨的制造、安装和调整精度来实现。

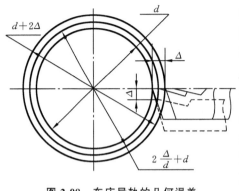

图 2-98 车床导轨的几何误差对加工精度的影响

(3) 夹具误差

产生夹具误差的主要原因是各夹具元件的制造精度不高、装配精度不高以及夹具在使用过程中工作表面的磨损。夹具误差将直接影响到工件表面的位置精度及尺寸精度,其中对加工表面的位置精度影响最大。

为了减少夹具误差所造成的加工误差,夹具的制造误差必须控制在一定的范围之内,一般常取工件公差的 1/3~1/5。对于容易磨损的定位元件和导向元件,除应采用耐磨性好的材料制造外,还应采用可拆卸结构,以便磨损到一定程度时能及时更换。

(4) 刀具误差

刀具的制造误差和使用中磨损是产生刀具误差的主要原因。刀具误差对加工精度的影响,因刀具的种类、材料等的不同而异。如定尺寸刀具(如钻头、铰刀等)的尺寸精度将直接影响工件的尺寸精度。如成型刀具(如成型车刀、成型铣刀等)的形状精度将直接影响工件的形状精度。

2) 工艺系统受力变形引起的加工误差

工艺系统在切削力、传动力、惯性力、夹紧力以及重力等的作用下,会产生相应的变形,从而破坏已调好的刀具与工件之间的正确位置,使工件产生几何形状误差和尺寸误差。

例如,车削细长轴时,在切削力的作用下,工件因弹性变形而出现"让刀"现象,使工件产生腰鼓形的圆柱度误差,如图 2-99(a)所示。又如,在内圆磨床上用横向切入法磨孔时,由于内圆磨头主轴的弯曲变形,磨出的孔会出现带有锥度的圆柱度误差,如图 2-99(b)所示。

工艺系统受力变形通常与其刚度有关。工艺系统的刚度越好,其抵抗变形的能

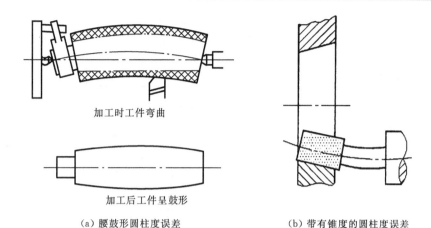

(a) 腰鼓形圆柱度误差　　　　(b) 带有锥度的圆柱度误差

图 2-99　工艺系统受力变形引起的加工误差

力越大,加工误差就越小。工艺系统的刚度取决于机床、刀具、夹具及工件的刚度。因此,提高工艺系统各组成部分的刚度,也就提高了工艺系统的整体刚度。在生产实际中常采取的有效措施有:减小接触面之间的粗糙度;增大接触面积;适当预紧;减小接触变形,提高接触刚度;合理地布置肋板,提高局部刚度;增设辅助支承,提高工件刚度,如车削细长轴时利用中心架或跟刀架提高工件刚度;合理装夹工件,减少夹紧变形,如加工薄壁套时采用开口过渡环或专用卡爪夹紧,如图 2-100(a)、图 2-100(b) 所示。

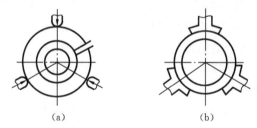

(a)　　　　(b)

图 2-100　工件的夹紧变形及改善措施

3) 工艺系统热变形产生的误差

切削加工时,工艺系统由于受到切削热、机床传动系统的摩擦热及外界辐射热等因素的影响,常发生复杂的热变形,导致工件与刀刃之间已调整好的相对位置发生变化,从而产生加工误差。

(1) 机床的热变形

引起机床热变形的因素主要有电动机、电器和机械动力源的能量损耗转化发出的热,传动部件、运动部件在运动过程中发生的摩擦热,切屑或切削液落在机床上所传递的切削热,外界的辐射热等。这些热将或多或少地使机床床身、工作台和主轴等部件发生变形,改变加工中刀具和工件的正确位置,形成加工误差,如图 2-101 所示。

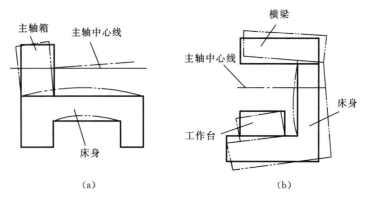

图 2-101 机床的热变形

为了减小机床热变形对加工精度的影响,通常在机床结构上和润滑等方面,对轴承、摩擦片及各传动副采取措施,减少发热。凡是可能从主机分离出去的热源,如电动机、变速箱、液压装置和油箱等均应置于床身外部,以减少对机床本体的影响。在工艺措施方面,加工前让机床空运转一段时间,使其达到或接近热平衡时再调整机床加工零件,或将精密机床安装在恒温室中使用。

（2）工件的热变形

产生工件热变形的原因主要是切削热。工件因受热膨胀,影响其尺寸精度和形状精度。为了减小工件热变形对加工精度的影响,常常采用切削液,通过切削液带走大量热量;也可通过选择合适的刀具或改变切削参数来减少切削热的产生。对大型或较长的工件,采用弹性活顶尖,使其在夹紧状态下,末端有伸长的空间。

4）工件内应力引起的误差

内应力是指去掉外界载荷后仍残留在工件内部的应力,它是工件在加工过程中,其内部宏观或微观组织发生不均匀的体积形变而产生的。有内应力的零件处于一种不稳定的相对平衡状态,它的内部组织有强烈要求恢复到稳定的、没有内应力的状态的倾向。一旦外界条件产生变化,如环境温度的改变、继续进行切削加工、受到撞击等,内应力的暂时平衡就会被打破,内应力会重新分布,零件将产生相应的变形,从而破坏原有的精度。

为减小或消除内应力对零件精度的影响,在零件的结构设计中,应尽量简化结构,尽可能做到壁厚均匀,以减少铸、锻毛坯在制造中产生的内应力;在毛坯制造之后或粗加工后、精加工前,安排时效处理以消除内应力;切削加工时,将粗、精加工分开进行,使粗加工后留有一定的时间,让内应力重新分布,以减少其对精加工的影响。

3. 提高加工精度的途径

生产实际中有许多减小误差的方法和措施,从消除或减小误差的技术上看,可将这些措施分成如下两大类。

(1) 误差预防技术

误差预防技术是指采取相应措施来减少或消除误差,亦即减少误差源或改变误差源与加工误差之间的数量转换关系。

例如,在车床上加工细长轴时,因工件刚度差,容易产生弯曲变形而造成几何形状误差。为减少或消除几何形状误差,可采用如下一些措施。

- 采用跟刀架,消除径向力的影响。
- 采用反向走刀,使轴向力的压缩作用变为拉伸作用,同时采用弹性顶尖,消除可能的压弯变形。

(2) 误差补偿技术

误差补偿技术是指在现有条件下,通过分析、测量,并以这些误差为依据,人为地在工艺系统中引入一个附加的误差,使之与工艺系统原有的误差相抵消,以减小或消除零件的加工误差。

例如,数控机床采用的滚珠丝杠,为了消除热伸长的影响,在精磨时有意将丝杠的螺距加工得小一些,装配时预加载荷拉伸,使螺距拉大到标准螺距,产生的拉应力用来吸收丝杠发热引起的热应力。

2.7.2 表面质量

1. 表面质量的概念

机械加工的表面质量是指零件经加工后的表面层状态,包括如下两方面的内容。

(1) 表面层的几何形状偏差

- 表面粗糙度,它指零件表面的微观几何形状误差。
- 表面波纹度,它指零件表面周期性的几何形状误差。

(2) 表面层的物理、力学性能

- 冷作硬化,这是指表面层因加工中塑性变形而引起的表面层硬度提高的现象。
- 残余应力,这是指表面层因机械加工产生强烈的塑性变形和金相组织的可能变化而产生的内应力。按应力性质分为拉应力和压应力。
- 表面层金相组织变化,这是指表面层因切削加工时产生的切削热而引起的金相组织的变化。

2. 表面质量对零件使用性能的影响

(1) 对零件耐磨性的影响

零件的耐磨性不仅与材料及热处理有关,而且还与零件接触表面的粗糙度有关。

当两个零件相互接触时,实质上只是两个零件接触表面上的一些凸峰相互接触,因此,实际接触面积比视在接触面积要小得多,从而使单位面积上的压力很大。当压力超过材料的屈服极限时,就会使凸峰部分产生塑性变形甚至被折断,或因接触面的滑移而迅速磨损。以后随着接触面积的增大,单位面积上的压力减小,磨损减慢。零件表面粗糙度越大,磨损就越快,但这不等于说零件表面粗糙度越小越好。如果零件表面的粗糙度小于合理值,则由于摩擦面之间的润滑油被挤出而形成干摩擦,反而使磨损加快。实验表明,最佳表面粗糙度 R_a 值大致为 $0.3\sim1.2~\mu m$。另外,零件表面有冷作硬化层或经淬硬,也可提高零件的耐磨性。

(2) 对零件疲劳强度的影响

零件表面层的残余应力的性质对疲劳强度的影响很大。当残余应力为拉应力时,在拉应力作用下,会使表面的裂纹扩大,降低零件的疲劳强度,减少了产品的使用寿命。相反,残余应力为压应力时,可以延缓疲劳裂纹的扩展,从而提高零件的疲劳强度。

冷作硬化对零件的疲劳强度影响也很大。表面层的加工硬化可以在零件的表面形成一个冷硬层,因而能阻碍表面层疲劳裂纹的出现,提高零件的疲劳强度。但若零件表面层的冷硬程度与硬化深度过大,则反而易产生裂纹甚至剥落,故零件的冷硬程度与硬化深度应控制在一定范围之内。

(3) 对零件配合性质的影响

在间隙配合中,如果配合表面粗糙,磨损后会使配合间隙增大,改变了原配合性质。在过盈配合中,如果配合表面粗糙,则装配后的表面的凸峰将被挤平,而使有效过盈量减小,降低了配合的可靠性。所以,对有配合要求的表面,应标注有相应的表面粗糙度要求。

3. 影响表面粗糙度的工艺因素及改善措施

零件在切削加工过程中,由于刀具几何形状和切削运动引起的残留余量、粘结在刀具刃口上的积屑瘤在工件上划出的沟纹、工件与刀具之间的振动引起的振动波纹,以及刀具后刀面磨损造成的挤压与摩擦痕迹等,使零件上形成了凸凹不平的表面,通常用表面粗糙度来衡量。影响表面粗糙度的工艺因素主要有工件材料、切削用量、刀具几何参数及切削液等。

(1) 工件材料

一般韧度较大的塑性材料,加工后表面粗糙度较大;而韧度较小的塑性材料,加工后易得到较小的表面粗糙度。对于同种材料,其晶粒组织越大,加工表面粗糙度也越大。因此,为了减小加工表面粗糙度,常在切削加工前对材料进行调质或正火处理,以获得均匀细密的晶粒组织和提高材料的硬度。

(2) 切削用量

加工时,进给量越大,零件表面就越粗糙。因此,减小进给量可有效地减小表面粗糙度值。

切削速度对表面粗糙度的影响也很大。在中速切削塑性材料时,由于容易产生积屑瘤,且塑性变形较大,因此加工后零件表面粗糙度较大。通常,采用低速或高速切削塑性材料,可有效地避免积屑瘤的产生,这对减小表面粗糙度值有积极作用。

(3) 刀具几何参数

刀具的主偏角、副偏角以及刀尖圆弧半径对零件表面粗糙度有直接影响。在进给量一定的情况下,减小主偏角和副偏角,或增大刀尖圆弧半径,可减小表面粗糙度。另外,适当增大刀具的前角和后角,减小切削变形和与前、后刀面间的摩擦,可抑制积屑瘤的产生,减小表面粗糙度。

(4) 切削液

切削液的冷却和润滑作用能减少切削过程中的界面摩擦,降低切削区温度,使切削层金属表面的塑性变形程度下降,抑制积屑瘤的产生,从而可大大减小表面粗糙度值。

第3章 数控车削加工工艺

普通车削也叫单点切削,其基本定义是用单点刀具生成圆柱形状,并且在大多数情况下,刀具是固定的,而工件是旋转的,如图3-1所示(视频《外圆与内圆车削》)。在许多方面,车削是定义相对简单且最直接的金属切削方法。车削是高度优化的工艺,需要在应用中彻底评估各种因素。

尽管为单刃加工,车削工艺也总是多种多样的,这是由于工件形状和材料、工序类型、工况要求及现代加工经济成本等原因,决定了刀具选择与数控编程。除ISO标准车刀外,有许多基本的车削加工类型要求使用特定的非标准刀具,以便能够以最有效的方法来执行这些工序。

单点切削的许多原理也适用于其他切削刀具,应用这些原理以达到加工效率与刀具寿命的平衡,例如,镗削和多点的旋转的铣削。车削是两种运动的组合:工件的旋转运动和刀具的进给运动。在一些应用中,也可以是工件进给移动,而刀具绕其旋转进行切削,但其基本原理是相同的。刀具进给沿着工件的轴向进行移动,这意味着可把零件的直径车削为更小的尺寸。此外,刀具还可在零件的末端朝中心方向进给,这意味着零件的长度将变短;有时,进给是这两种运动方向的组合,其结果是形成曲线表面。CNC车床的数控单元可以对这样的运动进行编程和处理。

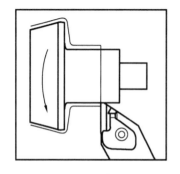

图3-1 车削

车削加工作业的划分,至今未作统一的规定。各工业化国家虽然对具体切削用量所规定的范围有所不同,但车削加工作业划分类型基本一致。除超精切削一定要用单晶金刚石刀片或未来可用金刚石涂层刀片加工外,其他作业采用可转位刀片进行车削加工是可以实施的。现将车削加工综合划分为以下5种作业。

- 重型加工:切削进给量不小于1 mm/r,径向进刀量为6~20 mm。
- 粗加工:切削进给量为0.4~1 mm/r,径向进刀量为4~10 mm。
- 半精加工:切削进给量为0.2~0.5 mm/r,径向进刀量为2~4 mm。
- 精加工:切削进给量为0.1~0.3 mm/r,径向进刀量为0.5~2 mm。

- 精密加工：切削进给量为 0.03～0.05 mm/r，径向进刀量为 0.05～0.5 mm。

3.1 车削类型与刀具选择

被车削的零件加工轮廓是走刀路径编程和刀片选择的重要因素。我们将数控车削工序分为几个基本切削类型，以评价哪一种刀柄类型的选择与应用。这几个基本切削类型是：

- 纵向车削，如图 3-2(a)所示；
- 端面车削，如图 3-2(b)所示；
- 仿型车削（球面形状的车削可以被看成是仿型车削），如图 3-2(c)所示；
- 插车，如图 3-2(d)所示（视频《插车》）。

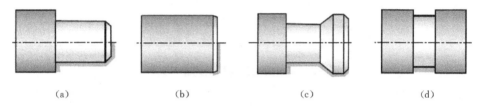

图 3-2 基本切削类型

刀柄类型由主偏角 κ_r 和刀尖角所决定，同时，这两个角度决定了车刀的副偏角 κ_r' 的大小，对于机夹车刀的使用，通常保持 κ_r' 不小于 3°～5°。当刀片有后角设计时，κ_r' 为 3°；当刀片为正反两面可用的、无后角设计时，κ_r' 最小为 5°（通常为了形成加工需要的、正的主后角，安装该类刀片的刀柄平面为负的角度，故当刀片装上后，一方面形成了正的主后角，另一方面也形成了负的副后角，增大了副后刀面与已加工表面擦挤的可能，故要求适当加大副偏角）。

由图 3-3 可知，当车刀进行仿形车削时，主偏角的大小随着刀具走向的改变；也

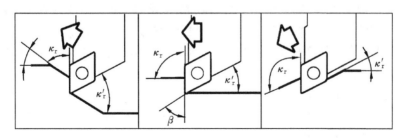

图 3-3 刀具走向与主偏角

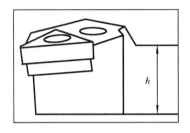

图 3-4 刀柄尺寸

可看到,无论何时 $\kappa_r+\beta+\kappa_r'=180°$。在确保工件轮廓及断屑等前提下,选择最小主偏角刀具,这样可以使刀尖角 β 和副偏角 κ_r' 最大,有利于刀尖的强度和刀具的斜向进给范围。

刀杆尺寸的选择是依机床可能夹持的最大刀柄尺寸 h(见图 3-4)所决定的。这是为了减少刀具悬伸及为切削刃提供更好刚度的基础。刀片的大小由实际所需的有效切削刃的长度所影响(见图 3-5)。

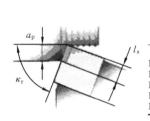

κ_r		a_p/mm										
		1	2	3	4	5	6	7	8	9	10	15
		l_a/mm										
90		1	2	3	4	5	6	7	8	9	10	15
105	75	1.5	2.1	3.1	4.1	5.2	6.2	7.3	8.3	9.3	11	16
120	60	1.2	2.3	3.5	4.7	5.6	7	8.2	9.3	11	12	18
135	45	1.4	2.9	4.3	5.7	7.1	8.5	10	12	13	15	22
150	30					10	12	14	16	18	20	30
165	15	4	6	12	16	20	24	27	31	35	39	58

图 3-5 有效切削刃与切削深度的关系

3.2 单纯外圆车削的走刀路径与刀片形状的选择

几乎所有形状的刀片与车刀杆所组成的车刀都可以进行单纯的外圆车削或端面车削。只要零件没有台肩需要车削,刀具的主偏角就没有限制要求,那么刀片的形状就是刀具选择的唯一因素。

当加工工艺系统刚度足够,不易发生振动时,应当选择尽可能大的刀尖角,以便提供足够的刀片强度和稳定性,但一定要注意,此时需要有足够大的机床功率。随着刀尖角的增大,刀片更坚固,切削深度可以较大,振动趋势加大。小的刀尖角刀片,则强度降低,相应切削深度要小,这会使刀具对切削热的影响更为敏感。每种刀片形状都有一个最大的有效切削长度,这也会对切削深度的确定造成影响。它们之间的关系如图 3-6 所示。

在外圆车削中常使用 80°刀尖角的菱形(C 形)或凸三角形(W 形)刀片,这是因为它是一个刀尖强度与切削力大小的有效折中,并且可适合于除了单纯外圆车削外的其他简单的仿形车削加工。

刀片的形状确定以后,加工的最大切削深度决定了刀片的尺寸(切削深度影响了

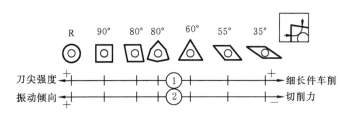

图 3-6 刀片形状与切削深度的关系

金属去除率、切削次数、断屑、要求的机床功率)。刀片形状、刀杆主偏角 κ_r 和切削深度决定了刀片的有效切削刃长度 l_a。在苛刻的加工条件下,为获得足够的可靠性,应考虑使用较大、较厚的刀片。在实际应用中,还要考虑到刀片如果设计成有断屑槽,那么断屑槽的长度也会对刀片的最大切深产生限制影响。

图 3-7 所示为不同形状的刀片,按照刃口长度所推荐的最大切深,不考虑刀片的断屑槽设计。

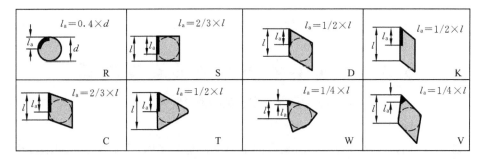

图 3-7 刀口长度与切深

图 3-8 所示的资料反映了刀片的断屑槽是如何进一步限制刀片的最大切深的。

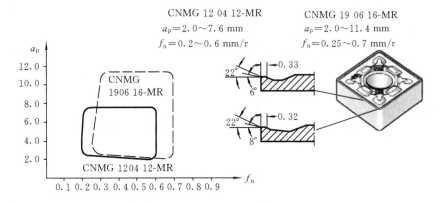

图 3-8 断屑槽与切削深度的关系

如图 3-8 所示为用于粗加工的刀片槽形,在加工不锈钢工件时具有高金属去除率,适用于不锈钢零件的车削,如车端面和简单的仿形车削等。

通常情况下,我们讨论切削深度时,只限于简单的水平直线车削,若车刀切削至台肩时,切削深度会急剧增加。应对该状态的措施:一是增加刀片强度;二是增加一个车端面的工序,以使危及刀片安全的风险降至最小。

由图 3-9 可以看出,当刀片车到台肩(图示中 4 所在的位置),切深 a_p 会比位置 1 的水平车削大了很多,所以台肩余量的车削采用位置 5 所示的由外向内插入的方法。

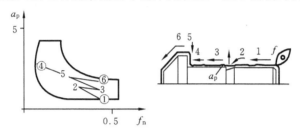

图 3-9　切削路径与切削深度的关系

3.3　台肩类零件车削的走刀路径与刀片形状的选择

对于不同的台肩尺寸及形式,采取的走刀路径也不相同,当水平车削的工件台肩高度不超过切削刃口长度时(见图 3-10(a)),可以采用如图 3-10(b)所示的走刀路径(视频《零件台肩高度不超过切削刃口长度的车削》)。

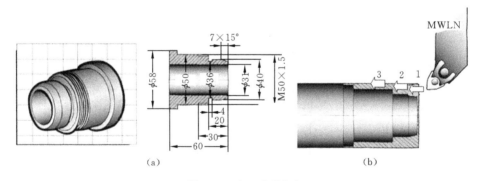

图 3-10　走刀路径(1)

当工件的台肩高度超过切削刃口的长度时,应采用如图 3-11 所示的走刀路径(视频《零件台肩高度超过切削刃口长度的车削》)。

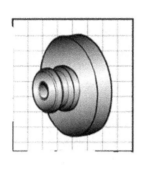
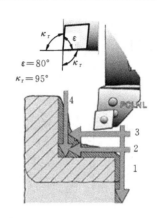

图 3-11　走刀路径(2)

3.4　外圆端面车削的走刀路径与刀片形状选择

在如图 3-11 所示的台肩类零件车削中,选择了 80°刀尖角的刀片。该刀具在水平车削与端面车削两个方向上的主偏角 κ_r 都是 95°。这样,我们可获得通用性和切削刃长度的组合。

从图 3-12 可以看出,具有 80°刀尖角的 W、C 型刀片安装在 95°主偏角的刀杆上,那么刀杆在沿外圆方向走刀与沿端面方向走刀时的主偏角都为 95°,此时断屑槽的工作最为理想,所以,这样的刀具最适合外圆、端面车削。

55°刀尖角的刀片设计有断屑槽,因为刀杆的主偏角为 93°,所以此种槽形必须在

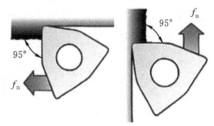

图 3-12　80°刀尖角的刀片

近乎 93°主偏角进给时才起到良好的断屑作用。如图 3-13 所示,刀片在端面车削时,不容易断屑。

同一种槽形,在外圆、端面加工时,尽量使两者主偏角接近,有利于断屑。

如图 3-14 所示为一个铸铁环形零件的车削。图示的示例表示了刀杆如何进行零件的外圆、端面与倒角的加工。我们首先注意到外圆与端面的车削使用了同一刀片的两个不同的刀尖,而倒角的进给方式特别适合铸铁类等易产生边角崩碎的工件切削。

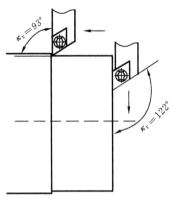

图 3-13 外圆与端面的加工

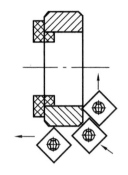

图 3-14 外圆、端面与倒角的加工

3.5 仿形车削的走刀路径与刀片形状选择

1. 对于轧辊类零件多为大圆弧外形的轴类零件

在进行仿形车削的精加工工序时,经常采用圆刀片进行车削,如图 3-15 所示为一个轧辊的精车加工,单边加工余量为 0.15 mm。我们可以看到,在零件不同的车削部位进行切削加工的分别为刀片上的 1、2、3 点之间来回移动,对于数控编程来讲,如果不采用 CAM 编程,而是采用 G 代码编程,我们推荐编辑图 3-15 中虚线所示的刀片圆心轨迹程序。

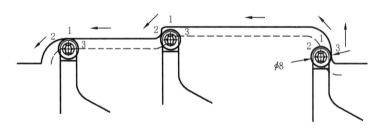

图 3-15 圆刀片在仿形加工中的走刀路径

2. 折线与曲线组合的轴类零件

首先介绍两个车削概念:向外仿形和向内仿形。

向外仿形(out-copying)是指刀具在斜线或圆弧面上由小径向大径方向作进给运动。

向内仿形(in-copying)是指刀具在斜线或圆弧面上由大径向小径方向作进给运

动。

如图 3-16 所示的刀具的设计主偏角 $\kappa_r = 93°$,刀片的刀尖角为 55°。当车刀进行外圆车削时,车刀的副偏角 $\kappa'_r = 180° - 93° - 55° = 32°$。若进行仿形角 α 为 20° 的零件加工,当车刀向外仿形加工时,$\kappa'_{roc} = \kappa'_r + \alpha = 32° + 20° = 52°$;当车刀向内仿形加工时,$\kappa'_{roc} = \kappa'_r - \alpha = 32° - 20° = 12°$。

我们之前曾经提出关于车削时副偏角 κ'_r 的应用常识,即刀片有后角时,κ' 最小为 3°;当刀片没有后角即双面使用的刀片时,κ'_r 最小为 5°。从而我们不难理解取自刀具供应商车削样本里面的刀具应用说明,如图 3-17 所示。

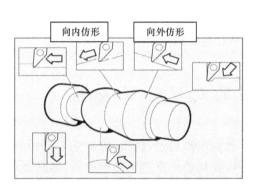

图 3-16 向内仿形与向外仿形的副偏角

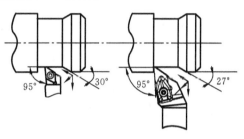

刀杆 SDJCR1616K11-S 的最大内仿形角为 30°,刀片为 DCMT11T308,刀片自身有后角;
刀杆 DDJNR2525M15 的最大内仿形角为 27°,刀片为 DNMG 150608,刀片正反两面可以用,刀片本身无后角

图 3-17 副偏角的应用

如图 3-18 所示的零件说明了折线与曲线组合的典型轴类零件的加工部位划分。

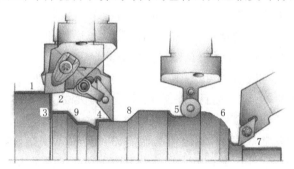

图 3-18 加工部位的划分

1 为外圆加工,车削时使用大直径左手刀。
2 为端面车削。
3 为车削退刀槽(砂轮越程槽)。
4 为仿形加工,采用夹持稳固的右手车刀。
5 为插车切削(侧面为圆弧连接的槽)。

6 为圆弧仿形车削。

7 为外圆车削小直径右手刀数控刀塔 B 轴分度定位,刀片为螺钉夹紧的有后角的锋利刀片。

8 为内仿形车削。

9 为外仿形车削。

3.6　退刀槽或越程槽的车削方法

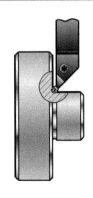

图 3-19　越程槽专用车刀

车削尺寸与形状要求严格的砂轮越程槽时,要使用专门的刀具,如图 3-19 所示为三特维克可乐满的砂轮越程槽专用车刀。

3.7　陶瓷刀片车削的走刀路径安排

陶瓷刀片越来越多地应用在现代数控车削加工淬硬钢、铸铁、耐热钢等材料中。但是,陶瓷刀片在切削力波动时容易崩碎,所以在加工中要注意编程技巧,尽量要让刀具在切入、切出时不产生过大的切削力变化。

陶瓷刀片分为纯氧化铝基的陶瓷刀片;氮化硅基的陶瓷刀片;钛基混合的陶瓷刀片;晶须加强型陶瓷刀片。每一种刀片材质的抗冲击性与耐磨性都不同,适合的工件材料和加工稳定性的适应性也不同。在编程时,应选择适合的刀片材质。

陶瓷刀片本身易崩碎的特点,决定了相同尺寸与形状的陶瓷刀片要比硬质合金刀片厚,而且陶瓷刀片不推荐采用孔销夹紧的方式。

陶瓷刀片通常没有断屑槽设计,甚至机械的断屑机构也少见。刃口通常都做倒钝或倒棱来加强刃口的强度,而且通常选用较大的刀尖圆弧半径,在耐热合金的粗加工中常常采用圆形的陶瓷刀片来抵抗材料的过高的切削应力。

工件端面的倒角常常用 45°主偏角的四方刀片斜进刀倒出,倒角大于刀片后面的切削深度 a_p,这样会减小刀片进行水平走刀时切入工件瞬间的冲击力,如图 3-20 (a)所示。

采用"圆弧爬进式"(roll over action)进刀切入工件的走刀路径,也可以减小陶瓷刀片切入工件时的冲击力,而且可以避免上面的预倒角工序,如图 3-20(b)所示。这种走刀方式也适用于硬质合金刀片车削表面不均或有硬皮的工件。

采用坡走刀方式(rauping)或变切深切削(见图 3-21(a))方式可以延长刀片抵抗沟槽磨损的能力,从而延长刀片的使用寿命。

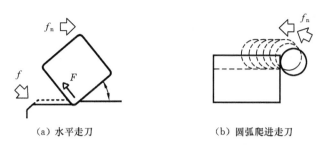

图 3-20 走刀方式(1)

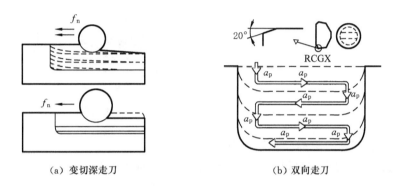

图 3-21 走刀方式(2)

对于 RCMX/RPMX 等不可转位的陶瓷刀片(见图 3-21(b)),因为定位稳固,可以双向走刀,这样使可用的刃口数量增加。

对于 C 型等非圆形的陶瓷刀片,如图 3-22 所示,刀具在切入工件和靠近台肩的部位时,要将走刀速度减慢到正常值的一半,用这种方法来降低切削力对刃口的冲击。

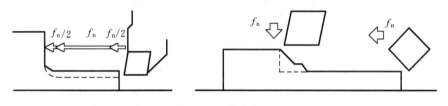

图 3-22 变速走刀

3.8 现代切槽、切断刀具及其加工

1. 现代切槽、切断刀具

现代机夹切槽、切断类刀具可完成的加工类型包括:切断(视频《切槽—切断》)、

外圆切槽、内圆切槽、端面切槽、外圆车削、内圆车削、退刀槽切削、仿形切削、浅槽切削,如图3-23所示。现代切槽、切断刀采用机夹刀片,在刀片底部都有V形定位或者轨道形结构设计(见图3-24),使切断和切槽刀片获得极为安全的夹紧,刀片如果有侧向刃口设计,这种结构可以抵御车削和仿形车削等产生的侧向力。

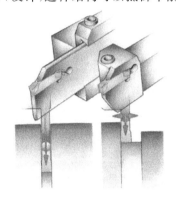

图 3-23 主要走刀方向

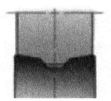
轨道形定位

V形定位

图 3-24 现代切槽、切断刀片的定位方式

2. 切槽、切断刀具的使用注意事项

使用大前角切槽刀可以减小飞边和毛刺,但切削不均匀,工件表面质量差,刀具寿命短。

在大切断深度加工时,在切断到靠近中心时应减小进给和切削速度,以减小毛刺和切削刃上的负荷。在切断前2~3 mm时进给减小到75%(见图3-25)。

当刀具吃刀时和在整个工序中,应准确地向切削刃直接施加充足的切削液。

在切断杆件或在较小直径杆件上切槽时,刀具中心高的设置应保持±0.1 mm(见图3-26(a))的公差。这对刀具寿命长短、切削力和毛刺大小影响很大。

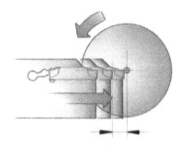

图 3-25 切断接近中心时减速

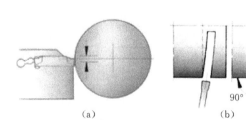

图 3-26 刀具安装注意事项

为了获得垂直的表面和减小振动,应将刀片安装成与工件中心线成90°(见图3-26(b))。

拧紧夹紧螺钉时,应小心使用合适的力矩,不得拧得过紧或过松,应参照厂商推荐表。

3. 宽槽的车削方法

对粗加工宽槽,最常用的加工方法为:多步切槽(见图 3-27、图 3-28),直插式车削(plunge and turn)(见图 3-29),坡走车削(见图 3-30)。宽槽在粗车以后,通常也需要进行单独的侧面与槽底面的精加工。

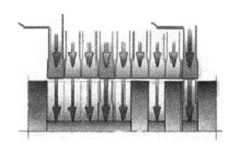

图 3-27　多步切槽(1)

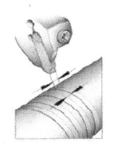

图 3-28　多步切槽(2)

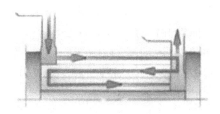

图 3-29　直插式车削

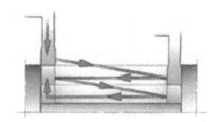

图 3-30　坡走车削

如果槽宽比槽深小,则推荐执行多步切槽工序。

如果槽宽比槽深大,则推荐直插式车削工序,每次刀片插车的深度不超过刀片的宽度。

如果所指的棒材或零件细长或强度低,则推荐坡走车削工序。坡走车槽需要两倍的切削次数,但适合于当棒材强度低或者零件为细长的情况。坡走车削对工件径向力较小,因而可降低振动趋势,另外,还可获得良好的切屑控制并降低刀片的沟槽磨损,特别是在较低加工稳定性下对大批量零件进行切槽加工时有上述特点。

宽槽的精车加工采用如图 3-31 所示的路径。为获得最佳精加工结果,当切削槽的各个角落时应该格外小心。当刀片切削角落的半径范围时,大部分刀具会沿着 Z 轴方向移动。这会在前切削刃上产生非常薄的切屑,可能会引起阻止切屑排除而导致摩擦并加剧振动趋势。为防止出现此类情况,应保证轴向和径向切深为 0.5～

1.0 mm,并且首切时应轴向进入槽半径连接着平底的槽部分。

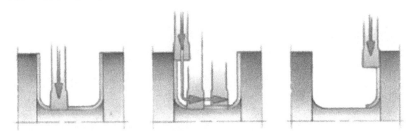

图 3-31　宽槽精车加工的走刀路径

4. 端面槽的车削方法

在零件端面上进行轴向切槽需要专用刀具。必须选用端面切槽刀具来实现,刀具的夹持刀片部分的刀板必须是与端面槽弧度相适应的折弯的形状。在推荐刀具时,槽的内径和外径都要考虑。

对于每一把标准的端面槽车削刀具,都标明了其首切直径范围。无论要分多少步进行槽的拓宽,仅需要考虑首切直径刀具是否能够胜任,因为,随后刀具可以切削更大或更小槽径。图 3-32 说明了刀具在最小首切直径和最大首切直径位置,刀板与工件槽壁间的干涉极限。

对于端面切槽,通常应注意下述几点:
- 最小的刀具悬伸,以尽可能降低振动趋势;
- 在首次切削期间,应该保持低的轴向进给率,以避免切屑堵塞;
- 一般从槽的大径开始,并向内切削以获得最佳切屑控制;
- 首切落刀,要求铁屑不断而呈弹簧状自然排出,防止断碎的铁屑在弯曲的槽内堵塞。首切之后的切削要求断屑。

LH

RH

左手刀具还是右手刀具的选择与工件旋转的方向有关

图 3-32　端面槽切削

3.9　螺纹加工

螺纹的车削加工为 CNC 机床上的常见工序。现在,主要通过使用可转位刀片来获得高生产效率和高生产安全性。对于螺纹车削,机床的进给率是最关键的因素,因为其必须与螺距相等。每转的进给率和螺距之间的相互协调可通过 CNC 机床上的固化程序予以实现,它们之间的关系见图 3-33。

螺纹车削时,可通过可转位刀片沿着工件部分完成合适的走刀次数以获得所需的螺纹。通过将螺纹的整个切深分成几次小的切深,以避免使切削刃的螺纹齿廓角过载并同时保持精度。每次走刀时,便可切出螺纹深度的几分之一,通常完成整个螺纹的成形切深至少需要 4~6 次走刀,如图 3-34 所示。

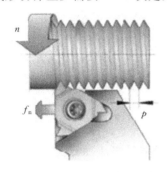

图 3-33 螺纹切削参数之间的关系

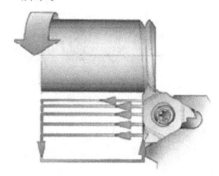

图 3-34 螺纹切削过程

3.9.1 螺纹进刀方式

1. 径向进刀

径向进刀如图 3-35 所示。

这种进刀方式的优点:

- 刀片全部刀刃对螺纹牙形两侧同时切削,切屑成形柔和,刀片磨损均匀;
- 适用于小螺距螺纹的加工,是加工硬化材料(如不锈钢)的首选方式。

缺点:

- 排屑困难;
- 切削高强度材料时容易崩刃;
- 产生毛刺的可能性增大;
- 由于精车螺纹时整个切削刃全部切入,容易引起振动;
- 加工大螺距螺纹时振动大,切屑控制不良。

图 3-35 径向进刀

2. 侧向进刀

侧向进刀如图 3-36 所示。

这种进刀方式的优点:利用刀片侧刃进给切削,使切屑容易排出切削区域,减少刀片后沿形成的毛刺。

这种进刀方式的缺点：
- 刀片可能有拖曳或摩擦的现象而使刀刃崩刃；
- 在切削软而粘的金属（如低碳钢、铝、不锈钢）时，会破坏表面粗糙度。

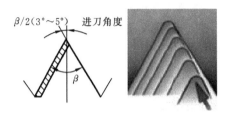

图 3-36　侧向进刀

图 3-37　改进式侧向进刀

3. 改进式侧向进刀

螺纹加工侧向进刀时，为了避免由于刀刃后沿摩擦降低表面粗糙度、刀刃齿侧面过度磨损或崩刃，横向进刀的角度应小于螺纹齿形角 3°～5°，这是一种齿侧面修正类型的改进式侧向进刀（见图 3-37）。对于 60°牙型角的螺纹切削，轴向进刀量可以简单地按 0.5×径向进刀量计算；对于 55°牙型角的螺纹切削，轴向进刀量可以按 0.42×径向进刀量计算。这种进刀方式适用于切削大螺距的螺纹和加工内螺纹而发生排屑问题和振动大的场合。

这种进刀方式的优点：刀片同时切削螺纹牙形两侧，防止像"径向进刀"时容易发生的崩刃。虽然也会形成排屑沟槽，但由于切屑厚度不均匀，有利于排屑，类似齿侧进刀。这是一种比较好的进刀方式，尤其是使用有断屑槽的刀片时更是如此（但进刀角度小于 20°时，不要采用断屑槽刀片）。

这种进刀方式的缺点：同"径向进刀"的缺点相同，但是在降低切削力方面比较明显，同时排屑的问题也得到解决。

4. 齿侧交替进刀

图 3-38　齿侧交替进刀

这是一种主要用于大牙形螺纹的车削方法（见图 3-38）。切削时刀片能以不同的增量进入牙形中，这就使得刀具磨损更为平均。先以几次增量对螺纹牙形的一侧进行切削，然后再对牙形的另一侧进行切削，直到切削完整个牙形为止。

这种进刀方式的优点：由于两侧切削刃平均使用，提高了刀具寿命。

这种进刀方式的缺点：在传统机床上实现加工较困难。

3.9.2 螺纹加工横向进给量的确定

下面介绍几种方法计算的推荐值(起始使用值)。合适的走刀次数和横向进给量应通过试验和实际加工情况来确定。

1. 递减横向进给方式

根据螺纹牙型的深度,进刀量由大到小,直至最后完成螺纹切削。这种进刀方式是现代数控机床最常用的方式。其进刀量的分布按下式确定:

$$\Delta d_i = \frac{a_p}{\sqrt{n-1}} \times \sqrt{Q_i}$$

式中:Δd_i 为每次横向进给量;a_p 为螺纹牙深(参见表3-1至表3-5);n 为走刀次数(参见表3-1至表3-5);Q_i 分别为 $Q_1 = 0.3, Q_2 = 1, Q_3 = 2, \cdots, Q_n = n-1$。

表 3-1 公制 60°螺纹(单齿螺纹刀片)

螺距	牙深 外螺纹	牙深 内螺纹	走刀次数	螺距	牙深 外螺纹	牙深 内螺纹	走刀次数
0.5	0.34	0.34	4	2.50	1.58	1.49	10
0.75	0.50	0.48	4	3.00	1.89	3.00	12
0.8	0.54	0.52	4	3.50	2.20	2.04	12
1.00	0.67	0.63	5	4.00	2.50	2.32	14
1.25	0.8	0.77	6	4.50	2.80	2.62	14
1.50	0.94	0.90	6	5.00	3.12	2.89	14
1.75	1.14	1.07	8	5.50	3.41	3.20	16
2.00	1.28	1.20	8	6.00	3.72	3.46	16

表 3-2 UN60°螺纹(单齿螺纹刀片)

牙数	牙深 外螺纹	牙深 内螺纹	走刀次数	牙数	牙深 外螺纹	牙深 内螺纹	走刀次数
32	0.52	0.49	4	11	1.48	1.38	9
28	0.62	0.59	5	10	1.63	1.49	10
24	0.71	0.66	5	9	1.79	1.66	11
20	0.83	0.78	6	8	2.01	1.86	12
18	0.93	0.86	6	7	2.28	2.11	12
16	1.03	0.95	7	6	2.66	2.44	14
14	1.17	1.10	8	5	3.19	2.93	14
13	1.26	1.17	8	4½	3.52	3.27	16
12	1.36	1.26	8	4	3.96	3.65	16

表 3-3　惠氏(单齿螺纹刀片)

牙 数	牙 深		走刀次数	牙 数	牙 深		走刀次数
	外螺纹	内螺纹			外螺纹	内螺纹	
28	0.64	0.64	5	10	1.69	1.69	10
26	0.68	0.68	5	9	1.87	1.87	11
20	0.87	0.87	6	8	2.09	2.09	12
19	0.91	0.91	6	7	2.41	2.41	12
18	1.07	1.07	7	6	2.80	2.80	14
16	1.12	1.12	8	5	3.34	3.34	14
14	1.23	1.23	8	4½	3.70	3.70	16
12	1.42	1.42	8	4	4.15	4.15	16
11	1.54	1.54	9				

表 3-4　BSPT55°(单齿螺纹刀片)

牙 数	牙 深		走刀次数	牙 数	牙 深		走刀次数
	外螺纹	内螺纹			外螺纹	内螺纹	
28	0.64	0.64	5	11	1.52	1.52	9
19	0.91	0.91	6	8	2.07	2.07	12
14	1.22	1.22	8				

表 3-5　NPT60°(单齿螺纹刀片)

牙 数	牙 深		走刀次数	牙 数	牙 深		走刀次数
	外螺纹	内螺纹			外螺纹	内螺纹	
27	0.76		6	11½	1.74	1.74	12
18	1.12	1.12	8	8	2.49	2.49	15
14	1.43	1.43	10				

2. 恒定深度进给方式

恒定吃刀深度即每一刀吃刀深度都是一样的。数控机床越来越多使用这种进刀方式。这种方式的切削深度固定,切屑厚度就固定了,切屑形成也因此优化了。起始值约为 0.12~0.18 mm,且保证最后一次走刀的进给量至少为 0.08 mm。如螺距为 2 mm 的螺纹,牙深为 1.28 mm,则每次进给量按下式推算,即

$$1.28 - 0.08 = 1.2 + 0.08 = 10 \times 0.12 + 0.08$$

该式表明,最后 1 刀进给量为 0.08 mm,其余各刀进给量为 0.12 mm。

3. 等容积横向进给方式

等容积横向吃刀方式是指每一刀加工切削下来的金属体积相同的进刀方式。其吃刀深度分配情况如下:

第 1 刀的吃刀深度 $\Delta d_1 = t/4$(t 为牙深,半径值);

第 n 刀的吃刀深度 $\Delta d_n = \Delta d_1 \times (\sqrt{n} - \sqrt{n-1})$;

最后 1 刀的吃刀深度 Δd_e 不小于 0.05 mm。

3.9.3 螺纹车刀工作后角的确定

螺纹加工时,进给速度必须与工件螺纹的螺距一致,才可加工出正确的螺纹。当加工导程较大的螺纹时,刀具的工作后角较刀具静态后角小,导致后刀面过多的磨损,降低工件的表面质量和刀具寿命。因此,传统刀具加工大螺距螺纹时,都会要求加大刀具的后角。对于现代机夹螺纹车刀,则通过刀片安装时,由刀体或加装斜刀垫的方式,使刀片形成一个倾斜的角度,以增大刀具工作后角。刀片的倾斜角度 λ 应与螺纹的螺旋升角 ρ 一致(见图 3-39)。其计算公式为

$$\tan\lambda = P/(d_2 \times \pi)$$

式中:P 为螺纹螺距;d_2 为螺纹中径;λ 为刀片的倾斜角。

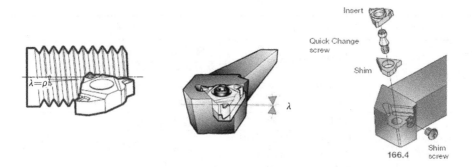

图 3-39 螺纹刀片的刃倾角和螺纹车刀上螺纹刀片产生的螺旋倾角

由于有的刀体本身有一个倾斜角,故在选择刀垫时应用 λ 来加或减该值。

螺纹刀片安装刃倾角可查表 3-6,根据计算出的刃倾角可以为刀片选择相应倾角的刀垫,图 3-39 中的 Shim 即为形成刀片刃倾角的刀垫。

表 3-6　刃倾角与螺纹对照

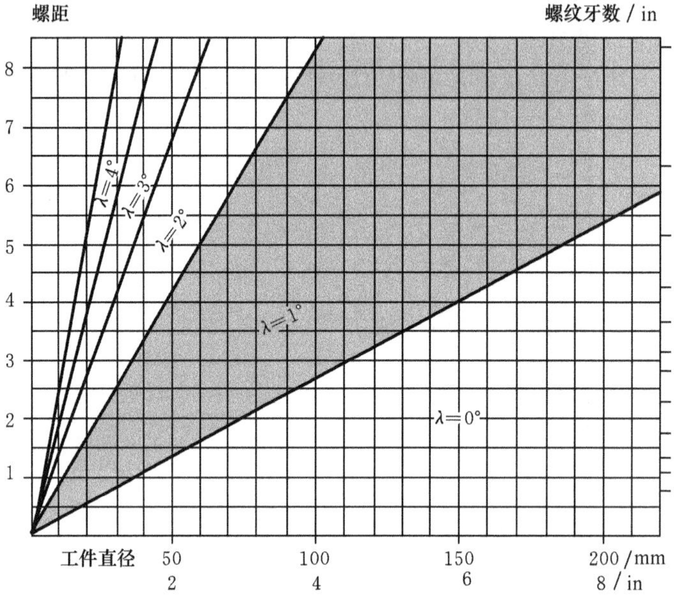

3.9.4　螺纹车削加工中的问题及处理方法

螺纹车削加工中的问题、原因及处理方法如表 3-7 所示。

表 3-7

问　题	原　因	处理方法
塑性变形	切削区温度过高	降低切削速度,降低最大进刀量,减少进刀次数,切削螺纹前检查毛坯直径
	冷却液供应不足	增加冷却液的供应量
	刀具牌号不正确	选更耐塑性变形的牌号
积屑瘤或切削刃剥落	切削刃温度太低	提高切削速度
	常产生在切削不锈钢材料时 常产生在切削低碳钢材料时 不合适的刀具材料牌号	选择有良好韧度的刀片,最好是 PVD 涂层牌号刀片
刀片破损	切削螺纹前,工件直径不正确	车螺纹前,外径不超过螺纹最大直径的 0.03～0.07 mm
	进刀量过大	增加进刀次数,降低最大进刀量
	错误的刀具材料牌号	选塑性牌号
	切削控制不良	用改进式侧向进刀 选正确槽型的刀片
	中心高不正确	保证正确中心高

续表

问　　题	原　　因	处　理　方　法
后刀面磨损过快	刀具牌号不正确	选耐磨牌号刀片
	切削速度过高	降低切削速度
	进刀太浅	减少进刀次数
	刀片高于中心线	保证正确中心高
反常后刀面磨损或螺纹侧面表面差	侧向进刀方法不正确	根据刀片槽型选正确的进刀
	刀片倾角与螺旋角不一致	选正确刀垫
振动	工件装夹不正确	使用更软的卡爪
	刀具装夹不正确	减小刀具悬伸
		检查刀杆夹套是否磨损
螺纹表面质量普遍不良	切削速度过低	提高切削速度
	刀片高于中心线	保证正确中心高
	切屑控制不良	选用正确槽型刀片,用改进式侧向进刀
切屑控制不良	刀片槽型错	选用正确槽型刀片
	进刀方式错	用改进式侧向进刀
牙型浅	中心高不正确	保证正确中心高
	刀片破损	更换刀片
	刀片过度磨损	
螺纹牙型不正确	刀片牙型角错	选择正确刀片
	内螺纹刀片用于外螺纹加工或相反	
	中心高不正确	调整刀具安装
	刀柄与中心线不垂直	
切削刃磨损过快	切削加工硬化材料时进刀太浅	减少进刀次数
		改用锋利刃口刀片
	切削刃上压力过大	选用韧性牌号刀片
	进刀角度太小	使用改进式侧进刀

3.9.5　常见螺纹种类、用途、牙型

各种不同标准的螺纹的尺寸各不相同,在加工时应根据不同标准的螺纹进行加工或编程。针对加工不同螺纹,注意控制螺纹的牙型、牙型半角、中径、锥度等尺寸。下面简要介绍几种常见标准螺纹的尺寸差别及其用途(见表3-8),具体加工时请参照相关标准。

表 3-8

名 称	牙 型	用 途	备 注
V 牙型 60°	60°，外螺纹/内螺纹	所有机械工业部门的普通用途	重点控制牙型
V 牙型 55°	55°，外螺纹/内螺纹	所有机械工业部门的普通用途	重点控制牙型
美制(UN)或 ISO(mm)	1/8P, 60°, 1/4P，外螺纹/中径线/内螺纹	所有机械工业部门的普通用途	重点控制中径、牙型、牙顶宽、牙底宽美制(UN)螺纹定义牙数/英吋,ISO 螺纹定义螺距(mm)
惠氏螺纹	$R=0.137P$, 55°，外螺纹/中径线/内螺纹	天然气管道、水管、下水管道接头的管螺纹	重点控制中径、牙型、牙顶圆弧、牙底圆弧
美制(NPT)螺纹	30° 30°, 90°，外螺纹/中径线/内螺纹	天然气管道、水管、下水管道接头的管螺纹	重点控制中径、牙型、牙型半角、锥度(1∶16)

续表

名 称	牙 型	用 途	备 注
英制(BSPT)螺纹	$R=0.137P$，27.5°/27.5°，90°，1°47′，外螺纹，内螺纹	蒸汽、天然气、下水管道的管螺纹	重点控制牙型、牙型半角、牙顶圆弧、牙底圆弧、锥度(1:16)
NPTF 螺纹	30°/30°，90°，1°47′，外螺纹，中径线，内螺纹	蒸汽、天然气、下水管道的管螺纹	重点控制中径、牙型、牙型半角、锥度(1:16)
圆形 DIN405 标准螺纹	$R=0.22105P$，$R=0.25597P$，$R=0.23815P$，外螺纹，中径线，内螺纹	食品工业、消防业的管接头	重点控制中径、牙型、牙顶圆弧、牙底圆弧。内、外螺纹的牙顶圆弧、牙底圆弧不同
MJ、UNJ 螺纹	$1/8P$，60°，$R=0.18042P$，外螺纹，中径线，内螺纹	航空工业用螺纹	重点控制中径、牙型、牙顶宽、牙底圆弧
ISO 梯形螺纹	30°，$0.366P$，外螺纹，外螺纹中径线，内螺纹中径线，内螺纹	汽车变速箱螺钉螺纹	重点控制中径、牙型、牙底宽

续表

名 称	牙 型	用 途	备 注
ACME、STUB-ACME	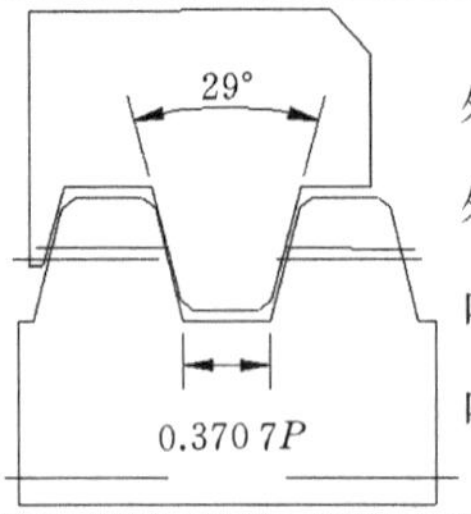 29°，外螺纹，外螺纹中径线，内螺纹中径线，内螺纹，0.370 7P	汽车变速箱螺钉螺纹	重点控制中径、牙型、牙底宽

3.9.6 螺纹车削加工的注意事项

在进行螺纹加工前,工件外径应加工到位,当要求保证螺纹外径时,用全牙型刀片加工,工件直径应比螺纹大径最大值大 0.03～0.07 mm。如螺纹外径要求不高,且可容忍螺纹边沿毛刺,可将工件外径确定为大径最小值;为了获得最佳刀具寿命,在加工螺纹前,工件直径不应超过螺纹大径 0.14 mm 以上。

为了获得最佳刀具寿命,螺纹加工前,工件应倒角。

一般进刀量应避免小于 0.05 mm。对于奥氏体不锈钢,进刀量应避免小于 0.08 mm。

切削大牙型螺纹时,先用常规切削刀具(如 MTEEN)预车螺纹是很有益的。

当螺纹要求小公差时,最后一次走刀可不进刀(空走刀)。对加工硬材料工件,走刀次数应增加,但对于有的槽型,刀片不主张空走刀。

3.9.7 螺纹切削方法——右手、左手螺纹和刀片选择

零件结构和机床共同决定螺纹切削时应采用最佳切削方法。虽然也可以远离夹头加工螺纹,但是当使用左手型刀具加工右手螺纹时(反之亦然),朝着夹头方向进行切削是最常用的加工方法。对因此产生的负螺旋角的刀具后刀面避让,可通过更换刀垫来进行补偿。

将右手型刀具车削右手螺纹(或将左手型刀具车削左手螺纹)的好处是刀柄设计可最大限度地支持刀片。但是在各种加工条件下,可灵活地混合使用。但是一般刀片的手向必须和刀杆的手向一致。

右手和左手螺纹在方向上的差异并不会影响到螺纹牙型。

在选择切削方式时,充分考虑切削力的方向是极为关键的。应尽量将刀片和刀具推到其定位面,特别是使用多齿刀片时更应如此。如图 3-40 所示分别为左、右手

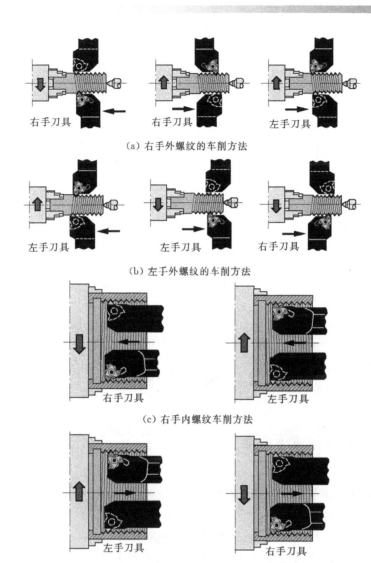

图 3-40 螺纹切削方法——右、左手螺纹和刀片选择

型刀具在以不同方式加工螺纹时的推荐切削方向。

3.10 数控车床加工台阶轴不可同时保证各外径尺寸时的处理方法

在车削加工台阶轴时,当直径不可同时保证时,最可能的原因是刀具不在工件中心。加工程序都是按工件图样尺寸编辑的,如图3-41所示,台阶尺寸差 L 距离,当刀具安装高度与工件中心一致时,刀具沿 X 轴从 A 点移动到 B 点时,刀具移动了 L 距离,加工出的两个台阶的差值与程序相同。但当刀具安装高度高于或低于工件中心时,要加工出正确的工件尺寸,刀具必须沿 X 轴从 C 点移动到 D 点,移动距离为 l。而 L 与 l 的关系为

$$L = R - r$$

$$l = R\cos\alpha - r\cos\beta$$

又由于 $\alpha < \beta$,故 $\cos\alpha > \cos\beta$,所以

$$l > L$$

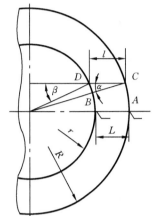

图 3-41 加工台阶误差说明

可见,程序控制刀具只移动 L 的距离,而工件台阶的差值小于 L,无法同时保证台阶的尺寸。因为同样的原因,在用圆头刀加工曲面(如球时),如刀具刃倾角不为 $0°$,也会造成曲面误差。该道理还可说明成型刀有前角时需要修正的情况。

处理上述问题的方法:调整刀具中心高,或修改程序使实际加工的工件尺寸合格。

3.11 案 例 分 析

3.11.1 粗车钢质小齿轮

(1) 加工次序分析

本加工实例描述了不同刀具类型之间的性能差别和由此对生产率及总的加工经济性的影响。为达到这一目的,我们选择了简单明了的粗车加工做示范,其中有几种刀片可供考虑。我们按照下面所示的优先次序选取。

这是一个在生产计划里选择切削刀具时的典型例子,而且体现了一般在重负荷的粗车加工中选择刀片时应遵循的思路。

切削加工中经常出现的一项任务就是对钢质小齿轮的加工,这是许多工业制造中所常见的,用于不同目的零件,材质也不相同。本例中选用了合金钢材(CMC02.1),并将它车削成一个简单的轴类零件。只需进行轴向及端面车削至要求的直径和长度即可(见图3-42)。

计划加工这些零件时,应考虑一些什么问题

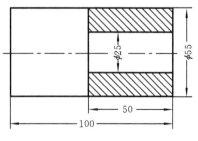

图 3-42 钢质小齿轮毛坯

呢？要考虑一系列的加工要素如下。
- 毛坯尺寸、生产时间和车间的生产能力。
- 机床要素包括功率、稳定性和所处的状况等。
- 工件要素包括稳定性、材料类型、强度及硬度等。
- 金属切削要素包括生产率、经济性和加工性能等。

本例中的工件是直径为 55 mm 的小齿轮坯,材料硬度为 180HBS(见图 3-43)的合金钢。直径为 25 mm、长度为 50 mm 的部分需要进行车削加工及平端面。这里只考虑进行粗加工而且只使用一种切削刀具。

现有机床为 CNC 车床,具有良好的工作状况及稳定性,最大功率为 30 kW;有右手型刀具可用,刀柄尺寸为 32 mm×25 mm;机床、操作人员和杂项开支系数为 2.00/min;预定的刀具寿命为 15 min。

图 3-43 毛坯材料

(2) 刀杆的选定

使用一种刀具进行该零件的粗加工,意味着必须有轴向和端面切削两个进给方向。现在的任务就是为该零件选择和应用最合适的刀杆和刀片。对刀杆系统,应选择外圆加工的 T-Max P 系统或内圆加工的 T-Max U 系统。

(3) 可转位刀片

在可供选择的切削刀具中,有一些能进行两个方向的加工。对粗加工来说,切削刃的强度是最重要的因素,因此刀片的刀尖角应加大到最大的 80°,在两个方向上具有 95°的主偏角(见图 3-44)。

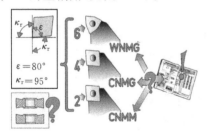

图 3-44 刀尖角选择

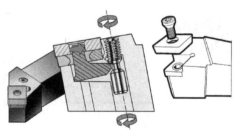

图 3-45 刀片型号比较

具有 80°刀尖角的刀片有两种类型(W 型和 C 型)可用于两种进给方向。W 型是经济型双面刀片,每面各有 3 个可用的切削刃,每个刀片上总共有 6 个切削刃(WNMG)。对 C 型刀片而言,有双面(CNMG)和单面(CNMM)之分,这取决于所选的刀片几何槽形(见图 3-45)。C 型比 W 型更可靠,功能更强。

CoroKey 选择指南提供了能与 PCLN 和 MWLN 两种刀杆配套的三种刀具选择

方案,材料为硬质合金 GC4025。

● 双面 WNMG 型刀片具有 8 mm 的切削刃长度,刀片几何槽形为 PM 型,刀尖圆弧半径为 1.2 mm。

● 双面 CNMG 型刀片具有 12 mm 的切削刃长度,刀片几何槽形为 PM 型,刀尖圆弧半径为 1.2 mm。

● 单面 CNMM 型刀片具有 16 mm 的切削刃长度,刀片几何槽形为强度更大的 PR 型,刀尖圆弧半径为 1.6 mm。

每种刀片的性能均按切削深度 a_p、切削速度 v_c、进给量 f_n、每个刀片要完成车削加工所需的走刀次数等内容列出(见表 3-9)。

表 3-9 刀片性能比较

刀片外形	刀片型号	a_p/mm	v_c/(m/min)	f_n/(mm/r)	切削次数/次
	WNMG 08 04 12-PM	4	240	0.3	4
	CNMG 12 04 12-PM	5	240	0.3	3
	CNMM 12 04 16-PR	7.5	205	0.5	2

(4) 加工的依据

制造商寻求的加工经济性就是最好地利用制造时间和资源,或者仅仅去找最便宜的切削刀具,或者严格按照库存的刀具去选择。

从这个角度出发,选择刀片要考虑下列因素:

● 机床功率;
● 切削能力;
● 批量大小和频度;
● 稳定性;
● 每个刀片的成本;
● 工件材料的硬度;
● 必要的生产时间;

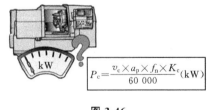

$$P_c = \frac{v_c \times a_p \times f_n \times K_c}{60\ 000} (\text{kW})$$

图 3-46

● 车间的生产能力。

在粗加工中,机床功率及稳定性是重要因素。图 3-46 所示为刀片的功率计算公式,其中工件材料的切削力(K_c)的值是 2 100。计算结果显示,具有 PM 几何槽形的 WNMG 刀片需要 10 kW 的功率,具有 PR 几何槽形的 CNMM 刀片需要 27 kW 的功率(见图 3-47)。我们会发现本例中如果考虑了机械效率因素,所需功率可能超过了可用的机床最大功率。

$P_c = \dfrac{240 \times 4 \times 0.3 \times 2\,100}{60\,000} = 10 (\text{kW})$ $P_c = \dfrac{240 \times 5 \times 0.3 \times 2\,100}{60\,000} = 13 (\text{kW})$ $P_c = \dfrac{205 \times 7.5 \times 0.5 \times 2\,100}{60\,000} = 27 (\text{kW})$

图 3-47　不同刀片时机床功率比较

（5）加工经济性分析

加工经济性是基于每分钟生产资源的成本值（C_M 为 2）、批量大小（B 为 115）和预定的刀具寿命（T 为 15 min）来确定的。

每种刀片的单个切削刃的成本（C_T）、加工单个工件所需的时间（T_C）、可用切削刃数量（N）和刀片的成本（C_1）如图 3-48 所示。

	C_T	T_C	N	C_1
WNMG 08 04 12-PM	2.33	0.35	6	14.00
CNMG 12 04 12-PM	3.17	0.27	4	12.70
CNMM 12 04 16-PR	6.35	0.13	2	12.70

图 3-48　成本计算(1)

加工每批工件所需要的切削刃数量（N_C）、每个零件的加工成本（C_{MC}）和加工每个工件的刀具成本（C_{TC}）的计算如图 3-49 所示。

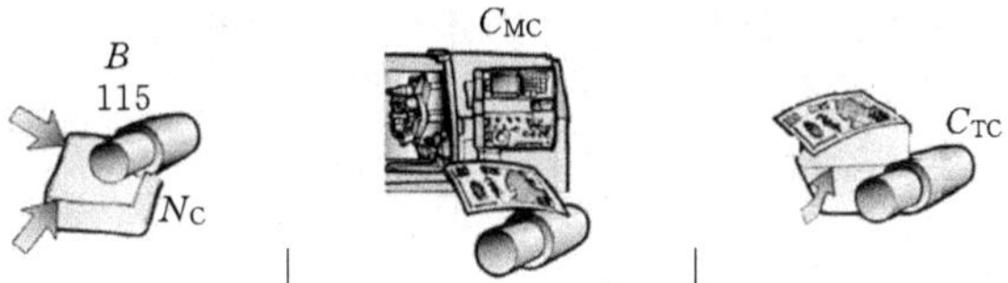

	$N_C = \dfrac{B \times T_C}{T}$	$C_{MC} = C_M \times T_C$	$C_{TC} = \dfrac{N_C \times C_T}{B}$
WNMG 08 04 12-PM	$3 = \dfrac{115 \times 0.35}{15}$	$0.70 = 2.00 \times 0.35$	$0.060 = \dfrac{3 \times 2.33}{115}$
CNMG 12 04 12-PM	$2 = \dfrac{115 \times 0.27}{15}$	$0.54 = 2.00 \times 0.27$	$0.055 = \dfrac{2 \times 3.17}{115}$
CNMM 12 04 16-PR	$1 = \dfrac{115 \times 0.13}{15}$	$0.26 = 2.00 \times 0.13$	$0.055 = \dfrac{1 \times 6.35}{115}$

图 3-49　成本计算(2)

采用各种类型刀片加工的每个零件的成本为每个零件所含的刀具成本加上生产成本。最后，每批总的加工成本是每个工件的加工成本乘以此批的零件数量，即

$$(C_{\text{TC}} + C_{\text{MC}}) \times B$$

根据提供的条件,计算得

采用 WNMG 刀片的加工成本为 87.40 单位;

采用 CNMG 刀片的加工成本为 68.42 单位;

采用 CNMM 刀片的加工成本为 36.22 单位。

可以看到,单面粗加工刀片的高效率使加工成本最低,而便宜的三角形刀片却使生产成本最高。

综上所述,比较三种刀具,切削刃在 2~6 之间变动,每个切削刃的成本在 2.33~6.35 之间,每个工件的加工时间在 0.13~0.35 min 之间,而产量为 171~461 件/h。这说明选择和运用现代切削刀具能带来高的生产潜力。

采用最好的刀具使生产率尽可能地高,不光所需的工件可在不到三分之一的时间之内加工完成,而且在余下的时间里,机床还可用来加工其他零件——回报率更高,更高地利用了生产资源。不算更换工件的时间,使用最高效的刀片可使每个工件的成本降低一半。

在使用最高效刀片的情况下,具有 PR 几何槽形的 CNMM 刀片比使用最便宜的 WNMG 刀片的生产成本降低了一半,而生产时间还不到一半。在一些涉及低强度机床的粗加工中功率消耗是一个问题,它限制了开发高效刀片的全部潜力。在这种情况下,具有 PM 几何槽形的 CNMF 双面刀片是最好的选择,因为和便宜的刀片相比,它也具有相当高的加工效率。至于刀具的库存,C 型刀片因其通用性好而具有这方面的优越性。

刀具成本只占零件加工成本的一小部分,它还代表了效率/经济性潜力,而这能显著地影响整个加工过程。安全因素也应考虑进去,刀片整体及切削刃必须足够结实,以满足现代 CNC 机床的加工要求。

更高水平的竞争力来自于生产时间和总的加工成本方面,这可通过选择和运用最好的刀具来不断提高。

3.11.2 车削及钻削不锈钢法兰

1. 刀具的专用性

图 3-50 所示为加工不锈钢法兰的坯料,它包含了多数典型加工方式。这一范畴里的零件多数需要外圆加工、端面加工和钻削加工,优化其加工过程可按通常的方法,使用专用刀具并采取必要的防护措施来实现,具体加工工序如图 3-51 所示。

和其他的合金钢相比,不锈钢的机加工通常认为是较困难的。刀具寿命缩短,切屑不易控制,刀具材料恶化及工件材料粘结在刀具上是常出现的不利因素。有许多不同类型的不锈钢,而且它们在切削加工方面差别很大,记住这些很重要。但是不锈钢的确有其特定的加工要求,正确使用现代专用切削刀具意味着可以减少甚至消除由此类材料带来的问题。

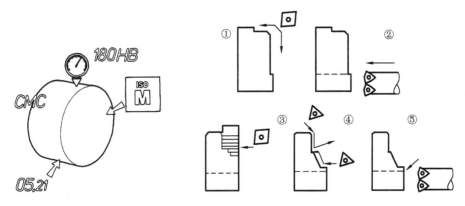

图 3-50 不锈钢法兰毛坯　　　图 3-51 不锈钢法兰加工工序

奥氏体不锈钢是加工中最常见的材料,它们应用广泛,而且常需进行车削和钻削加工。典型的材料为 304/316 型不锈钢。

图 3-52 所示为 316L 型不锈钢法兰,硬度为 180HB(CMC05.21)。经过对坯料两端面的车削及钻削加工,毛坯被加工成一个典型的法兰。

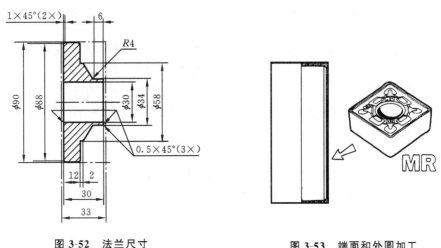

图 3-52 法兰尺寸　　　图 3-53 端面和外圆加工

加工这个法兰时,首先对某一端面进行端面粗加工和外圆加工(见图 3-53)。我们选择了可双向进给的、刀尖角为 80°的 CNMG 型可转位刀片。粗车加工的切削深度为 1.5～3 mm、进给率为 0.35 mm/r。在 CoroKey 中选了一个双面 CNMG 刀片。它具有 MR 刀片几何槽形,以及 GC2025 材料牌号,该牌号属于 ISO 材料系中的 M

应用区域。这是一种专门用于粗车不锈钢材料的刀片。MR 几何槽形的刀片强度高,具有正前角的切削作用,适合不锈钢材料的粗加工。

钻削中心孔采用刀片槽形为 53 型、材料牌号为 GC1020 的 CoroKey U 钻头,见图 3-54。这是加工不锈钢材料时 CoroKey 首选的钻头,它能满足粗加工的需要,而且抗磨损,并把积屑瘤的形成倾向降至最低点。

2. 成形车削加工

粗车工件的另一端面也采用同样的粗加工刀具,即几何槽形为 MR、材料牌号为 GC2025 的 CNMG 刀片。

法兰的成形由一系列的轴向切削和最后一道成形加工来实现,见图 3-55。切削深度为 4 mm,切削速度为 165 m/min,进给量为 0.35 mm/r。

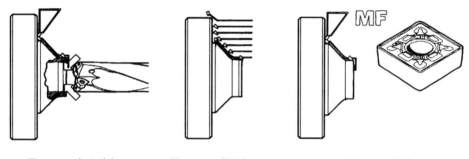

图 3-54　中心孔加工　　图 3-55　成形加工　　图 3-56　精车

接着采用一种 MF 几何槽形、GC2010 牌号的 TNMG 刀片精车外形轮廓。成形加工的过程是由里向外直到端面根部。为了更好地控制切屑,随后的端面加工采取外向进行,见图3-56。M系列的刀片用于不锈钢件的精加工,这种具有正前角的锐利刀片专门用于加工此类材料,切削深度在0.2~0.3 mm之间变动,进给量为0.2 mm/r,切削速度为245 m/min。

和其他的合金钢相比较,加工不锈钢材料对切削刀具的要求是:能抵抗更高和变动量更大的切削力,更高的温度,更强烈的粘结倾向。另外,加工硬化倾向和毛刺的形成也是一个问题。选用适合此类材料(ISO-M)加工的专用刀片可解决这些问题。

3. 不锈钢加工要素

如图 3-57 所示,在切削刃上,积屑瘤形成的粘结倾向对刀片及生产安全都是一个威胁。尽管积屑瘤的形成与材料有关,但还依赖于切削区域的温度、切削速度和切削液的使用状况。避免积屑瘤的形成可通过确保切削速度高于易于产生粘结的速度及使用专用的正前角的刀具来实现。

在上述加工中,正前角切削几何槽形加之适度的强化倒棱(见图 3-58),意味着切削过程更容易,毛刺形成更少。结合正确的断屑操作和合适的刀片材料,这些刀片还能抵抗其他形式的刀具磨损。

刀尖圆弧半径也是一项重要的强度因素,特别是对于不锈钢的加工来说,刀尖圆弧半径应为 1.2 mm,甚至更大,如图 3-59 所示。

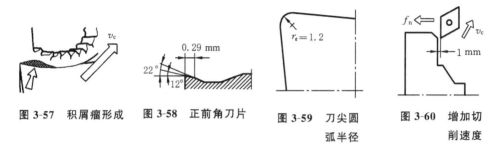

图 3-57　积屑瘤形成　　图 3-58　正前角刀片　　图 3-59　刀尖圆弧半径　　图 3-60　增加切削速度

当沿不锈钢工件的台阶切削时,切屑的撞击和堵塞是经常遇到的问题,为解决这些问题,其途径是刀片在接触台阶之前约 1 mm 时增加切削速度,如图 3-60 所示;否则,就像本例中那样,进行一系列的轴向切削,最后进行一次径向进给,如图 3-61 所示。通常改善切削过程的有效途径,如切屑、切削深度、进给速度等,如图 3-62 所示。

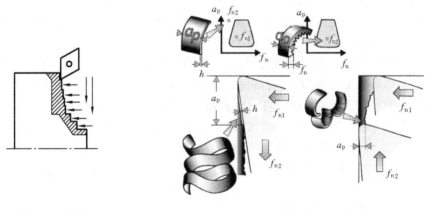

图 3-61　光整　　　　　　图 3-62　改善切削过程的途径

加工开始时,工件常会使刀片的切削力产生剧烈变化,导致刀片磨损不均,或者因施加机械压力而危及切削刃。在这种情况下,去除工件的粗糙毛边和进行有利于切削吃刀的额外的预加工是很有利的,如图3-63所示。

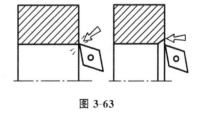

图 3-63

在如此苛刻的情况下,开始时的低切削速度是安全切削的另一项措施。

车削不锈钢工件端面接近中心时,当机床主轴不能通过增加转速进行补偿时,切

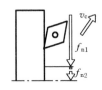

图 3-64 进给速度调整

削速度将降低。这意味着加工要在这样的区域里进行,材料粘结倾向增加而切削情况恶化。理想的情况是事先钻一个孔,否则当切削直径减小到 10 mm 时,应该降低进给速度到 0.25 mm/r(一般进给量应降到 0.03 mm/r),如图 3-64 所示。

加工过程可见视频《不锈钢法兰的加工》。

加工不锈钢件时,采取一些预防措施可得到很好的切削过程、操作性能和工件质量,刀具寿命更长,便于预测。应控制过度的刀具磨损,正确测量以优化加工。在不锈钢的加工过程中,后刀面磨损应视为一种正常的磨损形式。

3.11.3 轴类工件的成形车削

这一节描述了成形加工中刀具及刀片的选择。

1. CNC 成形加工

在靠模车床上进行车削的年代,这是个特别的难题,今天的成形加工都可在多数 CNC 车床上实现。但在内外成形加工和切槽加工中,对切削刀具的要求依旧没变,为粗加工、精加工、端面加工及成形加工选择刀具时,常要考虑这些因素。通常螺纹加工、高效切削通常也在 CNC 机床上进行。

不同外形轮廓的钢轴是机加工中常见的工件。它们通常由棒料加工得到,其规格、强度和硬度各不相同。要使加工更有效,对不同的外圆部位及槽就应分别选择合适的刀具。一根钢轴的坯料(见图 3-65)由硬度为 207HB 的低碳钢(CMC01.2)加工得到(见图 3-66)。毛坯直径为 60 mm,长度为 165 mm。整个工件长度上要车削一系列不同的直径

图 3-65 钢轴毛坯

(56、35、32)及端部 M22 的螺纹,必须进行 30°的倒角并达到要求的表面粗糙度。

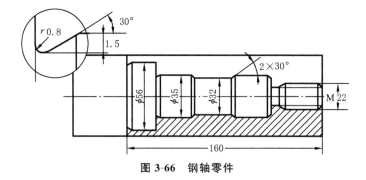

图 3-66 钢轴零件

图 3-66 所示类型的轴类不锈钢件也变得越来越常见。下面的例子就是针对硬度为 180HBS 的轴类奥氏体不锈钢件的加工。在粗加工中,在整个工件长度上,刀具的加工路线包括几次直线车削和向外的端面切削。成形粗加工用来达到部分外圆的加工精度及表面粗糙度。最后是加工螺纹、光整及切断。在这些加工工序中,必须确定包括刀杆到可转位刀片在内的合适的切削刀具。

如图 3-67 所示,开始时就要进行两次粗加工,要求刀具在轴向上具有高效的金属切除能力。在最少的走刀次数中,刀具必须从直径 60 mm 的毛坯上切除金属材料,直到外径达到 35 mm 再加上精加工余量时为止。采用 T-Max P 刀具,以 5 mm 的切削深度,可在两次走刀中实现。刀具必须切削外端面及车削轴上直径最大的外圆。第一次走刀中采用较大的切削深度(6 mm),而后续的切深应小些,因为随着轴变得越细,加工时越不稳定,装夹也越不牢靠。

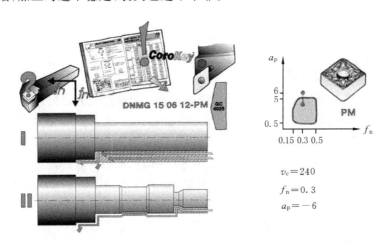

图 3-67 钢轴加工工序

然后,用同一刀具还能进行轴的成形粗车,以及切削槽和切削直径间起过渡作用的倒角。成形加工性能很重要,刀具要进行向内 30°的成形加工,并达到 1.5 mm 的切深,一般应采用刀尖角 55°的刀片完成此项加工任务。也许很自然地要选择刀尖角 80°的刀片进行车削加工及端面切削,但对成形加工来说,必须选择刀尖角 55°的刀片,这是因为为了得到刀具的通用性,在刀具强度上就应打一个小的折扣。因为加工中需要中等的切削力,所以我们选择 DMMG 型刀片,其切削刃长度为 15 mm,刀尖圆弧半径为 1.2 mm,几何槽形为 PM,材料牌号为 GC4025。

2. 成形加工中的刀具后刀面

切削刀具的一个重要因素是后角,见图 3-68。刀片的后刀面需具有后角,以便当刀片切出工件之后,避免工件的已加工表面和切削刃接触。如果后角不够大,将导致过渡摩擦、过热及刀具的快速磨损。如果后角太大,横断面过于突出,则切削刃的强度将受到削弱。刀片横截面上没有后角时强度最大,但这时刀片必须在刀杆上倾斜,以提供约 6°的后角。

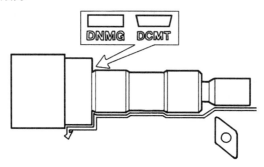

图 3-68　后角在加工中的作用

具有正前角基本形状的刀片具有其固有的后角,并能有更大的后角(通常为 7°),这在镗孔加工及成形加工中很有必要。在成形加工中,内孔加工要求较高。最大内孔成形加工角度很大程度上取决于刀具的刀尖角和主偏角。刀具后刀面和工件外表面之间的后角要足够大,以得到可以接受的表面粗糙度和刀具寿命。

正前角刀片在切削刃和刀尖圆弧之间具有良好的后刀面,因而在内孔成形加工时,比负前角刀片具有更好的切削效果。所以在加工中,它们能进行更好的精加工。

在成形精加工时,我们选用 T-Max 车刀系统中的 DCMT 型刀具,它有几种进给方向,且非常适合于成形加工。它具有正的前角,在内孔成形加工方面具有优势,通常会得到高的加工精度与小的表面粗糙度。对于切削深度为 1.5 mm 的槽,我们选择 UM 几何槽形及 GC4025 材料牌号的刀具,这是为了满足成形加工中切削刃长度及 0.8 mm 的刀尖圆弧半径要求。

3. 螺纹的车削及精加工

最后要在外圆的端部进行精加工和倒角及随后的螺纹车削。采用圆形几何槽形及 GC1020 材料牌号的 T-Max U-lock 刀具,加工得到螺距为 1.5 mm 的 M22 的螺纹。刀具向内进给,经 6 次走刀加工,得到完整的螺纹轮廓。

采用 UM 几何槽形、RGC4025 材料牌号的 T-Max U CBMT 刀片进行精加工及去毛刺加工,切削深度为 0.5 mm。随后用螺纹车刀进行最后的精加工工序,形成无毛刺、可用的螺纹。接着从棒料上切下工件。采用 4E 几何槽形及 GC235 材料牌号的 Q-Cut 切断刀具,进行切断及倒角的 3 种组合切削加工,见图 3-69。

加工过程可见视频《钢轴零件的车削》。

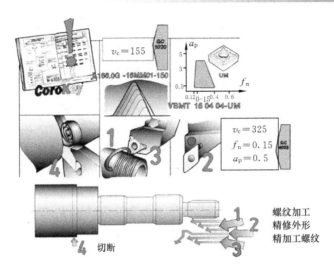

图 3-69 精加工螺纹及外形

3.11.4 钢质实心毛坯加工轴套

1. 轻负荷车削加工

图 3-70 所示为典型的 CNC 加工工件,它包含 7 种不同的加工方式:粗车、精车、钻削、镗孔、切槽、螺纹加工及切断。这里我们采用经济的三角形 W 系列刀片,这特别适合于要求不高的车削加工。

随着多轴车床向车削加工中心或车铣加工中心的发展,CNC 车床的加工性能变得越来越强。轴类或轴套常需不同类型的切削加工,所以许多工件必须进行组合加工,甚至要在两轴或三轴 CNC 车床上进行。

此轴套是由硬度为 207HB 的非合金碳钢(CMC01.2)棒料加工得到(见图 3-71)。毛坯直径为 60 mm,长度为 105 mm。它夹持在一台大功率、高性能的 CNC 车床的卡盘上。我们的目标是使各道工序既高效又经济。值得注意的是,加工批量并不大。

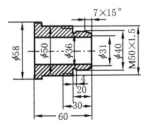

图 3-70 钢质轴套尺寸

图 3-71 钢质轴套毛坯

粗加工使各外圆接近所需直径,另外还需加工端面,因此刀具应能在两个轴线方向进行加工。CoroKey 选择指南告诉我们,80°刀尖角的刀片对所述的加工要求而言,具有高强度及通用性的切削刃,PM 几何槽形及 GC4015 材料牌号的刀片适合于这种情况。对于钢质材料的粗加工而言,该工件的工况是不错的,因而选用高的切削速度和更耐磨的刀片是合适的。因为在某些情况下,材料的硬度要高于 180HB 这个基准值,因此需要按照硬度调节切削速度。

经济型 WNMG 刀片较小,并具有几个切削刃,它不像 CNMG 型刀片那样大,而且强度高,但在轻负荷粗加工中,当考虑到刀片的切削刃成本时,它也能作为一种选择方案。

在轴套外圆的精车中,双面 WNMG 刀片也是一种合适的刀具。一般情况下选择 PF 几何槽形及 GC4015 材料牌号的刀片,并采用 0.2 mm/r 的进给率和 0.5 mm 的切削深度时,我们可得到 R_a 为 3.2 μm 的表面粗糙度,见图 3-72。

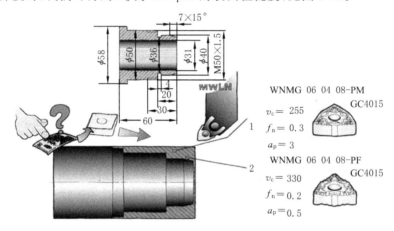

图 3-72 车削刀具及切削参数选择

2. 轴套的钻削加工

下面进行轴套的钻削。这里用可乐满 U 钻钻削直径 30 mm、深 62 mm 的孔。在 CoroKey 范围内,我们选择钻削深度为孔径 3 倍的钻头。中心周边刀片首选几何槽形 R-53、材料牌号 GC1020 组合的刀片。WCMX 类型刀片允许切削用量初始值即进给量为 0.12 mm/r,切削速度为 160 m/min。通过进给量和切削速度的组合,可优化切屑的控制。

采用直径 16 mm 的 T-Max 镗杆,以 90°的主偏角加工孔。它所配置的 TCMT 刀片具有 UM 几何槽形和 GC4015 材料牌号。为保证生产稳定性,我们选择的是强度较大的几何槽形及耐磨的材料牌号。鉴于工件硬度较大及 0.2 mm/r 的进给量,我们把切削速度定为 275 m/min,切削深度为 0.6 mm,见图 3-73。

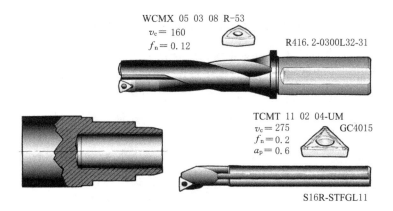

图 3-73 钻削刀具及切削参数选择

3. 切槽、车螺纹及切断

在车螺纹之前,我们先切槽,以得到宽 4 mm 的槽。CoroKey 选择指南中告诉我们,首选 Q-Cut 型刀杆及顶部螺钉夹紧刀片的 151.22 型刀具。首选的切槽刀片几何槽形为 5G,材料牌号为 GC4025,它是一种性能好的、切削过程平稳的刀片。

按照 CoroKey 选择指南,车螺纹选用材料牌号为 GC1020、通用槽形的刀具。经过 7 次走刀得到完整的 M50×1.5 螺纹轮廓。

最后轴套的切断也采用刀身、刀杆一体化的 Q-Cut 型切断刀具。刀片几何槽形为 5E,材料牌号为 GC235,刀片形式为中性(0°主偏角)。

这个过程如图 3-74 所示。

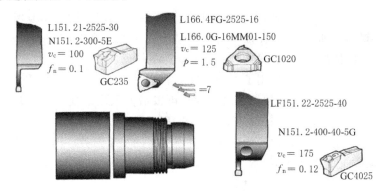

图 3-74 刀具及切削参数选择

对本工件的加工包含了小批量的 CNC 加工所需的典型刀具,多数切削刀具可由 CoroKey 选择指南中的第一系列给出,但其中也采取了一些优化措施。选择切削刀具应综合考虑生产率、生产稳定性及工件质量这三个关键要素。

3.11.5 航空发动机涡轮盘面槽与冠齿顶槽的车削工艺安排

如图 3-75 所示为航空发动机涡轮盘,其面槽(Ⅰ处)与冠齿顶槽根部(Ⅱ处)车削路线安排分析如下。对航空发动机的涡轮盘加工,最重要的是要求刀具刃口的安全。工件的材料成本从几万元到几十万元不等,所以从刀片材料选择、刀片夹持方式和走刀路线安排,以及参数选择都要从保证刀片刃口安全及最大限度发挥刀片寿命出发。

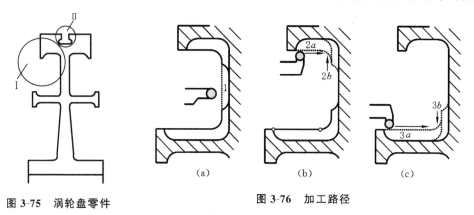

图 3-75 涡轮盘零件　　　　图 3-76 加工路径

工件材料为优质镍基耐热合金 1nconel718,硬度为 38HRC。

如图 3-76(a)所示,刀片切入、切出工件都采用圆弧插补渐入、渐出的走刀路线,从而避免了切削力的冲击,左右走刀的方式使刀片刃口摩擦均匀,提高刀片使用寿命。

如图 3-76(b)所示,切削使用了有别于图 3-76(a)所示的刀具,看似增加了刀具资金投入,但提高了加工效率,保证了工件质量的稳定性。其中,先加工 2a 处,后加工 2b 处是为了保持加工部位的强度,使其不易产生振动。

如图 3-76(c)所示,切削使用了不同于图 3-76(a)、图 3-76(b)所示的刀具。在实际加工中我们发现,专用刀具的优点之一就是可以最大限度地使用刀具最佳的切削参数。图 3-76(c)所示的加工特点与图 3-76(b)所示的加工特点相同。

如图 3-77(a)所示,冠齿顶槽的粗加工采用机夹槽加工刀片。因为标准刀片的刃口宽度通常与加工的槽宽不同,为了保证刀片刃口的磨损一致、槽宽尺寸及表面质量,常采用图 3-77(a)所示的 3 次进刀的形式。

如图 3-77(b)所示,槽底圆弧槽使用标准成型圆头刀片完成。

如图 3-77(c)所示,槽底双向侧圆弧槽使用非标准成型圆头刀片完成。圆头刀片在进行满槽宽插车时,会引起很强的振动,所以采用了图 3-77(c)所示的圆弧仿形车削去除余量的方式。

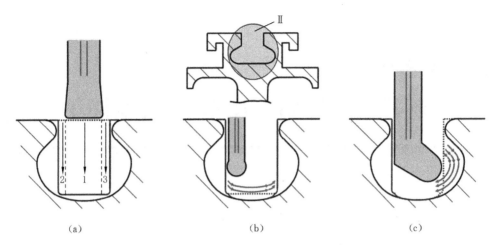

图 3-77 冠齿顶槽加工路径

第4章 数控铣削(加工中心)、钻削加工工艺

4.1 常见铣削加工分类

铣削是非常普通的加工方式。随着数控机床的不断发展,铣削已成为可加工大量、大型结构产品的通用方式。如今在多主轴机床上的加工方法,除常规应用外,对于加工孔、凹穴,以及常用于车削或螺纹加工的表面来说,经常使用铣削加工方法。刀具的发展为铣削加工提供了更优异的性能,而且通过可转位刀片和硬质合金整体刀具制造技术,在生产率提升、可靠性和质量一致性方面,使铣削加工工艺技术日新月异。

铣削主要通过旋转的多切削刃刀具,刀具的每个切削刃都可以去除一定数量的金属,沿着工件在几乎任何方向上执行可编程的进给运动,从而使其形成切屑。最常见的应用是铣削平面。随着五轴加工中心和多任务机床数量的不断增多,其他加工方式和表面加工方法也得到长足的发展。

从零件类型或从刀具路径的方面来看,铣削的主要工序类型如下(见图4-1)。

○ 面铣,如图4-1(a)所示。

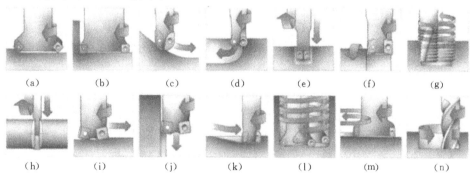

图4-1 铣削的主要工序类型

- 方肩铣,如图 4-1(b)所示。
- 仿形铣削,如图 4-1(c)所示。
- 型腔铣削,如图 4-1(d)所示。
- 槽铣,如图 4-1(e)所示。
- 车铣,如图 4-1(f)所示。
- 螺纹铣削,如图 4-1(g)所示。
- 切断,如图 4-1(h)所示。
- 高进给铣削,如图 4-1(i)所示。
- 插铣,如图 4-1(j)所示。
- 坡走铣,如图 4-1(k)所示。
- 螺旋插补铣,如图 4-1(l)所示。
- 圆弧插补铣,如图 4-1(m)所示。
- 摆线铣削,如图 4-1(n)所示。

4.2 铣削的基本定义

一般来说,铣削刀具使用以下基本切削中的一种或多种组合:径向进刀,以加工平面为主(见图 4-2(a));侧面进刀,以加工槽宽为主的三面刃铣为主(见图 4-2(b));轴向进刀,以深度方向加工的插铣为主(见图 4-2(c))。

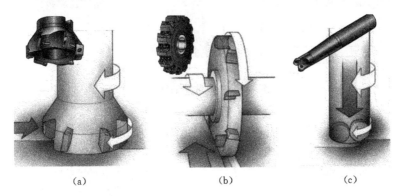

图 4-2 铣削中的基本切削

面铣削主要利用刀片的周边刃口进行切削,端面刃口主要对加工表面进行修光作用,一般不形成切削。

侧面进刀形成工件槽宽的三面刃铣削,铣削刀具绕主轴旋转,进给方向与主轴垂直,槽的宽度由刀具调整的宽度决定。

插铣主要利用刀具端面或末端的切削刃,并通过轴向进给来形成局部切削。

设置铣削工序时,应当确定一些定义。如图 4-3 所示,铣刀的定义切削直径 D_c,通常也是铣刀的最小有效切削直径;有效的切削直径 D_e 指主偏角相对于切削平面而产生的实际切削直径;最大切削直径(D_{c2} 或 D_3)。切削速度 v_c 单位为 m/min;主轴转速 n 单位为 r/min,表示每分钟的机床转速;每分钟进给 f_n 称为工作台进给或机床进给,其单位为 mm/min,它表示相对于工件的刀具进给速度,并且与每齿进给和刀具齿数有关。每齿进给量 f_z 单位为 mm/z,用于铣削时计算工作台进给。每齿进给量值按推荐的最大切削厚度值进行计算,即

$$n = \frac{v_c \times 1\,000}{\pi \times D_e} / (\text{r/min})$$

$$f_n = f_z \times Z_{\text{eff}} \times n / (\text{mm/min})$$

式中:Z_{eff} 为有效切削刃口数。刀片的有效切削刃口数等于或小于刀体所夹持的刀片数目。图 4-4(a)所示的 90°主偏角面铣刀共安装 6 个刀片,它的有效切削刃口数为 6;图 4-4(b)所示的三面刃铣刀共安装 28 个刀片,它的有效切削刃口数为 14。刀具的有效切削刃口数 Z_{eff} 确定了工作台的进给。切削深度 a_p 单位为 mm,是按刀具旋转轴的轴向测量的,表示刀具在工件表面上可以去除金属的高度。

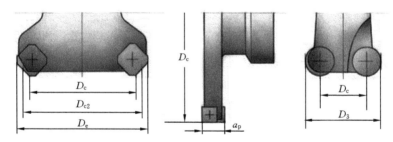

图 4-3 铣刀参数的定义

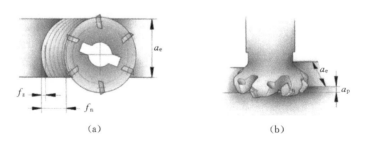

(a)　　　　　　　　　(b)

图 4-4 铣刀切削参数的定义(1)

切削宽度 a_e 的单位为 mm,是按刀具直径方向测量的,表示刀具在直径方向走

刀时,进入零件的宽度。

如图 4-5 所示,平均切削厚度 h_m 的单位为 mm,它是刀具制造商推荐走刀量值的依据,也是机床操作者计算铣削功率的主要参数。h_m 的大小与刀具主偏角 κ_r 和 a_c/a_e 的比值有关。

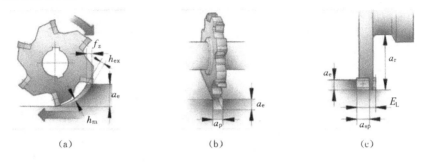

图 4-5　铣刀切削参数的定义(2)

齿距是铣刀各刃口之间的距离,它表示某切削刃口上的一点到下一切削刃口上同一点之间的距离。产品细化的刀具供应商通常把同一直径的铣刀,按疏齿、密齿、特密齿三种齿距进行供货(见图 4-6)。不同齿距的铣刀对切削工序的稳定性、功耗和工件材料具有不同的影响。如果齿距设计为非等齿距,则对于降低铣削振动有一定的效果。这三种齿距的铣刀的特点及适用范围如表 4-1 所示。

(a) 疏齿铣刀　　(b) 密齿铣刀　　(c) 特密齿铣刀

图 4-6　不同齿距铣刀的外形

表 4-1　疏齿、密齿、特密齿铣刀的特点及适用范围

	疏齿铣刀	密齿铣刀	特密齿铣刀
特点	容屑槽大,适于加工不锈钢和铜铝合金等长屑工件材料	容屑槽适中,可以用于加工所有金属	容屑槽窄,适于加工铸铁等短屑金属
适用范围	同时参加切削的刀片数目最少,用于小功率机床,工件和夹具刚度差的切削条件,薄壁工件或者长悬臂刀杆的铣削消振	通用的加工条件下的首选刀具	在工艺系统刚度好、机床功率足的条件下,实现切削的高效率走刀

顺铣是首选的机夹硬质合金刀片铣刀的走刀方式。顺铣也称为同向铣削(见图 4-7(a)),是指工件的进给方向与切削区域的铣刀旋转方向相同。切削的厚度会逐渐

减小,直至到切口的末端为零为止。顺铣的切削过程有利于降低摩擦所产生的热量,减小加工硬度。

逆铣也称为反向铣削(见图4-7(b)),是指工件的进给方向与切削区域的铣刀旋转方向相反。切削厚度从开始为零,然后随着切削过程逐渐增加。逆铣的切削过程产生很高的切削力,从而推动铣刀和工件彼此远离。刀具被强行推入切口后,通常会与正在切削的刀片产生的加工淬硬表面接触,同时在摩擦力和高温作用下产生摩擦和抛光效果。刀片的寿命也因摩擦而受到不利影响。

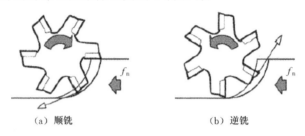

图 4-7 铣削的走刀方向

顺铣要求机床进给丝杠消除齿隙。一般数控机床采用滚珠丝杠和直线丝杠,可以保证齿隙很小,此时,顺铣是首选的机夹硬质合金刀片铣刀的走刀方式。如果机床丝杠有间隙或者工艺系统不稳定,则推荐使用逆铣方式。

在数控铣削加工时,要尽可能使用顺铣刀具路径。与逆铣相比,在绝大多数的情况下,顺铣会更有利。一般来说,逆铣的刀具寿命比在顺铣中的短,这是因为在逆铣中产生的热量比在顺铣中明显增多。在逆铣中,当切削厚度从零增加到最大时,由于切削刃与工件的摩擦比在顺铣中的大,因此会产生更多的热量;在逆铣中,径向力也会明显增高,这对主轴轴承有不利影响。

在顺铣中,切削刃主要受到的是压应力(见图4-8(a)),这与逆铣中产生的拉应力相比(见图4-8(b)),对硬质合金或整体硬质合金的刀具更为有利。

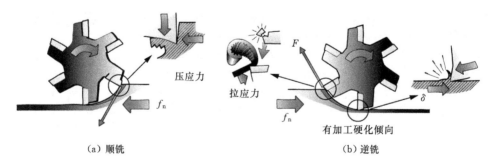

图 4-8 顺铣与逆铣

在使用整体硬质合金刀具进行侧铣(精加工)时,尤其是对淬硬材料进行侧铣时,逆铣是首选,这更容易获得更小公差的壁直线度和更好的 90°角(见图 4-9),这主要是因为切削力的方向。对于非常锋利的切削刃,切削力趋向于朝材料方向"拉"或"吸"的刀具。

逆铣对于丝杠有较大间隙的旧式手动铣床可能更有利,这是因为会产生稳定切削的反向压力。

在型腔铣削中,保证顺铣路径的最好方法是采用等高线刀具路径。铣刀(例如球头立铣刀)外圆沿等高线铣削常常得到高生产率,这是因为在较大的刀具直径上有更多的齿在切削。

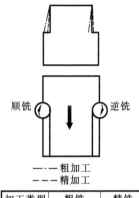

图 4-9

如果机床主轴的转速受到限制,等高线铣削将帮助保持切削速度,因为采用这种刀具路径,工作负载和方向的变化也较小。在应用高速钢和淬硬材料刀片时,这特别重要,这是因为如果切削速度和进给量高的话,切削刃和切削过程特别容易受到切削负荷和方向变化的影响,负荷和方向的变化会引起加工区域"弯曲"和产生振动,最终导致刀具损坏。

4.3 切削中的有效直径

与材料的类型、工序、生产率和安全性需求相关,如何优化切削参数,选择刀具牌号和槽形是人们经常探讨的问题。

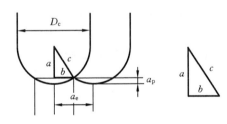

图 4-10 刀具的切削有效直径

在切削中,实际或有效直径上的有效切削速度很重要。由于进给率取决于一定切削速度下的主轴转速,如果未计算有效速度,那么进给率就会出现计算错误。

如果在计算切削速度时使用刀具的名义直径值(D_c),那么当切削深度浅时,有效或实际切削速度要比计算速度低得多(见图4-10),这对圆刀片刀具(特别是在小直径范围)、球头立铣刀和大刀尖圆角半径立铣刀有效,但生产率不高。

更重要的是,刀具的切削条件低于它的能力和推荐的应用范围。由于很低的切削速度和集中于切削区的热量常常导致切削刃崩碎和产生缺口。

4.4 铣削刀具的齿距

铣刀是多切削刃刀具,齿数 z 是可改变的,有一些因素可以帮助确定用于不同类型工序的齿数。与铣削加工相关的因素包括工件材料、工件尺寸、稳定性、表面质量和机床可用功率;与刀具有关的因素包括足够的每齿进给量,至少同时要求有两个切削刃切削,以及刀具的切屑容量。

铣刀的齿距 u 是刀片切削刃上的点到下一个切削刃上同一个点的距离。铣刀主要分为疏齿距、密齿距和特密齿距三种(见图 4-11)。

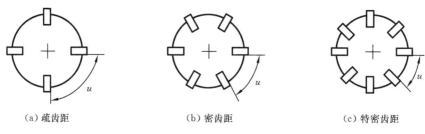

(a) 疏齿距　　　　　　(b) 密齿距　　　　　　(c) 特密齿距

图 4-11　铣刀齿距的定义

如图 4-11(a)所示,疏齿距是指有较少的齿和有较大的容屑空间。疏齿距常常用于钢的粗加工和精加工。在钢加工中,振动对切削的影响很大,疏齿距是真正的根本上解决问题的方法,它是大悬伸铣削、低功率机床或其他必须减小切削力应用的首选。

如图 4-11(b)所示,密齿距是指有较多的齿和适当的容屑空间,可以高速率去除切屑。一般用于铸铁和钢的中等负载切削工序。密齿距是通用铣刀的首选,推荐用于混合生产中。

如图 4-11(c)所示,特密齿距刀具的容屑空间非常小,可以使用高工作台进给速度。这些刀具适合于间歇断开的铸铁表面的切削、铸铁粗加工和钢的小深度切削,也适合于必须保持低切削速度的材料,例如钛切削的应用。特密齿距是切削铸铁的首选。

铣刀还可以有均匀的或不均匀的齿距,后者是指刀具上齿的间隔不相等,这也是解决振动的有效方法。

当存在振动时,推荐使用疏齿距铣刀,这是因为只有很少的刀片在切削,产生振动的机会就少。也可以取下铣刀上次要的刀片,保证只有很少的刀片在切削。在全槽铣中,也可以取下许多刀片,只保留两个刀片即可。但是,这意味着齿数为偶数,例如 4、6、8 和 10 等。在铣刀上只有两个刀片时,可以提高每齿进给,切削深度通常可以提高几倍,表面质量也很好。如使用 500 mm 悬伸的铣刀在硬度为 300 HBS 的淬硬钢上切削时,可以获得 R_a 为 0.24μm 的表面粗糙度。为了保护刀片座,刀片座上没有参与切削的刀片可以磨得低一些,作为虚拟刀片留在刀具上。

4.5 铣削位置和长度

切削长度会受到铣刀位置的影响,刀具寿命常常与切削刃必须承担的切削长度有关。如图 4-12(a)所示,定位于工件中央的铣刀的切削长度短。如果使铣刀在任一方向偏离中心线,则切削的圆弧就长,如图 4-12(b)所示。

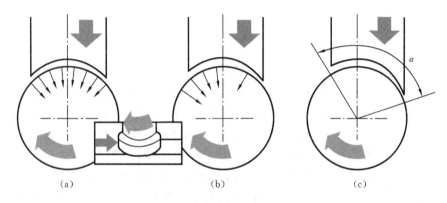

图 4-12　铣削位置与铣削长度

当刀片切削刃进入或退出切削时,径向切削力的方向将有所改变,机床主轴的间隙也使振动加剧,导致刀片破裂。

若使刀具偏离中心,如图 4-12(b)、图 4-12(c)所示,就会得到恒定的和有利的切削力方向。当刀具的位置靠近中心时,可获得最大的平均切削厚度。使用大面铣刀可以使其更好地偏离中心,故一般来说,进行面铣时,刀具直径应比切削宽度大 20%～50%。

4.6 面铣刀的直径和位置

铣刀直径的选择通常以工件宽度和机床的能力(主要指有效功率)为基础。铣刀相对于工件的位置、走刀方式、刀齿与工件的接触情况对于能否成功地完成加工极为重要。

如图 4-13(a)所示,当工件宽度大于或等于铣刀直径时,这在刀片进入或退出工件时,会产生非常薄的切屑或者仅需几次走刀便可完成切削。对于此类应用其典型的特点是,工件表面非常宽,并且相对而言铣刀直径太小了。

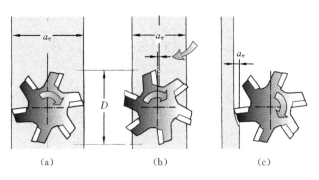

图 4-13 铣刀与工件的相对位置

如图 4-13(b)所示,当铣刀直径比工件稍宽时,此情形的面铣削是比较理想的切削状态。一般选择面铣刀的直径,推荐大于工件宽度的 20%,最大不超过 50%。在面铣刀铣削时,刀具中心总是要求稍微偏离工件中心,此时,每个刀片形成的切口非常小。如果使面铣刀中心完全与工件中心一致,就会出现非常不利的情况:当切削刃进入和退出时,大小平均的径向切削力会在方向上左右不断变化,引起机床主轴振动,从而导致损坏;还可能导致刀片破碎,形成很差的零件加工表面质量。

如图 4-13(c)所示,当铣刀直径比切削宽度大很多时,并且刀具中心完全在工件宽度之外,此情形多发生在采用三面刃铣和立铣加工的情况下。

对于这种切削,我们发现可以在图 4-13(a)、图 4-13(b)所示的两种情况的基础上,大大提高铣刀的进给速度。假设在图 4-13(c)所示的情况下,铣刀的直径为 $D_c=25$ mm,$a_e=0.5$ mm,如果图 4-13(b)所示的每齿进给的推荐值为 $f_{z2}=0.2$ mm/z,那么图 4-13(c)所示这种情况的 $f_{z3}=1.414$ mm/z。注意,此时图 4-13(b)和图 4-13(c)所示的切削厚度都是 0.2 mm,刀具寿命是一样的。

4.7 铣削加工的切入和退出

在刀具每次进入切削区域时,刀片或强或弱地受到冲击,冲击力的大小与材料、切削横截面和切削的类型有关。切削刃和工件之间的初始接触可能是很不利的,这取决于切削刃在何处承受开始的冲击。由于切削的类型很多,这里仅考虑刀具位置对切削的影响。

如果刀具的中心定位在工件的外面,刀片切削刃与工件之间的接触就不利(见图 4-14(a))。

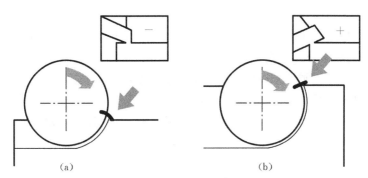

图 4-14 刀具中心与工件的位置

如果刀具的中心定位在工件的里面,刀片切削刃与工件之间的接触就非常有利(见图 4-14(b))。

但是,最危险的情况是发生在刀片退出切削离开与工件的接触时,如图 4-15 所示。硬质合金刀片能承受刀片每次进入切削(顺铣)时产生的压应力;但刀片对拉应力的强度低,当退出工件(逆铣)时,它受到拉应力的影响,这容易引起刀具毁坏,结果是加速了刀片失效。

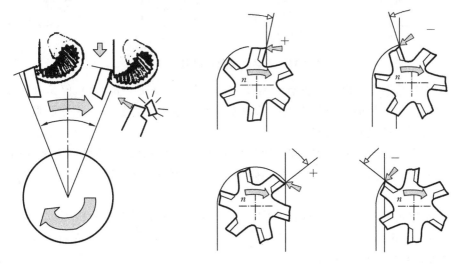

图 4-15 刀片退出切削的情况

4.8 铣刀的主偏角

铣刀的主偏角是指刀片刃口和工件的加工表面之间的夹角。主偏角会影响切削的厚度、切削力的大小和方向,从而影响刀具寿命。如图 4-16 所示,在相同的进给速度下,若减小主偏角,则切削厚度变薄,切屑与切削刃的接触长度更长。较小的主偏角可使刀具更为平缓地进入切口,这有助于减小径向压力,保护切削刃口。但是轴向力太大,会增加对工件和刀具锥孔的压力。现在铣刀常用的主偏角为 45°、90°、10°,及圆刀片。

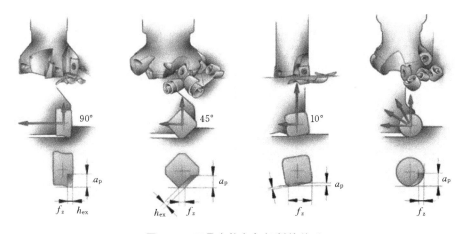

图 4-16 刀具主偏角与切削的关系

90°主偏角铣刀可以铣削具有台肩要求的工件,可以获得直角边,但是会产生绝大部分的径向力,同时也意味着被切的表面承受的轴向压力较小。这对低强度结构的工件、薄壁工件的加工很有意义。

对具有 45°主偏角的刀具来说,加工时同时存在大小值接近的轴向力和径向力,这会产生更为平稳的压力,并且对机床功率的要求相对较小,为平面铣削的首选刀具。

10°主偏角铣刀主要用于插铣,并且也是小切深、大走刀量的面铣刀。它常用于模具宽大型腔的加工,大量快速地去除余量。因为径向切削力很小,因而可以降低因刀杆悬伸过长而产生的振动趋势。

69°、75°主偏角的铣刀主要用于冷硬铸铁和铸钢的表面粗加工。

圆刀片刀具意味着具有连续可变的主偏角,范围在 0°~90°,如图 4-17 所示,其具体值取决于切深的情况。此刀片具有非常坚固的切削刃,并且由于产生薄屑,切削力会顺着长长的切削刃均匀分布,因而适合于高进给速率的加工,常用于模具型腔的快速去除余量加工。薄切削适合于加工耐热合金和钛合金。因为其具有平稳切削,对机床功率、稳定性的要求低的特点,如今,它已不是非标准刀具,而是作为高效且具有高金属去除率的粗加工刀具得到广泛应用。

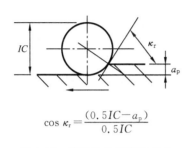

$$\cos \kappa_\mathrm{r} = \frac{(0.5IC - a_\mathrm{p})}{0.5IC}$$

图 4-17 圆刀片的可变主偏角

图 4-18 平面铣削

对如图 4-18 所示的平面铣削方式,在编程时要尽量减少刀具的切入、切出次数,避免对刀具刃口的冲击。加工面上若有孔或槽,则尽可能安排在后续工序中完成,这在耐热合金钢材料的面铣加工时尤其重要。此外,在面铣削加工刀具的走刀编程中,当加工到孔、槽区域上方时,应将推荐的进给速率降低 25%。

当切削大平面时,选择刀具路径应保持铣刀完全与其接触,而不是执行几次平行走刀。当铣刀进给需变换走刀方向时,应采用小直径圆弧转弯路径,以保持刀具是持续运动的,从而避免出现停顿和震颤。

4.9 型腔的加工

4.9.1 型腔粗加工

1. 型腔加工的破孔方法

(1) 预钻开始孔。如图 4-19 所示,首先在型腔的四个角钻孔,或在型腔中心钻大孔,然后用立铣刀从孔处下刀,将余量去除。此方法编程简单。对于深型腔,立铣刀通常为长刃玉米铣刀,要求机床功率较大,且工艺系统刚度要好。实用中不推荐采用这种方法,因为这需要增加一把刀具,这无疑会增加更多的非生产性的定位及换刀时间,增加的刀具也会占据刀具库内空间。另外,单从切削的观点看,刀具通过预钻削孔时因切削力变化而产生不利的振动,对刃口的安全性有负面作用。

 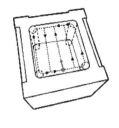  

图 4-19　钻开始孔　　　　　　　　图 4-20　啄铣

(2) 如图 4-20 所示,使用球头立铣刀或整体硬质合金刀具,采用啄铣回路来达到最大的轴向切深,铣掉型腔中的第一层金属,然后重复这一过程,直至型腔完成为止。这种方法的缺点是立铣刀中心的排屑问题。与啄铣回路相比,更好的方法是采用圆弧螺旋插补铣来实现最大轴向切深,重要的是可以帮助排屑。

(3) 如图 4-21 所示,两轴坡走铣(要求铣刀有坡走功能)使用具有坡走功能的立铣刀和面铣刀,在 X、Y 或 Z 轴方向进行线性坡走,可以达到刀具在轴向的最大切深。这种方法尤其适用模具型腔开粗。注意,如果起始点选择得当,就没有必要从坡走截面上进行集中铣削。坡走铣既可以从内向外,也可以从外向内进行,这主要取决于模具的槽形,主要标准是如何以最佳方法解决排屑,如在连续切削的情况下应采用顺铣。坡走的简洁编程方式是代替"啄铣"来达到每一层新的径向切深,在高速加工应用中,这一点非常重要。坡走角度与刀具的设计有关,主要是刀具直径、刀片、刀体下面的间隙刀片尺寸及切削深度有关。

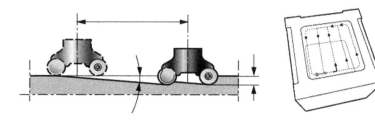

图 4-21　线性坡走铣

(4) 三轴坡走铣——螺旋线插补。如图 4-22 所示,这种方式是在主轴的轴向以螺旋线方式下刀破孔,常用于模具加工。相对于直线坡走下刀方式,螺旋线插补下刀切削更稳定,更适合小功率机床和窄深型腔。

特别是在非模具加工中的大直径孔的粗加工中,螺旋线插补破孔功能相对于镗削有许多优点。这种方式通常没有断屑、排屑或振动的问题。因为刀具的直径小于加工孔的直径,当没有底孔时,圆刀片铣刀、球头立铣刀进行螺旋插补铣孔的能力最

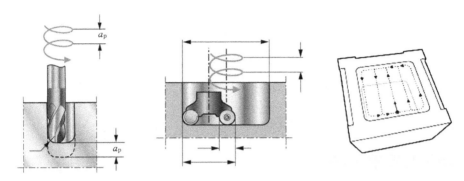

图 4-22 螺旋线插补——三轴坡走铣

强(见视频《两轴坡走铣开槽及三轴坡走铣》)。

2. 型腔加工中的圆刀片、球头刀或 90°主偏角大刀尖圆弧铣刀的应用

如图 4-23 所示,使用圆刀片、球头刀或 90°主偏角大刀尖圆弧铣刀进行型腔大余量粗加工,为半精加工或精加工所留余量非常平滑和均匀(见图 4-23(a)),反之,90°尖角铣刀会预留很多台肩给下一道工序(见图 4-23(b)),造成后续工序铣刀铣削时的振动或崩刃。

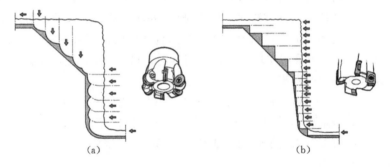

图 4-23 刀片与型腔加工

3. 铣型腔的过角加工的方法(圆角的粗加工)

在型腔的粗加工中,大直径铣刀可获得高金属去除率,但是会在角落处残留很多材料,这将给后续的工序造成影响。在圆角处的半粗加工不能使用与圆角半径相等的铣刀直接切入,那会因为铣刀由直线进给运动时的切宽在圆角处突然增大而引起刀具震颤(见图 4-24)。解决方法如下。

方法一 如图 4-25(a)所示,先用大直径的铣刀加工过角圆弧处,编程圆弧半径大于刀具半径,并预留余量,然后采用一个小直径的立铣刀过角完成精加工(见图 4-25(b))。

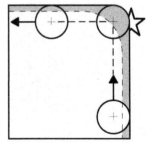

图 4-24 过角加工方法一

在圆角处,铣刀的可编程半径应比刀具半径大15%,例如加工半径为10 mm的过角圆弧,使用刀具半径为(10/2)×0.85=4.25(mm),故刀具选择直径为8 mm(半径为4 mm)的立铣刀。

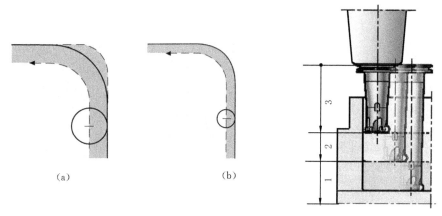

图 4-25 过角的精加工　　图 4-26 插铣功能的铣刀

方法二 采用大直径的铣刀,但是不将圆角靠满,而是预留余量,给下面的刀具做插铣或摆线铣准备。这种方法对于较深型腔,要求过角铣刀较长的时候尤为适用。

方法三 插铣加工工件过角处。用具有插铣功能的铣刀可以将过角处的余量去除,如图 4-26 所示。当采用楔块式接口的刀具时,可以按照不同的需要,组合刀具的长度来实现最高的生产效率。

如图 4-27(a)所示,对于一个锐角过角处,可以采用同一小直径刀具进行 5 次插铣完成。编程的步距越小,侧壁的表面质量越接近轮廓铣削。如图 4-27(b)所示,也可采用几把直径由大至小的插铣刀完成余量去除,但是需要更多刀具并导致换刀频繁。插铣一般用于半粗加工。

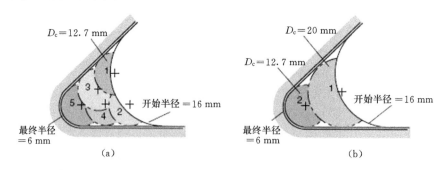

图 4-27 锐角过角加工方法

4.9.2 型腔的半精铣加工

1. 仿形铣削

仿形铣削(copy milling)是传统的型腔精铣与半精铣加工方式,刀具一般使用球头立铣刀。这种铣削方式来自于液压仿形铣床的靠模铣削方式。如果照搬到数控机床上来使用,有如下的缺点。

(1) 刀具频繁地切入与切出工件,且刀具中心的切削速度为零。(见图 4-28),使刀具刃口因振动而崩刃。

(2) 如果采用往复式走刀,那么来程和去程分别为顺铣和逆铣,容易造成有刀具弹变刀痕及表面质量的差异,并且逆铣对刃口寿命有副作用。

(3) 需要更长的数控程序语句和较长的切削时间。

(4) 刀具在到达型腔底部时,因为余量突然变化,导致刀具弹变,产生过切或让刀,使腔底形状产生误差(见图 4-29)。为了减少这种影响,需要在此处减小刀具进给速度,这又造成编程复杂(见图 4-30)。

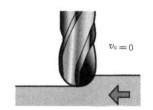

图 4-28 球头铣刀在进行水平方向进刀时的零切削速度点

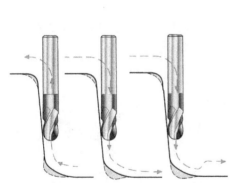

图 4-29 仿形铣削中,刀具在进出工件和触及型腔根部时,余量变化对刀具的冲击

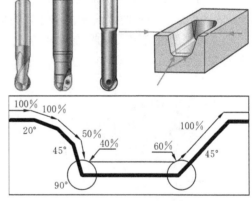

图 4-30 仿形铣削走刀方式,常用刀具和数控语句中走刀量的倍率调整

2. 轮廓铣削

轮廓加工(contouring)是推荐的型腔半精铣或精铣的数控加工方式,其走刀方式和常见的刀具如图 4-31 所示,此种方式有如下优点。

(1) 刀具的切削速度是稳定而持续的,并且避免了球头铣刀顶端的零切削速度点,最大限度地发挥刀具大直径刃切削速度高的优势,并且特别适合在四轴以上联动机床上使用(见图4-32),有效利用球头立铣刀大直径加工,以及高速铣削。

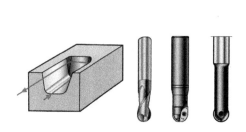 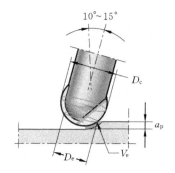

图 4-31　轮廓铣削走刀方向和常用刀具　　图 4-32　在四轴联动机床上使用球头铣刀进行水平方向进刀

（2）因为径向切削宽度 a_e 较小,可以在保证实现一定的切削厚度的前提下,实现快速走刀。高速铣削本身就有高切削速度、小切深、小切宽、大走刀的特点。所以轮廓铣削型腔的方法是高效率铣削的加工方式。

（3）切削平稳。每一层的铣削都是连续的顺铣或逆铣,前者保证了较长的刀具寿命,后者保证了一致的表面质量和型腔的形状公差。

（4）每一层落刀都采用螺旋插补的方式编程,如图4-33 所示,这样可以避免径向直接靠入 a_e。

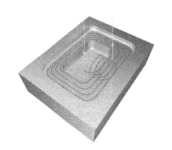 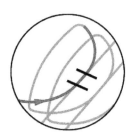 

图 4-33　每一层落片都采用螺旋插补

图 4-34 所示硬度为54HRC 的高合金钢模具的粗加工,走刀方式为轮廓铣削,全程采用顺铣的方法,选择刀体为大径50 mm 的圆刀片铣刀,共有 4 个刀片,刀片为RCHT(204MoCB50)的立方氮化硼刀片。其切削参数与加工时间如下：

- $v_c = 150$ m/min；
- $n = 954$ r/min；

- $f_z = 0.2$ mm/z；
- $v_c = 763$ mm/min；
- 切深 $a_p = 1$ mm/层；
- 切宽 a_e 小于刀具直径的 80% 范围内；
- 加工总时间为 37 min 30 s。

型腔铣削常见于模具和航空航天机架的加工。球头立铣刀的使用并不是很常见，而更多的是使用 90°的端铣刀（eudmill）。如图 4-35 所示，端铣刀一般具有较大的刀尖圆弧半径。

图 4-34 高合金钢模具的粗加工

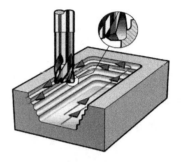

图 4-35 使用刀尖大圆弧的整体硬质合金立铣刀进行淬硬钢的型腔粗铣削，高速铣削（HSM）

如图 4-36 所示为标准飞机零件常见圆弧铣削的 CoroMill390 机夹刀片序列。

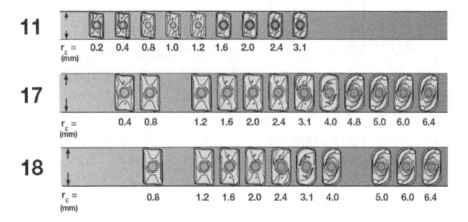

图 4-36 CoroMill390 机夹刀片序列

4.10 整体硬质合金立铣刀的使用方法和编程要点

高速钢立铣刀的总成本比较低,易于制造较大尺寸和异形的刀具。刀具的韧度较好,可以进行粗加工。但是在精加工型面时,会因为刀具弹变而产生零件误差;切削速度相对较低;刀具寿命相对较短。

机夹硬质合金立铣刀可以取得很高的切削速度,因为可以选择大走刀量和大切深,所以金属去除率高,通常作为粗铣和半精铣刀具。机夹刀片可以更换,所以刀具的成本低。但是刀具的尺寸形状误差相对较差;刀具直径一般大于 10 mm。

整体硬质合金立铣刀可以取得很高的切削速度和较长的刀具寿命,刃口经过精磨的整体硬质合金立铣刀可以保证所加工的零件的形位公差和较高的表面质量。刀具直径可以做得比较小,通常小于 0.5 mm,适合于高速铣削。但是刀具的成本比较高。

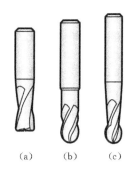

图 4-37 整体硬质合金立铣刀的分类

1. 整体硬质合金立铣刀的分类

第一类是 90°端铣刀,这是最常见的立铣刀(见图 4-37(a))。根据螺旋角、刃口数和容屑槽深浅、刀尖角半径的大小不同,可划分为粗铣刀、精铣刀、通用铣刀、键槽铣刀等。

第二类是球头立铣刀,这是仿形加工的常用刀具(见图 4-37(b)),适合从粗铣到精铣加工。

第三类是球头细颈立铣刀,还包括锥度立铣刀(见图 4-37(c)),这是多轴联动加工型腔和叶片的常用立铣刀。

2. 键槽立铣刀与键槽的铣削方法

键槽立铣刀较短,一般有两个切削刃,刃口有相对大的倒角,切削比较平稳。标准型号刀具的切削刃公差都较小。这种立铣刀的直径通常比所加工的键槽宽度要小。比如加工 8 mm 宽的键槽,可选择直径为 7.75 mm 的键槽刀,刀具路径如图 4-38 所示,用刀具直接挖出 7.75 mm 的键槽,然后用逆铣的方式将键槽铣出。如果加工机床不是 CNC 机床,可以选用 8 mm 直径的立铣刀直接铣出,但此时键槽壁的垂直度不好(见图 4-39)。

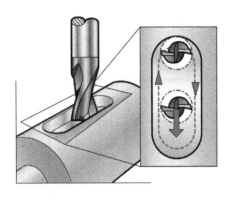
图 4-38 键槽加工一

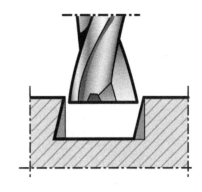
图 4-39 键槽加工二

3. 摆线铣

如图 4-40(a)所示为传统的宽槽加工方法,采用这种方法刀具所承受的切削力太大,刀具轴向切深一般不超过刀具直径,否则刀具会因弹变或挤屑造成刀具折断。当使用现代数控机床与 CAM 软件时,可以使用如图 4-40(b)所示的摆线铣的方法(见视频《摆线铣铣槽》),其每次进刀的切宽 a_e 非常小,一般小于 0.1 mm,但是切削速度 v_c 比传统方法大 10 倍,而且轴向切深可达全部刃口的长度,所以刀具寿命长,切削效率也很高。图 4-40(c)所示为可乐瓶底模具的粗铣加工,很多加工位置采用的是摆线铣的方法。

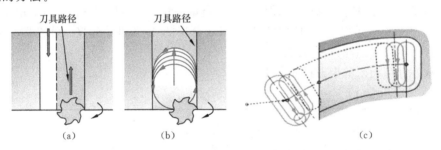
图 4-40 摆线铣与宽槽加工

图 4-41 所示为高速铣削整体硬度为 55HRC 的淬硬钢工件,刀具路径就采用了摆线铣的编程方法。

- 刀具:硬质合金端铣刀,采用 TiAlN 涂层,直径为 12 mm。
- 刀具齿数:12。
- 切削速度:v_c=300 m/min(转速为 7 958 r/min)。
- 每齿进给量:f_z=0.02 mm/z。
- 工作台进给量:f_n=1 910 mm/min。

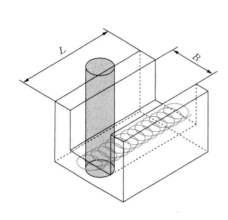

图 4-41 摆线铣与高速铣削

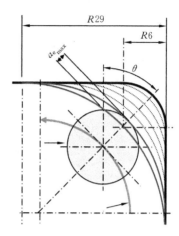

图 4-42 摆线铣与过角加工

- 槽宽 B:24 mm。
- 槽长 L:30 mm。
- 加工时间:4 min 30 s。

摆线铣也常用于型腔拐角余量的去除,可用软件计算过角余量的分刀和进给量的计算结果,这一结果可以直接用于 CAM 软件。

如图 4-42 所示,拐角的最终尺寸为 $R6$,半粗铣后预留的余量尺寸为 $R29$,采用直径为 10 mm 的整体硬质合金端铣刀进行余量去除。采用摆线铣的方式,切削线速度为 120m/min,运用专门的软件计算出每次分层的 a_e 和进给速度。注意图中所示刀具自始至终采用顺铣的方式。

软件计算出来的走刀量如表 4-2 所示。

表 4-2 走刀量推荐值

工步	进刀宽 /mm	R 余量 /mm	刀中心走刀长度/mm	刀中心进刀率/(mm/min)	加工时间	
					min/工步	总时间/min
1	1.72	24.8	39.7	610	0.08	1.98
2	1.68	20.8	31.6	580	0.07	
3	1.61	16.9	23.8	538	0.06	
4	1.52	13.2	16.5	475	0.06	
5	1.38	9.9	9.8	379	0.06	
6	1.16	7.1	4.2	227	0.07	
7	0.77	6.0	2.0	127	0.09	

4.11 CAM 使用技巧

1. 按区域加工

如图 4-43 所示,由于单支整体硬质合金立铣刀的寿命有限,当一个零件要铣削的平面很大时,为了保证每支刀具的使用寿命与所加工的零件表面完整性达到统一,通常把零件的表面分成几个区域来加工。有时这些区域在同一零件上是分几块重复加工的,那么 CAM 所编程序段就可以重复利用。

2. 薄腔体底部的铣削加工技巧

如图 4-44 所示,精铣加工型腔底部,虽然工件材料硬度为 38HRC 的不锈钢,工件强度高,薄壁切削时不易产生振动,但仍安排铣刀从中央下刀,然后向周边铣削的走刀方式。这样可保持底面与侧壁的连接金属最后被切掉,以保持最大的底面强度来对抗振动。

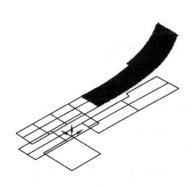

图 4-43 重复利用 CAM 程序段

图 4-44 薄腔体底部的铣削路径

4.12 钻削工艺

钻削是指用金属切削刀具在工件上切削圆柱形孔的方法。钻削和后续的加工工艺相关,例如套料钻、扩孔、铰孔、镗孔等。所有这些工艺的共同点是:旋转主运动和线性进给运动相结合。浅孔钻削与深孔钻削间有着显著的差别。深孔钻削是指加工孔深为多倍刀具直径(有的高达 150 倍)的特殊加工方法。

现代浅孔钻削技术快速发展,使预加工和后续加工的需要发生了很大变化。现代机夹硬质合金和整体硬质合金钻头的应用,使实体孔的切削可以在单一工序中完成,一般不需要预先加工出中心孔或导引孔,而且孔的表面质量与尺寸精度较好,可以取消精密孔加工中的半精镗加工工序。

大部分浅孔钻头有两个排屑槽,冷却液通过钻头内部的冷却液孔提供内冷,可以有效地完成排屑,还可以润滑和冷却钻头。

切屑形成与工件材料、刀具槽形、切削速度、进给量有关,在一定程度上,也受到切削液选择的影响。一般来说,高进给或低切削速度将产生短的切屑,如果切屑可以稳定地排出,则选择这种切削参数是可以接受的。

现代硬质合金钻头具有高金属去除率和大容屑空间的排屑槽。在高压下,通过内供式的切削液将切屑排出。所需冷却液的压力(MPa)和流量(L/min)主要取决于孔径。孔径越小,压力要求越大;孔径越大,流量要求也越大。当然钻削还受到切削条件和工件材料的影响。

由于钻头旋转的离心力作用,会引起切削液压力的降低,旋转钻比非旋转钻要求更高的切削液压力。此时,应当检查机床冷却液系统的压力、流量和冷却箱中的切削液。

1. 选择钻头

高速钢麻花钻的成本相对较低,而且可以做成超长和异形的钻头,目前仍然是应用最普遍的钻头。

整体硬质合金钻头的切削速度比高速钢钻头的切削速度高几倍,而且,在相同进给速率下,刀具寿命比高速钢钻头高 20 倍。整体硬质合金钻头其顶部横刃相对于常规钻头做了很多改进,所以一般不需要预钻导向孔。整体硬质合金钻头是小直径孔(小于 12.7 mm)、精密孔和难加工材料钻削的首选。

焊接硬质合金钻头具有高速钢钻头的韧度和整体硬质合金钻头的高切削速度,但是可重磨的次数只有 3~5 次。

硬质合金可转位刀片钻头具有高加工效率、高通用性,以及长而可靠的刀具寿命,而且因为刀片可制成涂层刀片,刃口经过加强处理,切削线速度比整体硬质合金钻头的切削线速度高 2~5 倍。可转位钻头的经济性可通过不重磨刀片得以体现,但其加工件直径一般不小于 10 mm,加工公差限制在 IT12 以上。

2. 整体硬质合金钻头的加工工艺介绍

整体硬质合金钻头一般用于实体钻削。因其刀具材质较脆,在扩孔加工时,由于预钻孔的位置和直线的误差,易引起钻头的非对称磨损,甚至折断,所以一般不推荐用于扩孔加工。

振动,即使是频率非常低的振动,对整体硬质合金钻头的寿命和安全生产也有较大的影响,将导致切削刃上产生裂缝(不是后刀面磨损),造成刀具快速损坏或工件表面粗糙度较高。如果钻孔时钻头固定而工件旋转,如在一般车床上钻孔,则应检查钻头的中心,保证与主轴的中心一致。一般不推荐整体硬质合金钻头用钻套来导向。

要保证钻头相对于刀柄的名义跳动量(在 V 形块上测量)在钻头的全部长度上不超过 0.015 mm。

啄钻深孔(使用外冷却液供应系统),在孔深超过 3 倍钻头直径时,可以一次连续钻削 1/3 的孔深,然后采用啄钻加工余下的 2/3 孔深,即每次再钻削一倍孔径的深度后,将钻头移到孔口,使切屑排出,冷却液充满孔中,接着重复钻削上述过程(见图 4-45)。

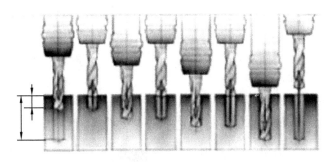

图 4-45 啄钻方式加工深孔

当工件钻削平面倾斜角小于 5°时,整体硬质合金钻头可以不用预钻导向中心孔,而直接钻入(见图 4-46)。但是,在钻进平面的过程中,进给速率降至正常速度的 1/3,直至刃部全部切入工件。对于重磨的钻头,要求钻头端部,特别是横刃的重磨要正确。

当工件钻削平面倾斜角在 5°~10°时,要先使用具有与硬质合金钻头刃形相同或角度更大的中心短钻钻出导向孔(见图 4-46),或铣削出一个小平面,然后钻削。当工件钻削平面倾斜角大于 10°时,必须将进入平面铣平。

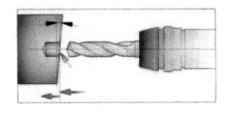 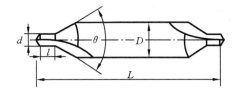

图 4-46 整体硬质合金钻头直接钻入　　　图 4-47 短中心钻头

注意图 4-47 所示的中心钻,这是用于钻削顶针孔(磨削)的钻头,此类钻头因为 θ 角小于硬质合金钻头的刃形,不可以用于导向孔的钻削。应使用导向孔专用钻头,其英文名为 Spotting drill。

如图 4-48 所示,当工件的钻出表面为倾斜面时,在钻头钻出工件表面的过程中,要将进给速率降为原速率的 1/3。

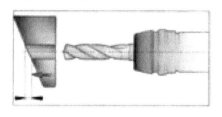

图 4-48　钻头钻出表面时,进给速率
降为原速率的 1/3

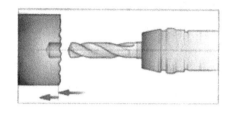

图 4-49　不规则表面的钻削

如图 4-49 所示,当钻削不规则表面时,钻头钻入工件的过程中必须将进给速率降为原速率的 1/4,以防止崩刃。

如图 4-50 所示,当钻削凹面时,如果凹面半径大于钻头直径的 15 倍,可以直接钻削。当钻入时,进给速率降为原速率的 1/3。

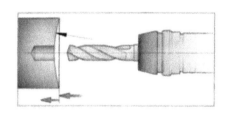

图 4-50　凹面的钻削

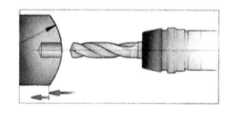

图 4-51　凸面的钻削

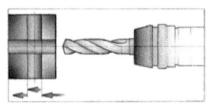

图 4-52　交叉孔的钻削

如图 4-51 所示,当钻削凸面时,如果凸面的半径大于钻头直径的 4 倍,并且孔垂直于曲面,这时应将进给速率降为原速率的 1/2。这一原则适用于车、铣、加工中心上用硬质合金钻头钻削回转体类工件的应用。

如图 4-52 所示,当钻削交叉孔时,如果两个孔的直径不同,那么要先钻削大孔、后钻削小孔。在钻入或钻出孔壁时,进给速率降为原速率的 1/4。

如图 4-53 所示,当钻削多层板时,只要采用下列措施,就可一次进给完成钻削。将多层板夹紧,因为板一般不可能完全平直,常用方法是将工业纸(厚度约 0.5~1 mm)放在板与板之间,以调整平板的不规则,并降低钻削时的振动。纸的重要性在于,将切削保持在合适的地方,使钻头不因出口的圆片而损坏。圆片是在钻出每一块板时形成的。如果可能,应在钻削前,确保将板中心位置夹紧。

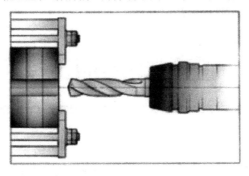

图 4-53　多层板的钻削

第5章 金属切削加工实用工艺知识

5.1 选择切削参数实用技巧

1. 刀片包装盒上的标签

通常情况下,刀具生产商都会在刀片包装盒上标注该刀片的切削参数的选择范围。下面以山特维克可乐满刀片包装盒(见图5-1)为例,说明如何利用刀片包装盒上的标签来选择切削参数,以及在选择切削参数时,需要注意哪些因素。

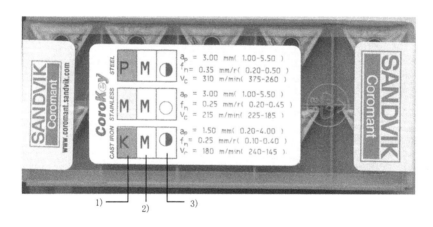

图5-1 刀具包装盒的标签

2. 刀片包装盒上与切削三要素有关符号的含义

1) 工件材料说明

P——表示工件材料为钢(ISO标准)。参考材料:低合金钢,CMC02.1/HB 180。

M——表示工件材料为不锈钢。参考材料:奥氏体不锈钢,CMC05.21/HB 180。

K——表示工件材料为铸铁。参考材料:灰口铸铁,CMC08.2/HB220;球墨铸铁,CMC09.2/HB250。

N——表示工件材料为铝合金。参考材料:铸件,非时效,CMC30.21/HB75。

S——表示工件材料为耐热合金。参考材料:镍基,CMC20.22/HB350。

H——表示工件材料为淬火钢。参考材料:淬硬和回火,CMC04.1/HRC 60。

(注:CMC 表示采用可乐满材料分类方法)

2) 应用类型说明

R——粗加工,深切削深度和高进给率的结合。用于最大金属去除率和/或恶劣工况下的工序,以及要求最高切削刃安全性的工序。

M——半精加工,各种切削深度和进给率的组合。用于半精加工至轻型粗加工工序。

F——精加工,浅切削深度和低进给率的工序,即低切削力的工序。

3) 加工工况

如图 5-2 所示,对加工工况进行了说明。

良好工况
连续切削;高速;预加工工件;
非常稳定的零件夹紧;悬伸小

正常工况
仿形切削;中等速度;
锻件或铸件;
良好的零件夹紧

恶劣工况
间断切削;低速;工件上
有厚铸件硬皮或锻件硬
皮;较差的零件夹紧

图 5-2 加工工况的说明

——表示良好工况;◐——表示正常工况;●——表示恶劣工况。

3. 切削参数选择

刀片包装盒上给出了切削速度和进给的起初值以及加工范围(最大值~最小值),这使得能够轻松和快速地开始加工。

虽然可以根据刀片包装盒上的标签选择切削参数,但是由于刀片包装盒上的切削参数推荐值是基于材料的布氏硬度值(HB),所以有必要给出不同硬度之间的转换(见表 5-1)。

由于 CoroKey 中给出的切削参数推荐值是基于特定硬度的材料。如果被加工材料的硬度与上述所示硬度不同,推荐切削速度必须乘以从表 5-2 中查出的修正系数。表 5-2 所示为不同硬度(HB)工件材料的切削速度补偿。

表 5-1 硬度对照表

拉伸强度 N/mm²	维氏 HV	布氏 HB	洛氏 HRC	洛氏 HRB	拉伸强度 N/mm²	维氏 HV	布氏 HB	洛氏 HRC
255	80	76.0	—	—	1 030	320	304	32.2
270	85	80.7	—	41.0	1 060	330	314	33.3
285	90	85.5	—	48.0	1 095	340	323	34.4
305	95	90.2	—	52.0	1 125	350	333	35.5
320	100	95.0	—	56.2	1 155	360	342	36.6
350	110	105	—	62.3	1 190	370	352	37.7
385	120	114	—	66.7	1 220	380	361	38.8
415	130	124	—	71.2	1 255	390	371	39.8
450	140	133	—	75.0	1 290	400	380	40.8
480	150	143	—	78.7	1 320	410	390	41.8
510	160	152	—	81.7	1 350	420	399	42.7
545	170	162	—	85.0	1 385	430	409	43.6
575	180	171	—	87.5	1 420	440	418	44.5
610	190	181	—	89.5	1 485	460	437	46.1
640	200	190	—	91.5	1 555	480	—	47.7
660	205	195	—	92.5	1 595	490	—	48.4
675	210	199	—	93.5	1 630	500	—	49.1
690	215	204	—	94.0	1 665	510	—	49.8
705	220	209	—	95.0	1 700	520	—	50.5
720	225	214	—	96.0	1 740	530	—	51.1
740	230	219	—	96.7	1 775	540	—	51.7
770	240	228	20.3	98.1	1 810	550	—	52.3
800	250	238	22.2	99.5	1 845	560	—	53.0
820	255	242	23.1	—	1 880	570	—	53.6
835	260	247	24.0	(101)	1 920	580	—	54.1
850	265	252	24.8	—	1 955	590	—	54.7
865	270	257	25.6	(102)	1 995	600	—	55.2
900	280	266	27.1	—	2 030	610	—	55.7
930	290	276	28.5	(105)	2 070	620	—	56.3
950	295	280	29.2	—	2 105	630	—	56.8
965	300	285	29.8	—	2 145	640	—	57.3
995	310	295	31.0	—	2 180	650	—	57.8

表 5-2 不同硬度工件材料的切削速度补偿

ISO/ANSI	CMC[1]	HB[2]	硬度降低				硬度提高				
			−60[2]	−40	−20	0	+20	+40	+60	+80	+100
P	02.1	HB[2] 180	1.44	1.25	1.11	1.0	0.91	0.84	0.77	0.72	0.67
M	05.21	HB[2] 180	1.42	1.24	1.11	1.0	0.91	0.84	0.78	0.73	0.68
K	08.2	HB[2] 220	1.21	1.13	1.06	1.0	0.95	0.90	0.86	0.82	0.79
	09.2	HB[2] 250	1.33	1.21	1.09	1.0	0.91	0.84	0.75	0.70	0.65
N	30.21	HB[2] 75			1.05	1.0	0.93				
S	20.22	HB[2] 350			1.12	1.0	0.89				
H	04.1	HRC[3] 60			1.07	1.0	0.97				

1)＝可乐满材料分类
2)＝布氏硬度
3)＝洛氏硬度

例如：

如果为您的车削工序选择了刀片 CNMG 120416-PM，则用于首选牌号 GC4225 和硬度为 180HB 的低合金钢（CMC 号 02.1）的推荐 CoroKey 切削参数为：

切削深度(a_p)＝3 mm
进给(f_n)＝0.40 mm/r
切削速度(v_c)＝305 m/min

如果工件材料的硬度为 240HB，则 180HB 和 240HB 之间的差异为＋60。对应地，表中的系数为 0.77。

则应将切削速度（240HB）调整为：
305 m/min×0.77＝234.85 m/min
≈235 m/min。

表 5-2 中 P、M 和 K 的特性如图 5-3 所示。

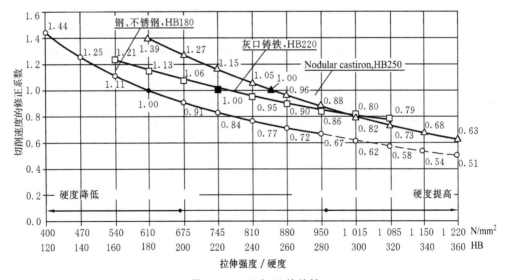

图 5-3 P、M 和 K 的特性

切削速度的变化必将影响金属去除率和刀具寿命。如果想要更改切削速度,获得更高的金属去除率或更长的刀具寿命,请参照表 5-3 中的数据,计算新的切削参数。

表 5-3 修正表

刀具寿命/min	10	15	20	25	30	45	60
修正系数	1.11	1.0	0.93	0.88	0.84	0.75	0.70

例如:如果推荐的切削速度 v_c 为 225 m/min,刀具寿命为 10 min 时,则更改后的切削速度为 225 m/min×1.11≈250 m/min。

在计算切削参数时,当提高进给速率时,应降低切削速度,反之亦然。请根据图 5-4 所示的曲线,进行切削速度和进给率的补偿。

图 5-4 表示了调整推荐的切削速度和进给初值的简单方法。刀片包装盒上的切削参数所基于的是 15 min 的刀具寿命,应用从图 5-4 中获得的参数值,将保持 15 min 刀具寿命不变。

示例 1:提高进给速率 0.15 mm/r(+0.15)。

结果:切削速度降低了 12%。

示例 2:提高切削速度 15%。

结果:进给速度降低了 0.18 mm/r。

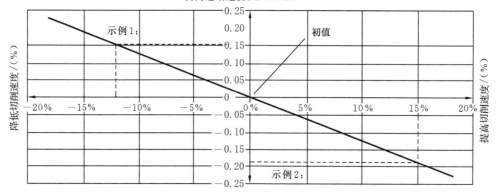

图 5-4 调整推荐的切削参数的方法

在选定切削速度之后,通常需要计算出转速值。为方便使用,表 5-4 给出了切削速度与转速之间的转换关系。

综上所述,在选择切削参数时,刀具生产商的推荐值的确带来很多方便,但还应考虑材料硬度等因素对切削参数的影响。只有综合考虑材料特性、工况、应用类型、刀具寿命以及生产效率等因素,才能选择出更为合理的切削参数。

另外,有一个选择初始值的经验方法不妨一试,即切削线速度选择推荐范围内的较低者,进给量选择较高者,切深选择较低者,并在此基础上进行调整。"中低速、小切深、大走刀"一般是平衡切削效率和寿命的折中做法。

表 5-4 切削速度与转速之间的关系

刀具直径 ϕ/mm	切削速度 v_c/(m/min)									
	30	40	50	100	150	200	300	400	500	600	700
12	795	1 060	1 326	2 652	3 979	5 305	7 957	10 610	13 262		
16	597	795	995	1 989	2 984	3 978	5 968	7 957	9 947	11 936	
20	477	637	796	1 591	2 387	3 183	4 774	6 366	7 957	9 549	11 140
25	382	509	637	1 273	1 910	2 546	3 819	5 092	6 366	7 639	8 912
32	298	398	497	994	1 492	1 989	2 984	3 978	4 973	5 968	6 963
40	239	318	398	795	1 194	1 591	2 387	3 183	3 978	4 774	5 570
50	191	255	318	636	955	1 272	1 909	2 546	3 183	3 819	4 456
63	151	202	253	505	758	1 010	1 515	2 021	2 526	3 031	3 536
80	119	159	199	397	597	795	1 193	1 591	1 989	2 387	2 785
100	95	127	159	318	477	636	952	1 273	1 591	1 909	2 228
125	76	109	124	255	382	509	764	1 018	1 237	1 527	1 782
160	60	80	99	198	298	397	596	795	994	1 193	1 392
175	55	71	91	182	273	363	544	727	909	1 091	1 273
200	48	64	80	160	239	318	476	636	795	954	1 114

例如:如果所用刀具的直径为 80 mm。刀片包装盒上的切削速度初值 v_c 为 200 m/min,从最左侧列中找到刀具尺寸,并从最上面一行中找到切削速度,两者的交点处便是主轴转速为 795 r/min。

5.2 刀具振动及消振

5.2.1 刀具振动的原因和消振三原则

刀具振动实际应该称为"切削振动",通常发生在长悬臂刀杆的镗削和铣削、薄壁件的切削加工、细长杆的车削等加工过程中。当环保方面作为车间考核的内容时,高速钻削产生的高频啸叫声也和振动噪音一起列为技术公害。切削振动只有在刀具进行切削时才产生。如果振动来自非切削因素,如不稳定的机床地基、机床丝杠的间隙、主轴轴承的损坏,甚至几百米以外火车的经过而产生的振动,我们称为强迫振动。切削振动产生噪音,但噪音并不是全由切削振动引起的,例如机夹刀片铣刀在

100 m/min 以上的切削速度,每齿走刀在 0.1 mm/min 以上,铣削 3 mm 的切深,即便是铣削灰口铸铁,也会产生接近 90 dB 的噪音,而低频切削振动噪音常低于此值。切削振动是自激振动,是一种正弦波振动,除了用专业仪器测量振动频率与波长外,最明显的是工件被加工表面有振纹。

我们可将切削振动分为三种,即高频振动、中频振动和低频振动,相关的描述如表 5-5 所示。

表 5-5 切削振动的分类

振动及声音	加工表面质量	产 生 条 件
高频振动,啸叫类似哨音(whistle scream)	类似起皱的丝绸	采用小直径细长刀杆或对薄壁工件进行高转速切削
中频振动,声音类似汽车笛声(horn)	类似鱼鳞	中等直径铣刀杆、中低转速切削,刀杆长径比超过 5,刀杆振动
低频振动,声音类似蛙鸣(frog horn)	类似鱼鳞,但是波纹之间很大又平缓	大型结构工件产生自振,比如大的壳体。若是刀杆同时振动,可能是刀头过重,而且刀杆连接部位配合不好,同时刀杆总长超长,转速通常在 100 r/min 以下

切削振动的物理模型如图 5-5 所示,进而可分析消除振动的方法。如图 5-5 所示,m 为一个没有弹性的质量块,假设弹簧 S 只有弹性没有质量。质量块 m 通过弹簧悬挂在梁上,并位于静止点 A,m 与 S 构成一个具有一定固有频率的质量体。给 m 一个向下的力 F,那么 m 将向下运动到 B 点,直到弹簧将它拉回到 C 点,由于重力和空气阻力的作用,m 的运动过程是一个衰减振动过程。如果我们按某一频率重复施加力 F,则这个外力的频率与 m 的窜动频率发生共振,从而使这一系统等幅振动起来。

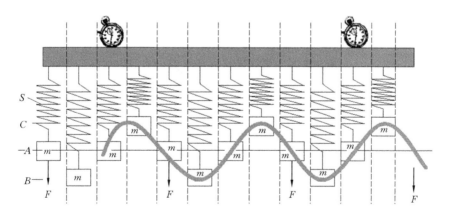

图 5-5 切削振动的物理模型

以内孔车刀杆的振动分析为例(见图 5-6),刀尖切削工件时会产生切削力,这个力使镗刀杆产生弹性变形,当刀尖上的铁屑断掉后,刀杆的弹变就恢复了。因为内孔车刀是按照程序,以工件每转一圈刀尖向前匀速前进,所以铁屑不断产生,不断断掉,那么随着铁屑的生成和断裂,径向切削力由大到小不断变化,形成正弦波动的镗削力 F。F 是动态的,不仅大小而且方向也是一直有规律的变化。如果切削力的变化

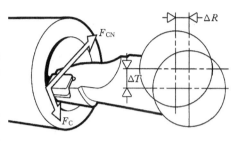

图 5-6　内孔车刀杆的振动分析

频率在刀具固有振动频率范围之内,镗削振动就产生了。细长的刀杆就是一个 m 与 S 的结合体,是一个具有一定固有振动频率的质量体,只不过与外力 F 产生共振的固有频率与粗壮的镗杆相比要低,而且刀杆的长径比越大,其固有频率越低(机加工中,内孔车削也是镗削)。

任何粗壮的刀杆都不能确保切削时刀杆不会产生弹变。实际上刀片在切削时也是颤动的,只是在弹变足够大时颤动才变为振动。

我们可以得到这样的结论,刀具在切削工件时产生振动需要有下面三个条件同时存在:

- 包括刀具在内的工艺系统刚度不足,导致其固有频率低;
- 切削产生了一个足够大的外激力;
- 切削力的频率与工艺系统的固有频率相同。

消除刀具振动的途径如下:

- 减小切削力至最小;
- 尽量增强刀具系统或者夹具与工件的静态刚度;
- 在刀杆内部再制造一个振动,去打乱切削力的振频,从而消除刀具振动。

在切削加工中,常见的机夹车镗刀片与铣刀的切削振动条件如表 5-6 所示。

表 5-6　常见的机夹车镗刀片和铣刀的切削振动条件

机加工类型	产生振动的极限条件
外圆车削	被定义为细长轴的零件外圆车削,通常由尾部顶尖支撑,但是没有跟刀架
内孔车削、镗削	通用的 HRC40 以上的合金钢刀杆,刀杆夹持悬深与刀杆直径比大于 4; 刀杆夹紧采用螺栓侧压,定位采用 V 形铁或孔柱间隙配合; 刀尖偏离孔中心线 0.1 mm 以上
内螺纹车削	通用的 HRC40 以上的合金钢刀杆,刀杆夹持悬深与刀杆直径比大于 3; 刀片牙型与螺纹牙型不一致; 刀杆夹紧采用螺栓侧压,定位采用 V 形铁或孔柱间隙配合

机加工类型	产生振动的极限条件
内孔槽的车削或镗削	通用的 HRC40 以上的合金钢刀杆,刀杆夹持悬深与刀杆直径比大于 2;刀杆夹紧采用螺栓侧压,定位采用 V 形铁或孔柱间隙配合
铣刀	通用的 HRC40 以上的合金钢刀杆,刀杆从主轴端部向外悬深与刀杆直径比大于 3;模块化刀杆的模块接口磨损影响定位,或者接口类型不适合铣削加工;刀杆的模块化接口之间拉紧力不够

5.2.2 减小切削振动的 12 种方法

(1) 使用锋利的刀片来降低切削力。机夹刀片分为涂层与非涂层刀片,非涂层刀片通常比涂层刀片要锋利,因为刀片如果要涂层,就一定要进行刃口的钝化处理(ER处理)(见图5-7),因为锋利的刃口将影响涂层在刃口部位的粘结强度。即便是涂层刀片,物理涂层(PVD)比化学涂层(CVD 或 MTCVD)刃口要锋利,因为后者的涂层材料经常是大约 $10~\mu m$ 厚的三氧化二铝。我们知道,现代机夹刀片采用的刀片材料,按照其硬度分为六类:非涂层硬质合金、涂层硬质合金、金属陶瓷(CERMET)、陶瓷、立方氮化硼(CBN)和人造金刚石。因为金刚石类刀具只适合加工非铁金属,陶瓷和立方氮化硼刀具刃口都做成负倒棱,而金属陶瓷刀具韧度差,不适合用于振动场合。所以我们说:若使切削力降低,推荐使用非涂层或物理涂层的钴基硬质合金刀片。

图 5-7 刃口的钝化半径通常在 $35\sim75~\mu m$ 之间

金属陶瓷也称钛基硬质合金,这种材料的刀片硬度高,而且整体热硬性好,但是因为粘结剂是镍,所以粘结韧度差,只适合进行软钢、不锈钢和铸铁的精铣与精车(镗)切削加工。其特点是在 $200\sim400~m$ 的切削速度下,配以小进给量、小切深,可以获得较高的表面光洁度和刃口的长寿命,其缺点是不能承受断续切削力和走刀方向、加工余量的突然改变。例如金属陶瓷的外圆车刀片刃口在车削不锈钢时,切深与每转走刀量的乘积不能大于 $0.3~mm^2/r$。山特维克可乐满在 2001 年推出的无镍钴基金属陶瓷 GC1525 刀具提高了这种刀片的韧度。

(2) 当切深一定时,使用小的刀尖圆弧半径无疑可以降低切削力,特别是径向切削力,而径向切削力是使细长杆类刀具或工件产生振动的主要因素。无论是镗削还是铣削,在相同的切削深度时,刀尖圆弧半径越大,细长刀杆发生振动的倾向越大。

(3) 在切深可选择时,要避免切深等于刀尖圆弧半径。比如刀片的刀尖圆弧半径为 0.8 mm 时,随着刀片切深的增加,细长的镗刀或铣刀杆的振动在切深 a_p 和刀尖圆弧半径($r=0.8$ mm)相等时最大,当切深 a_p 大于刀尖圆弧半径 r 后,刀杆的振动反而被抑制。这就是有些悬伸与直径比值为振动临界点时的镗刀或铣刀,适当加大切深或走刀量后振动反而降低的原因。

如图 5-8 所示,ΔR 代表镗杆的弹变,可以看出,当切深 a_p 等于刀尖圆弧半径时弹变最大,随着切深增加,弹变不会再增加,反而开始减小。这是因为径向切削力 F_{CN} 在 $a_p=r$ 时最大,a_p 再增加只会增加轴向抗力,而轴向抗力不是细长刀杆产生振动弹变的原因,反过来还会使刀杆保持稳定。

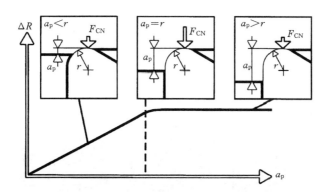

图 5-8 适当加大切深或走刀量可以降低振动

(4) 对于细长刀杆的镗刀的镗削,或者细长轴的外圆车削,使用 90°主偏角的刀具有利于消振。无论是外圆车刀车削细长轴,还是细长刀杆的镗刀镗孔,总是 90°主偏角的刀具产生的径向切削力最小,同时刀片刃口产生的轴向力最大。45°主偏角的车、镗刀易发生切削振动,这是因为产生振动的径向切削力与轴向切削力相等(见图 5-9)。使用圆刀片时,径向切削力大于轴向切削力,最易发生振动。

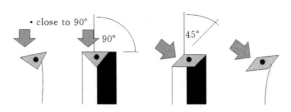

图 5-9 90°主偏角的刀具在某些场合利于消振

(5) 对于细长杆的铣刀,圆刀片铣刀最有利于消振。铣刀与镗刀相反,主偏角越接近 90°,径向切削力越大,刀杆振动越大。所以在模具深孔型腔的面铣削加工中,通常选用 45°主偏角铣刀,如果切深小于 1 mm,常采用圆刀片铣刀或球刀。

(6) 使用细长杆立铣刀铣削深型腔时,常采用插铣方式。插铣就是刀具像钻头一样轴向进刀,当铣削深的型腔时,通常长杆的悬伸大于 3 倍的刀杆直径,我们推荐使用轴向进刀的插铣方式。但是立铣刀刀片刃口有一定宽度的径向切削刃,刀具供应商有技术资料证明该刀具在插铣时的最大吃刀宽度。比如山特维克可乐满的 CoroMill390 立铣刀刀片的插铣宽度为 5.5 mm。2001 年底,山特维克可乐满在美国市场推出的 PlungeMill,它是专门用于模具和航空工业的大直径插铣刀。它最大的特点是高效率和超大切宽,通常用于大型深腔模具的开粗。

(7) 在薄壁工件的铣削加工中,发生振动的原因完全来自于工件,这种工件被称为箱式或者碗式零件(box like or bowl like shape workpiece)。由于振动来自于工件本身,那么在处理这类零件的铣削加工时,主要是以改善工件的夹持为主,例如:增加合适的辅助支撑点;在夹具和机床工作台面之间加装一层木板;用粗大的橡皮条或者弹簧勒在壳体的外面;在箱体内部充满湿沙子等。如图 5-10 所示,在铣削薄的腹板时,推荐使用 90°面铣刀,以减小对腹板的轴向切削力。

图 5-10 使用不同刀具对箱式零件加工时的轴向切削力

(8) 在内孔镗削时,刀片刃形角越小越好,这样副主偏角很大,副刃口与被加工面的颤动接触区小,颤动很难转为振动,副切削刃挤屑的机会也小(见图 5-11)。例如在镗削内孔时,镗刀的主偏角假设为 93°,使用 CCMT 的刀片其副主偏角为 7°,使用 DCMT 的刀片其副主偏角为 32°,切削时要轻快得多。但是刃形角小的刀片安全性差。

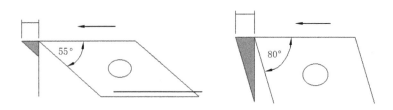

图 5-11 某些场合下,刃形角小利于消振

(9) 若面铣刀采用疏齿不等距铣刀,则可减小铣削振动。这里"齿"是指刀片。同样直径的面铣刀(比如 100 mm),如果它们的切削三要素相等,那么 5 个刀片的刀盘肯定比 10 个刀片的刀盘产生的铣削力小 50%。其实 5 个刀片的 100 mm 刀盘相对于 10 个刀片的刀盘来说即为疏齿刀盘,如果刀片之间的间隔是不等的即为疏齿不等距铣刀。这种面铣刀不仅切削力小,而且没有固定频率去激励工艺系统发生共振。

获得这样的疏齿铣刀有两种方法。一是刀具供应商专门制作这种刀具,如在山特维克可乐满全部标准铣刀中,在任何一个直径系列分为疏齿不等距、密齿和特密齿铣刀(见图 5-12)。比如直径为 80 mm 的刀盘,客户分别可选 4 个刀片、6 个刀片或者 8 个刀片的铣刀,它们都是标准库存。在它的铣刀样本里,铣刀疏齿最少有两种选择。

疏齿　　　　密齿　　　　超密齿

图 5-12　不同齿距的铣刀

图 5-13　拆掉一半刀片的铣刀

二是通过拆除现有刀盘上的刀片,用减少刀片数目来实现疏齿。但是要注意,不能只拆除其中的某一两个刀片,这样的结果会使其相隔刀片因每齿走刀量翻倍而造成刃口崩碎。正确的拆除办法是拆掉一半的刀片(见图 5-13),所以在购买面铣刀时,尽量避免奇数齿刀盘。

面铣刀做成非等齿距,如果所有的容屑槽宽度一致,那么每个刀片支撑体厚度便不会相同,所以不等齿距的铣刀齿数一般为疏齿。不等齿距超密齿铣刀一般是大直径铣刀,刀体空间足够,而且不进行大切深铣削。很多刀具厂家为了降低备货成本,只提供一种齿距的铣刀,例如 80 mm 的面铣刀通常是 5~6 齿,而且是不等齿距的,容屑槽又做得很大,那么有的刀片的支撑体薄得可怜,有的刀片在刀体上却稳如泰山。我们知道,这样做的结果是,这些铣刀在 3~4 mm 以上的铣削中,刀片受力变形不一致,刀片寿命长短不一,刀体退火失效快(刀体除非撞刀,否则只会因退火而失效)。所以严格意义上讲,这些刀具不能达到它样本中推荐的切深上限。

(10) 使用正前角和大后角的刀片,并配以轻快的断屑槽。这样的刀片在镗削或铣削中的切削楔入角最小,切削当然轻快。在车削与镗削中,7°和 11°后角是最常见的刀片,刀片为螺钉夹持的最多。在直径为 20 mm 以下的孔镗削中,即便不存在振动,通常选择 11°后角的刀片,例如 TPMT、DPMT、VCEX 的刀片(V 型刀片后角为 7°或 11°)。主要推荐后角为 7°或 11°的刀片,因为它们是 ISO 标准刀片,不同厂家的刀片可以互换。

(11) 调整切削参数。调整切削参数只对切削振动不严重的情况可能有效。一般的调整方法如下：降低刀具或者工件的回转速度，减小切深并提高刀具每转或者铣刀每齿走刀量。在内螺纹的车削过程中若产生振动，可将完成螺纹车削的进刀步骤减少 1～2 刀。

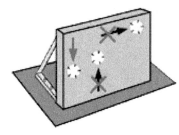

图 5-14　铣削力与工件的夹持方向

(12) 合理安排走刀的工艺路径。合理安排走刀的工艺路径，对于铣削加工非常重要。铣削有顺铣和逆铣之分，传统的铣削理论中描述，使用逆铣有利于减少铣削振动，其实是指有利于抑制丝杠的间隙产生的振动。如今的铣削设备大都安装了滚珠或滚柱丝杠，所以逆铣消振的意义不大。无论是顺铣还是逆铣，只要铣削力的方向与工件的夹持方向一致，就有利于消除弯板类零件的振动（见图 5-14）。

铣刀路径应避免铣削力冲击夹具的最薄弱支撑点，应将铣削力导向工件最稳固支撑部位。

5.2.3　提高刀具系统的静态刚度

提高刀具系统中刀杆的静态刚度（static toughness）无疑会提高细长刀杆的抗弯强度，从而达到消除振动的目的。最简单的做法是加大刀杆的直径，将外伸刀杆的悬伸做到最短。

如图 5-15 所示，刀杆的悬伸长度 L 和刀杆的直径 D 对刀具系统抵抗振动的影响最大。下面的试验数据告诉我们，镗刀的刀尖产生 1 600N 的切削力，直径 32 mm 的镗刀刀杆悬伸 320 mm 时产生的刀杆前端弹变为 1.6 mm。

- 若这根刀杆悬伸只有 128 mm 时，则弹变只有原来的 1/16。
- 若把刀杆直径增加到 40 mm 时，则端部弹变减小到 0.64 mm。

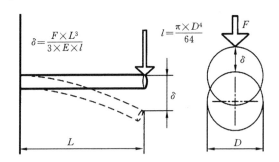

图 5-15　振动时，刀杆的悬伸长度与直径的关系

实际上,当车削低碳合金钢 42CrMo 时,假设:工件硬度为 180HB,锻造工件;刀片的主偏角为 90°,为氧化铝涂层的 TNMG 刀片;切削速度 v_c=180 m/min,切深 a_p=2 mm,进给量为 0.3 mm/r。那么在刀片前刀面作用的切削力基本在 1 500 N 左右。

有时候,因为加工的孔形状特殊,需要设计特殊断面的刀杆来保证刀杆在切削力方向刚度最强。

除了上面所说的加大刀杆直径和减少刀杆悬伸外,刀杆的夹持方法也很重要。如图 5-16 所示,传统的螺钉夹紧的方法是不利于消除振动的,最好的、也是最易操作的是采用变形夹套的方法。

如图 5-16(a)所示,镗出与刀杆过渡配合的孔,若是刀杆直径较大,比如为 80 mm,则将孔一侧铣开。侧面的夹紧螺钉中要有两个顶丝,利于大径且较重的刀杆装配,其余的为刀杆夹紧螺栓。对于中、小直径刀杆,则是将孔剖为两半,每半的圆弧面淬火硬度到 HRC45,用螺栓在其两侧共同夹紧。夹套下面通常为铸铁机座。

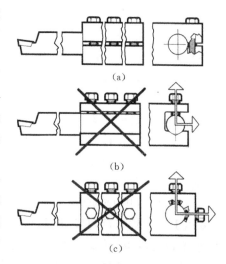

图 5-16 刀杆的夹持方法

图 5-16(b)、图 5-16(c)所示的方法中,刀杆与定位面只能产生线接触,在刀具振动时相对晃动。另外,螺钉与刀杆接触部位的压力与压强太大,重金属或者硬质合金刀杆在振动时易在这些点上发生断裂。

图 5-17 所示为山特维克可乐满推荐的重型大直径阻尼减振刀杆的安装方法。

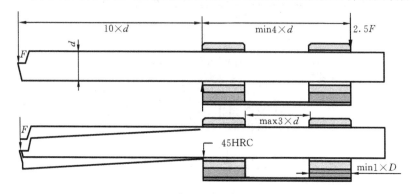

图 5-17 重型大直径阻尼减振刀杆的安装

阻尼减振刀杆是通过提高刀杆的动态刚度来达到消振的目的。很多刀具厂商都制作整体硬质合金刀杆或重金属刀杆,因为这些材料的抗压强度大。合金钢的抗压强度(compressive strength)为 210 GPa,整体硬质合金的抗压强度为 900 GPa。重金属是一种高密度的材料,淬火之前很软,容易切削,成形后可以淬硬,但是它的减振效果不如整体硬质合金刀杆。

加工中心的回转刀具(rotating tools)分为整体式刀柄和模块式组合刀柄,只要刀柄的模块化接口是先进的短锥大端面双定位面系统,模块式刀柄不一定比整体式刀柄的刚度差。山特维克可乐满的 Capto 刀柄模块系统便是其中的代表,它的重复定位精度和完美的抗弯与抗扭特性使刀柄系统刚度得以保持。

加工中心的传统 7∶24 刀柄系统在长悬臂刀具加工时,其抗振性能不如 HSK 和 Big-Plus 刀柄。HSK 刀柄中的 A 和 C 型主要用于通用型加工中心,它和 Capto 一样,属于短锥大端面双定位面系统,只不过后者目前主要用于刀具之间的模块连接,而 HSK 是机床主轴接口,因而没有专利限制。HSK 是德语 hollow taper shank 的缩写,刀柄应用 DIN69893 标准,机床主轴应用 DIN69093 标准。但是 HSK 主轴主要用于高速铣床,而且不能与传统的 7∶24 刀柄通用。Big-Plus 刀柄也是 7∶24 锥柄,所以可以用于传统主轴,但是不能实现锥柄与端面同时定位。如果机床主轴也是 Big-Plus 穴孔,则可实现过定位夹紧,虽然这种主轴的推出是为了实现高速铣削,但实际上提高了 7∶24 刀柄的抗振性能。

5.2.4 提高刀具的动态刚度——被动阻尼避振刀杆

如图 5-18 所示,加工中心的镗削和铣削要比内孔车削受力复杂得多,单靠降低

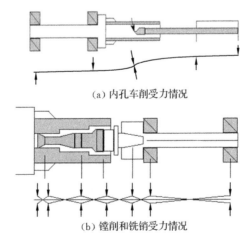

图 5-18 镗削与铣削的受力情况

切削力或单纯提高刀体的静态刚度很难解决振动问题,而且这两种办法都会降低生产效率,降低刀片刃口的安全性。如果生产任务要求我们高效安全地进行更深的孔或腔体的加工,而且重复生产的操作性要强,解决这一瓶颈问题的办法就是采用阻尼避振刀杆。

我们从表 5-7 中可以了解几种材质的刀杆的夹持悬伸与刀杆直径避振的极限比值(简称长径比)。

表 5-7　几种材质的刀杆的长径比

刀杆描述和加工部位	主要减振策略	长径比
合金钢刀杆车削内孔	降低与抑制切削力,增强刀具和工件的静态刚度	4∶1
硬质合金刀杆车削内孔	降低与抑制切削力,增强刀具和工件的静态刚度	5~6∶1
标准 Teness 阻尼避振刀杆车削内孔	增强刀具的动态刚度	12∶1
特殊 Tencss 阻尼避振刀杆车削内孔	专门设计的增强刀具的动态刚度系统,同时增强刀具的静态刚度	15~16∶1

下面简叙阻尼避振刀杆的工作原理。如图 5-19 所示,假设在质量块 m 的下面再用弹簧 p 吊一个小质量块 g,只要依据一定的规律调节弹簧 p 的阻尼(例如做成铜丝弹簧或者腰鼓形的弹簧,改变弹簧的长度等)和 g 的质量,在外力锤击 m 后,g 通过 p 和 m 一起振动,但是振频相差 $\pi/2$,即 m 向下落时 g 开始向上弹,m 向上弹时 g 向下落,从而在一个周期内将 m 置于平稳状态。虽然外力 F 不断地按一定的频率施加在 m 上,但此时 g 随着 F 振动,而 m 始终是近乎静止的。

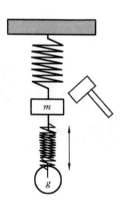

图 5-19　阻尼避振刀杆的工作原理

图 5-20 所示为 Teness 阻尼避振刀杆的结构示意图,其中:

① 为刀杆基体,刀杆的前部是空管,中间的管是内冷

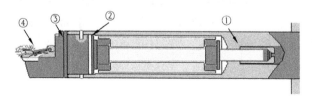

图 5-20　阻尼避振刀杆的结构

水供给管,越是深孔加工,冷却和排屑越重要;

②为强力橡胶圈,支撑的圆环是硬质合金环,它们与刀杆内壁之间充满了液压油;橡胶圈、硬质合金环与液压油构成了一个阻尼质量系统,相当于图 5-19 所示的 p 和 g,而且可以做成阻尼可调节的机构;

③为 570 接口与刀杆过盈安装;

④为 570 齿牙接口前端,可以安装各种内孔车刀,比如镗刀、槽刀和螺纹刀。

使用悬伸 300 mm、直径 25 mm 的 Teness 阻尼镗杆,在镗削调质的 40Cr 钢件时,切深 1.5 mm,走刀 0.20 mm,刀尖从切到工件开始振动(振幅 0.12 mm)到刀尖被消除振动只用了 0.03 s 的时间(见图 5-21)。

当镗刀在切削时,镗刀杆是被消振的,但是实际镗刀杆内部的阻尼单元在不停地振动,只不过振动的方向与外面的切削力相反,所以阻尼刀杆就是依靠外力产生一个振动去破坏刀杆的振动,从而实现刀杆的动态平衡。Teness 避振杆标准产品主要有内孔车刀避振杆、粗精镗刀避振杆、面铣刀避振杆、螺纹接口机夹立铣刀避振杆和机夹刀片钻头避振杆等。

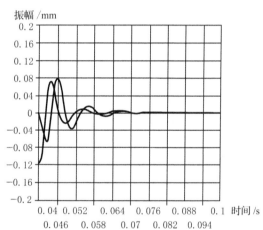

图 5-21　阻尼避振刀杆的消振过程

在图 5-22 所示的切削参数中,可以看出阻尼避振杆不以降低生产效率为减振代价。需要提醒的是,阻尼刀杆发挥效果的好坏与切削工具部分(镗刀头或者铣刀盘)的质量有关,切削工具部分越重,阻尼部分抵抗切削力的能力越小,避振效果越差。

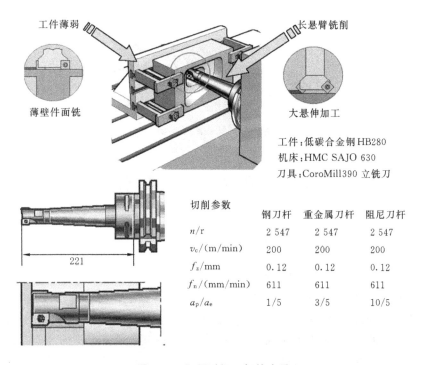

图 5-22　阻尼避振刀杆的应用

5.2.5　机夹刀片钻头的消振

在钻削加工时,经常使用到机夹硬质合金刀片的螺旋槽钢刀体钻头,这种钻头因为钻深与孔径的比值通常小于 5,所以也被称为浅孔钻。基于以往高速钢钻头的使用经验,人们对机夹刀片钻头推荐的 100 m/min 的切削速度半信半疑,所以经常在 20~40 m/min 的范围内使用。但是,涂层硬质合金的刀片经过刃口钝化,在低速下刃口容易崩碎(chipping),也容易引起钻头的振动;加工的孔壁很差,留下的刀痕俗称"嘟噜纹"。对这个问题很好解决,使用其推荐的切削速度即可。

有很多客户反映,在高速切削中,这种调质钢的钻头产生的高频啸叫声令人难以忍受。在试验中,我们曾经测得高达 120 dB 的噪音。这种噪音并不是因为振动引起的,因为加工的孔壁粗糙度 R_a 在 0.5 以下没有振纹。机夹刀片浅孔钻在钻削加工时都伴有高频的钻削噪音,这是机夹刀片钻头在高速钻削时几乎不可避免的噪音。若使用专门消除这种啸叫声的钻夹柄,就可以放心使用机夹刀片浅孔钻,而不必担心噪音对操作者的健康影响。

山特维克可乐满钻头减振夹柄,可夹持直径 25、32、40 mm 的圆柱柄钻头,尾部标准为 Capto、BT 和 DIN 的标准加工中心刀柄,可将钻削噪音降至 60 dB 以下(见

图 5-23)。

图 5-23　钻头减振夹柄

5.3　模具加工工艺

5.3.1　模具加工工艺规划

1. 开放式(open-minded)的解决方案

零件加工工序越多,其工艺规划就会越复杂和越重要。对于加工方法和切削刀具来说,具有开放式的解决方案是非常重要的。在很多情况下,拥有企业之外的合作伙伴非常有价值的,因为他们不仅在许多不同的应用领域具有丰富的经验,而且还会为您提供不同的看法和新鲜的创意。

2. 加工方法、刀具路径、铣削刀具和刀柄选择的开放式解决方案

在当今世界,企业希望获得生存空间就必须保持竞争力,其中一个关键因素就是实行计算机化生产。对于模具行业来说,投资先进的生产设备和 CAD/CAM 系统是一个重大的问题。但是即便如此,如何使用 CAM 软件,发挥其所有潜力才是最为重要的。

在很多情况下,人们总习惯按照传统的方法进行编程。针对型腔进行刀具路径编程,最传统和最简单的方法是使用旧的仿形铣削技术——刀具进入和退出过于频繁。这种思路通常和旧式仿形铣削机床连接在一起。这意味着以极为局限的方式来使用用途广泛和功能强大的软件及机床和切削刀具。

如果抛弃旧的思维方法、传统的刀具和生产习惯,现代 CAD/CAM 系统可以发挥更好的作用。如果加工应用中使用了新的思维方法和正确的途径,就会获得巨大的成功,如图 5-24 所示的刀具及刀具路径。

如图 5-25 所示,如果使用具有恒定 Z 值下落的层铣编程技术(其中要点是将材料"切成薄

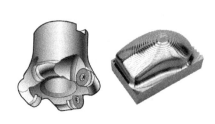

图 5-24　刀具及刀具路径

片"),并使轮廓铣刀具路径和顺铣相结合,其结果将是:

- 大大缩短了切削时间;
- 提高了机床和刀具的利用率;
- 提高了加工模具的槽形精度;
- 降低了人工抛光和试验时间。

将现代刀柄和切削刀具融合的理念经过无数次的证明,确实可使总生产成本减半。

当然,开始一项全新的及更深层次的编程工作是一件非常困难的事情,也经常会耗费很长的时间。

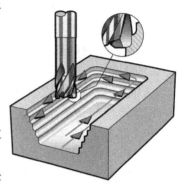

图 5-25 层铣

我们提出的问题是:"每小时哪里的成本最高?是工艺规划部门、工作区域,还是在机床和刀具上?"答案显而易见,机床的每小时成本一般是工作区域成本的 2～3 倍。

在熟悉编程的新方法之后,编程工作就会变得更为顺利,进展迅速。如果与仿形铣削刀具路径的编程相比,所耗费的时间更长,则在随后生产中会得到弥补。但是,经验表明,在长时间的生产中,使用更先进和更合适的编程方法比使用常规编程方法得到的刀具路径能实现效率更高的生产。

5.3.2 模具加工的工艺措施

根据模具加工的特点,以及数控机床新工艺的要求,建议在加工工艺上采取以下措施,以便发挥机床的高精度、高效率的特点,保证模具加工质量。

(1) 精选工件材料,毛坯材质要均匀。目前有些材料可以做到在粗加工后变形量较小。铸锻件经过高温时效,消除内应力,使材料经过多工序加工之后变形较小。

(2) 合理安排工序,精化零件毛坯。在模具的生产过程中,不可能靠一两台数控铣床完成全部加工工序,而是要与普通铣床、车床等通用设备配合使用。所以,在工序的安排上,应考虑生产节拍和生产能力是否平衡;在保证高精度、高效率的前提下,数控加工和普通加工的经济性是否合理;以及数控加工和通用设备加工的各自特长。因此对数控加工前的毛坯,应除去铸锻、热处理过程中产生的氧化硬层,只留少量加工余量,加工出基准面、基准孔等,尽量精化。

(3) 数控机床的刚度强,热稳定性好,功率大,在加工中应尽可能选择较大的切削用量,这样既可满足加工精度要求,又提高了效率。

(4) 有些模具由于切削内应力、热变形、装夹位置的合理性和夹具夹紧变形等原因,必须经过多次装夹才能完成。不能只顾追求快而不顾加工的合理性。

(5) 加工工序的顺序建议为:

- 重切削、粗加工去除零件毛坯上大部分余量,如粗铣大平面、粗铣曲面、粗镗孔等;
- 安排加工发热量小、精度要求不高的内容,如半精铣平面、半精镗孔等;
- 精铣曲面;
- 打中心孔、钻小孔、攻螺纹;
- 精镗孔、精铣平面、铰孔。

注意:在重切削、精加工工序中,要有充分的冷却液;粗加工后至精加工之前,要有充分的冷却时间;在加工中尽量减少换刀次数,减少空行程移动量;型腔加工时注意切屑的排出,避免划伤工件或损坏刀具刀尖。

5.3.3 正确选择高生产率的切削刀具

对模具加工,要选择适合粗加工到精加工的刀具,首先要关注以下几个方面的内容。

(1) 仔细研究模具的槽形。

(2) 定义最小的圆角半径要求和最大的型腔深度。

(3) 初步估算需去除材料的总量。采用常规方法和刀具进行大尺寸模具的粗加工和半精加工更为高效,明白这一点非常重要。采用高速切削方法进行精加工会获得更高的生产率,对大尺寸模具也是如此。这是因为高速切削时材料去除率比常规切削时更低,但对铝和有色金属的切削例外。

(4) 当进行高速切削或在槽形精度要求很高的模具上进行常规切削时,其加工策略应是在专用机床上进行粗加工、半精加工、精加工和超精加工。原因显而易见——在一台适用所有类型工序和工作负荷的机床上,要想保持良好的槽形精度是完全不可能的。

例如粗加工时,机床的导轨、滚珠丝杠和主轴轴承将处于大的压力和负荷之下,这理所当然地会对仍在该机床上进行精加工的模具的表面质量和槽形精度产生很大的影响,其结果就是需要更多地人工抛光和更长的试验时间,而现在的目标应该是减少人工抛光时间。在这种情况下,使用同一机床进行粗加工到精加工的策略就会指向完全错误的方向。例如,小汽车机罩的冲模的人工抛光时间正常时大约为 400 h。

如果通过良好的编程可以减少抛光时间,那么不仅可降低生产成本,而且还可提高模具的型腔精度。经过编程,模具型腔精度会更高,并且所加工的模具会更好。但是,如果不采用良好的编程方法而导致后续的大面积的人工抛光,槽形精度就不会很好,因为许多因素都会造成影响,比如压力多大、工人使用的抛光方法等。

如果在高级编程方面(较小部分)和精度高的机床上精加工的时间总共增加 50 h,则抛光的时间常常会减少到 100~150 h,有时可能会更少。通过切削至更精确的公差和表面质量,也会获得其他可观的益处:一方面提高模具型腔的精度可减少试验次数,这意味着能缩短生产时间;另一方面,冲压模具可获得更长的工作寿命,并且通过提高零件质量,其竞争力也会随之增强。这在当今的竞争社会中尤其重要。

与计算机化的刀具路径相比,无论工人的工作技能如何娴熟,靠人力也很难达到所需的精度。在进行磨光和抛光时,不同的人员会使用不同的压力,其结果经常会导致过大的尺寸偏差。另外,在此领域也难以找到和训练出如此熟练和经验丰富的工人。但是应用高速切削完全是可能的,采用高级和更适合的编程策略以及专用机床、刀柄和切削刀具可完全免除人工抛光工序。如果采用该策略在不同的机床上分别进行粗加工和精加工,则模具通过使用固定夹具以精确的方式进行定位。

加工工艺应划分为至少三种工序类型:粗加工、半精加工和精加工。有时还涉及超精加工(主要为高速切削应用)。当然,背铣(restmilling)包括半精加工和精加工工序。

每一道切削工序都必须使用专用的和优化的切削刀具。常规模具制造时,刀具选择如下。

粗加工——圆刀片刀具和具有大刀尖圆角半径的立铣刀。

半精加工——圆刀片刀具、圆刀具、球头立铣刀。

精加工——圆刀片刀具(可能使用的地方)、圆刀具、球头立铣刀(主要)。

背铣——大头细颈的球头立铣刀、立铣刀、圆刀具和圆刀片刀具。

对于较小尺寸(最大为 400 mm×400 mm×100 mm)的淬硬工具钢,球头立铣刀(主要为整体硬质合金)是适合所有工序的首选刀具。但是,使用具有特殊性质的刀片式铣刀也完全可能达到同样的生产率,例如圆刀片刀具、圆刀具和球头铣刀。当然,具体情况需要具体的分析。

为了获得最高的生产率,铣削刀具和刀片的尺寸适合某些模具和各个特殊工序也是非常重要的。这主要是为了针对每把刀具和每道工序创建出均匀分布的加工余量(见图 5-26),这就是说,经常使用不同直径的刀具(从大到小)是很有利的,特别是在粗加工和半精加工工序中。在每道工序中,其目标应总是尽可能接近模具的最终形状。

每把刀具分配均匀的余量也是保证恒定的高生产率的条件之一。当 a_e/a_p 恒定时,切削速度和进给率应总是保持在高的水平上,随之机械振动和切削刃上的负载就会降低,这会使切削刃上的热应力和热疲劳减轻,并且还会提高刀具寿命。

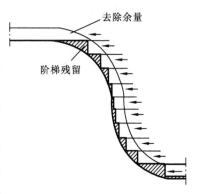

图 5-26 均匀分布的加工余量

恒定的加工余量也适用于更高切削速度和进给及伴随有安全切削工艺的应用场合,也是高速切削的一个最基本的标准。

恒定的加工余量的另一个有利效应是针对机床附件的,例如对导轨、滚珠丝杠和主轴轴承的不利影响很小。

5.3.4 多功能圆刀片刀具的应用

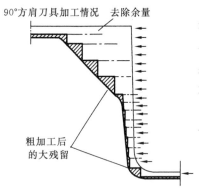

图 5-27 方肩铣刀留下的加工余量

如果使用方肩铣刀进行型腔的粗铣削,在半精加工中就要去除大量的台阶状切削余量(见图5-27),这当然会使切削力发生变化,使刀具弯曲。其结果是给精加工留下不均匀的加工余量,从而影响模具的几何精度。

如果使用带三角形刀片的方肩铣刀,会有一个相对比较弱的圆角横截面,也会产生不可预测的切削效应。三角形或菱形刀片还会产生大的径向切削力。

圆刀片可在材料中的各个方向上进行铣削,如果使用它,在走刀之间可以平滑过渡(见图5-28)。也可以为半精加工留下较小的和较均匀的加工余量(见图5-29)。这样就可以获得更好的模具质量。

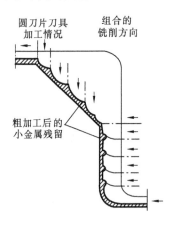

图 5-28 圆刀片留下的加工余量

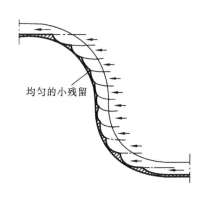

图 5-29 均匀的小残留

使用圆刀片产生的切屑厚度是可变的,这就可使用比大多数其他刀片高的进给率。圆刀片的进入角可从几乎为 0°(非常浅的切削)至 90°,切削过程非常平稳。在切削的最大深度处,进入角为 45°,当沿带外圆轮廓的仿形切削时,进入角为 90°。这也说明了为什么圆刀片刀具的强度大——切削负载是逐渐增大的。

圆刀片是粗加工以及半粗加工工序的首选。在 5 轴切削中,圆刀片非常适合,几乎不会受到什么限制。

通过良好的编程,圆刀片在很大程度上可代替球头立铣刀。圆刀片与球头立铣刀相比,生产率可提高 5~10 倍。跳动量小的圆刀片与磨削的正前角和轻切削槽形结合,也可以用于半精加工和一些精加工工序中。但是,球头立铣刀在复杂 3D 槽形的半精加工和精加工工序中具有不可替代的作用。

5.3.5 模具加工中的应用技术

1. 避免刀具过度偏斜

当用高切削速度精加工或超精加工淬硬钢时,选择具有高热硬性的涂层(例如 TiAlN)的刀具很重要。

精加工或超精加工时应遵循的原则是采取浅深度切削,切削深度与切削宽度之比(a_p/a_e)应不超过 0.2(见图 5-30),这是为了避免刀柄、切削刀具产生过大的弯曲,以保持模具的小公差和槽形精度。

选择很硬的刀柄和切削刀具。当使用整体硬质合金刀具时,采用有最大核心直径(很大弯曲刚度)的刀具非常重要。当使用带可转位刀片的球头立铣刀,特别是当悬伸/直径比很大时,应选用刀柄由重金属制造的刀具。

带更大螺旋角度的立铣刀具有很低的径向力,通常切削更平稳。但具有更大的轴向力,刀具从夹头中拉出的风险更大。

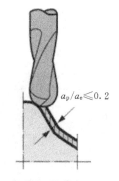

图 5-30 切削深度与切削宽度之比

2. 仿形铣削和插铣

应尽可能避免沿陡壁的仿形铣削和插铣。插铣时,低切削速度下的切削厚度大,这就意味着当刀具碰到底部区域时,切屑在加工路径中途有形成碎片的危险(见图 5-31)。如果控制差,或程序无"向前看"(look ahead function)的功能,刀具就不能很快地减速,则切屑最容易在加工路径中途产生碎片。

沿陡壁向上仿形铣削对切削过程有利一些(见图 5-32),这是因为在有利的切削速度下,切削厚度为其最大值。但是,当刀具碰到陡壁时会有很大的接触长度。这就意味着如果进给速度没有足够快地减速,刀具就容易出现振动、弯曲甚至破裂,也会存在由于切削力的方向导致从刀柄中抽出刀具的危险。

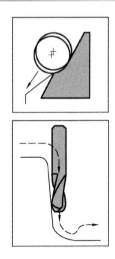 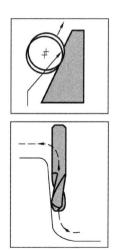

图 5-31　沿陡壁向下仿形铣削（尽可能避免）　　图 5-32　沿陡壁向上仿形铣削

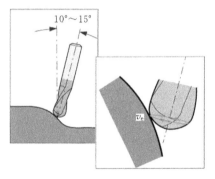

图 5-33　球头立铣刀倾斜 $10°\sim15°$ 可获得理想的切削条件

球头立铣刀的最关键区域是中央部分，此处的切削速度为零，对整个切削过程很不利。由于在横刃处空间很狭窄，在刀具中心的排屑便非常重要，应尽可能避免使用球头立铣刀的中央部分。将主轴或工件倾斜 $10°\sim15°$ 可获得理想的切削条件（见图 5-33）。

为了使刀具寿命更长，在铣削过程中应使切削刃尽可能长时间地保持连续切削。而多齿刀具使铣削容易发生切削中断或断续的情况。

如果刀具切入、退出材料的次数很多，那么刀具寿命将会显著地缩短。因为这种情况会使切削刃上的热应力和热疲劳加剧。对硬质合金刀具来说，在切削区域均匀且很高的温度比温度有大的波动更有利。

仿形铣削路径常常是逆铣和顺铣的混合（之字形），这意味着切削中会频繁地吃刀和退刀，这对任何铣刀都是不利的，对模具的质量也是有害的。每次吃刀意味着刀具弯曲，在材料表面上便有抬起的标记。当刀具退出时，切削力和刀具的弯曲减小，在退出部分会有轻微的材料"欠切削"。这些也是将轮廓铣削以顺铣刀具路径作为首选的理由（见图 5-34）。

3. 表面刀纹的微观痕迹

在精加工和超精加工中，特别是在高速切削加工中，目标是获得高的槽形和尺寸精度，并减少或甚至消除人工抛光。

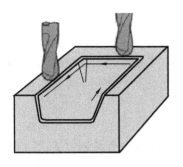

图 5-34 顺铣刀具路径

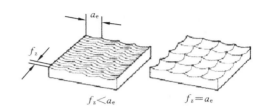

图 5-35 f_z 与 a_e 的关系

如图 5-35 所示,在很多情况下,选择每齿进给量 f_z 与径向切削深度 a_e 相同($f_z = a_e$)是有利的。它具有以下优点。

- 工件的各个方向均为非常光滑的表面。
- 具有竞争力的、短的加工时间。
- 工件表面非常易于抛光和具有均匀的表面纹理。
- 提高了工件精度和表面承载能力,使模具的刀具寿命更长。

5.3.6 加长刀具在型腔粗加工中的应用

为了在型腔粗加工中保持最高生产率,为刀具选择一系列加长杆是很重要的。但在开始时就使用最长的加长杆,其生产率很低,也是很有害的。

推荐在程序的预设定位置更换加长杆。模具的槽形决定了在哪个位置更换更为合适。

为保持最高的生产率,切削参数应根据每把刀具的长度而改变。

如果量规线到切削刃上最低点的刀具总长度超过量规线处直径的 4~5 倍,则应使用锥度杆;如果要增加弯曲刚度,则必须使用由重金属制造的加长杆(见图 5-36)。

使用加长刀具时,在加长部分和接杆上,应相对于刀具直径使用尽可能大直径的附件,这点很重要。对于保证高刚度、高硬度和高生产率,每 1 mm 都显得很重要,最经常的情况是刀柄和切削刀具径向之间有 1 mm 的差别就够了,达到此要求的最简单方法是使用"过尺寸"刀具。

图 5-36 各种重金属加长杆

模块化刀具大大提高了刀具组合的灵活性,可以尽可能地增加刀具组合数目。

5.3.7 加工问题处理

当存在切削振动时,基本措施是减小切削力,这可通过使用正确的刀具、方法和切削参数来达到。

- 选择疏齿距或不等齿距铣刀。
- 使用正前角刀片槽形。
- 尽可能使用小铣刀。当用回转接杆进行铣削时,这一点特别重要。
- 使用小的切削刃倒圆(ER)。从厚涂层到薄涂层,如需要可使用非涂层刀片。
- 使用大的每齿进给、降低转速并保持工作台进给量(等于较大的每齿进给量);或保持转速,并提高工作台进给量(等于较大的每齿进给量)。切勿减小每齿进给量!
- 减小径向和轴向切削深度。
- 选择稳定的刀柄。使用尽可能大的接柄尺寸,以获得最佳稳定性。使用锥度加长杆,可获得最大刚度。
- 对于大悬伸,使用与疏齿距和不等齿距铣刀结合的回转接杆时,要尽可能将铣刀的位置靠近回转接杆。
- 使铣刀偏离工件中心,就会得到有利的切削力方向。
- 重新给刀具定位。

在切削加工中,其他常见问题及处理措施见表 5-8。

表 5-8 其他常见问题及处理措施

问 题	处 理 措 施
工件的夹紧松弛	确定切削力的方向和材料的位置 尽力提高夹紧力 通过减少径向和轴向切削深度来减小切削力 选择具有疏齿距和正前角结构的铣刀 选择带小刀尖圆角半径和小平行面的正前角刀片 如有可能,选择具有薄涂层和锋利的切削刃的刀片;如果需要,选择非涂层刀片 避免加工时,逆着切削力的方向来支撑工件
工件的轴向差	首选具有正前角刀片的方肩面铣刀 选择具有锋利切削刃和大后角(可产生低切削力)的刀片槽形 减小轴向切深,使用具有小刀尖圆角半径和小平行面及锋利切削刃的正前角刀片来尽量降低轴向切削力
机床主轴或刀具的大悬伸	始终使用疏齿和不同齿距的铣削刀具 平衡径向和轴向的切削力,使用 45°的主偏角、大刀尖园角半径或圆形刀具 使用带轻型切削槽形的刀片 尽量减少悬伸,并以 mm 计算

续表

问 题	处 理 措 施
方肩铣时机床主轴径向差	选择尽可能小的铣刀直径,以获得最合适的主偏角;铣刀直径越小,径向切削力也就越小 选择正前角和轻型切削槽形 尝试逆铣
工作台进给不均匀	尝试逆铣 调整垫圈到球形螺钉(CNC 机床)的预应力;在传统机床上调整锁紧螺母或更换螺钉

5.3.8 圆角和型腔的高效切削

1. 圆角切削

传统切削圆角的方法是在圆角处使用非连续过渡的线性运动(G01),这就是说,当刀具到达圆角时,由于线性轴的动力特性限制,刀具必须减速。在电动机改变进给方向前,有一短暂的停顿,但主轴转速不变,这个短暂的停顿使刀具和工件材料因摩擦产生大量的热量。如果切削铝或其他轻合金,这些热量会产生燃烧痕迹。从视觉角度来说,工件表面质量将恶化,对某些材料来说,结构上遭到改变,甚至不满足公差要求。

在传统的圆角切削中,刀具圆角半径与圆角半径相同,这样能获得最大的接触长度和圆弧角度(常常在一个象限)。

如图 5-37 所示,在圆角切削中,使用非连续过渡的线性运动(G01)最典型的结果是振动。刀具越长,或者刀具总悬伸越长,振动越强。不稳定的切削力常常造成圆角的欠切削,当然也存在切削刃崩刃或整个刀具损坏的危险。

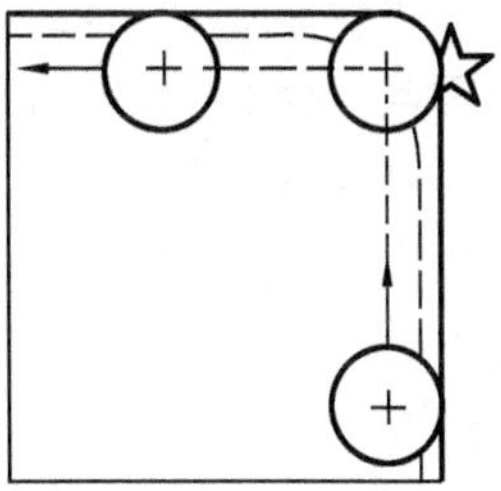

解决圆角切削中的问题的几种方法如下。

(1) 使用半径更小的刀具,在模具上加工出所需的圆角半径。使用圆弧插补(G02,G03)生成加工

图 5-37 非连续过渡导致的振动

路径,这种运动在轨迹上不产生任何确定的停顿,这意味着这种运动可提供平滑的连续的过渡,振动的可能性很小(见图 5-38)。

(2) 如图 5-39 所示,通过圆弧插补产生比图样上规定的更大圆角半径。这种做法有时是有利的,因为它可以在粗加工中使用较大的刀具直径,以保持最高生产率。圆角上剩余的余量可以通过使用小直径刀具和圆弧插补将余量铣削除去。圆角的加

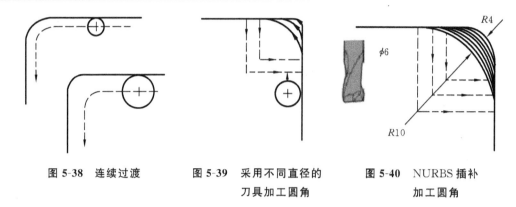

图 5-38 连续过渡　　　图 5-39 采用不同直径的　　　图 5-40 NURBS 插补
　　　　　　　　　　　　　刀具加工圆角　　　　　　　　 加工圆角

工余量可通过轴向铣削实现,采用优良编程技术可以保证平滑的路径和退出。在半精加工前或在半精加工中进行圆角的余量铣削也很重要,它可为精加工提供均匀的余量和高生产率。如果型腔深(长悬伸),应保持低的 a_p/a_e(轴向切削深度/径向切削深度),以避免弯曲和振动(在淬硬钢的高速切削中,a_p/a_e 约为 0.1~0.2)。

如果使用基于圆弧插补(或 NURBS 插补)的编程技术,可以执行连续的刀具路径,以及完成进给率和速率的指令(见图 5-40),机床可以获得更高的速度和更好的加减速性能。

该方法可以将生产率提高 20%~50%。

2. 坡走铣和圆弧插补

轴向进给能力在许多工序中都有其优势。这些特点使其可以进行各种钻削、铣削,如孔、型腔以及轮廓都能被高效地加工。

以高进给率进行坡走铣可达到工件的很深处,使圆刀片刀具成为加工复杂形状的优秀刀具。例如,五轴机床上的仿形铣削以及三轴机床上的粗加工。

坡走铣是在工件上加工型腔的一种有效方法。对于大直径孔,螺旋插补铣是一种比使用大直径镗刀更为高效的方法,切屑控制的问题也通常可以消除。

坡走铣从中心开始,在型腔中围绕中心向外切削,这样有利于排屑。由于铣刀在轴向切削深度上有限制,它随刀具直径、坡走铣角度而变。因此,应根据具体情况,使用不同坡走角的刀具。

坡走角与刀具直径、刀体的间隙、刀片型号和切削深度有关。使用 12 mm 刀片的 32 mm CoroMill 200 铣刀,切削深度为 6 mm 时,可以 13°进行坡走铣;而 80 mm 铣刀只能使用 3.5°的坡走角。刀体间隙的量也与刀具直径有关。

在模具制造业中,常常使用的是刀具以主轴的轴向方向上的螺旋形状路径进给,而工件是固定的。在镗削中,这是最常见的。在用大直径刀具切削孔时,具有以下优点。第一,可以用一种且相同的刀具切削大直径。第二,用这种方法切削时,由于刀具的直径比待加工的孔的直径小,所以断屑和排屑一般不成问题。第三,振动的危险小。建议待加工的孔的直径是刀具直径的两倍。当使用圆弧插补时,请记住检查最大的坡走角度。

由于这些刀具的切削力主要是轴向的,因此这些方法还适用于机床主轴刚度差、刀具悬伸长等场合。

3. 分段加工

当切削大的压模时,刀片常常需要转位好几次。与手动及中断切削过程不同,如果在工艺规划和编程中采取了安全措施,数控机床就可以有条不紊地完成大的压模的切削。

基于经验或其他信息,材料需加工的表面可以分为几个部分,可以按照自然边界或基于模具中的某些半径大小来分。重要的是每个部分要加上安全余量,这样就可以在替换刀具前,用一套刀片的切削刃或整体硬质合金切削刃切削。

这种技术可以充分利用自动换刀和替换刀具。

这种技术可以用于粗加工到精加工的切削。现在的接触探头或激光测量设备可以精确测量刀具直径和长度,可以提供小于 $10~\mu m$ 的表面匹配。它还具有以下优点:

- 更好地利用机床——中断少,人工换刀少;
- 更高生产率——容易优化切削参数;
- 性价比高——每小时优化实际的机床成本;
- 模具的几何精度更高——可以在刀具过度磨损前更换精加工刀具。

5.3.9 曲面铣削时的注意事项

(1)粗铣时应根据被加工曲面给出的余量,用立铣刀按等高面一层一层地铣削。这种粗铣方式效率高,但粗铣后的台阶高度视粗铣精度而定。

(2)半精铣的目的是铣掉残留的台阶,使被加工表面更接近于理论曲面。半精铣一般采用球头铣刀加工,并为精加工工序留出 0.5 mm 左右的加工余量。半精加工的行距和步距可比精加工大。

(3)精加工最终加工出理论曲面。用球头铣刀精加工曲面时,一般用行切法。

(4)球头铣刀在铣削曲面时,其刀尖处的切削速度很低。如果用球刀垂直加工比较平缓的曲面时,用球刀刀尖切出的工件表面质量比较差,所以除适当地提高主轴转速外,还应避免用刀尖切削。

(5)避免垂直下刀。平底圆柱铣刀有两种:一种是端面有顶尖孔,其端刃不过中心;另一种是端面无顶尖孔,其端刃相连且过中心。在铣削曲面时,有顶尖孔的端铣刀绝对不能像钻头似的向下垂直进刀,除非预先钻有工艺孔,否则会把铣刀顶断。如果用无顶尖孔的端铣刀时可以垂直向下进刀,但由于刀刃角度太小,轴向力很大,所以也应尽量避免垂直下刀。最好的办法是向斜下方进刀,进到一定深度后再用侧刃横向切削。在铣削凹槽面时,可以预钻出工艺孔,以便下刀。用球头铣刀垂直进刀的效果虽然比平底的端铣刀要好,但也因轴向力过大、影响切削效果的缘故,最好也不使用这种下刀方式。

(6) 在铣削曲面零件时,如果发现零件材料热处理不好、有裂纹、组织不均匀等现象时,应及时停止加工,以免浪费工时。

(7) 在铣削比较复杂的模具型腔时,一般需要较长的时间,因此,在每次开机铣削前,应对机床、夹具、刀具进行适当的检查,以免在加工中途发生故障,影响加工精度,甚至造成废品。

(8) 在铣削模具型腔时,应根据加工表面的粗糙度适当掌握修锉余量。对于铣削比较困难的部位,如果加工表面粗糙度值较高,应适当多留些修锉余量;对于平面、直角沟槽等容易加工的部位,应尽量降低加工表面粗糙度值,减少修锉工作量,避免因大面积修锉而影响型腔曲面的精度。

5.4 切削液

在金属切削加工中,合理选用切削液可以改善切屑、工件与刀具间的摩擦状况,抑制积屑瘤和鳞刺的产生,从而降低切削力和切削温度,减少工件热变形,提高加工精度和减少已加工表面粗糙度值,延长刀具寿命。所以,应当对切削液的选用予以重视。

5.4.1 切削液的分类

金属切削加工中常用的切削液有三大类:水溶液、乳化液、切削油。

1. 水溶液

水溶液的主要成分为水和一定的添加剂。它的冷却性能好,同时具有良好的防锈性能和一定的润滑性能,液体呈透明状,便于操作者观察。

2. 乳化液

乳化液是将乳化油用水稀释而成。乳化油是由矿物油、乳化剂及添加剂配成,用95%~98%的水稀释后即成为乳白色的或半透明状的乳化液。水的品质很重要,它占切削液的绝大部分,如果水质太硬或包含太多的氯化物、硫化物、磷化物等杂质,那么由其合成的冷却液性能也将受到影响,比如它的稳定性,就会因为水质太硬而大打折扣,冷却液的浓度需要增加,过滤效果将降低,防锈功能下降。

乳化液具有良好的冷却作用,但因为含水量大,所以润滑、防锈性能较差。为了提高其润滑和防锈性能,可再加入一定量的油性、极压添加剂和防锈添加剂,配成极压乳化液或防锈乳化液。

3. 切削油

切削油的主要成分是矿物油,也有少量采用动植物油或复合油的。纯矿物油不能在摩擦界面上形成坚固的润滑膜,润滑效果一般。在实际使用中常常加入油性添加剂、极压添加剂和防锈添加剂,以提高其润滑和防锈性能。

动植物油具有良好的"油性",适于低速精加工,但其容易变质,因此最好不用或少用,应尽量采用代用品,如含硫、氯等极压添加剂的矿物油。

纯油切削液用于要求高度物理润滑的加工场合,例如齿轮滚齿、拉削、枪钻和研磨加工。纯油切削液的热传导性很差,也许会引起燃烧,当然也易造成地面滑腻,车间内的油雾还易造成火灾。

5.4.2 切削液的作用机理

1. 切削液的冷却作用

切削液能够降低切削温度,从而可以提高刀具寿命和加工质量。在刀具材料的耐热性较差、工件材料的热膨胀系数较大,以及两者的导热性较差的情况下,切削液的冷却作用显得尤为重要。

切削液冷却性能的好坏,取决于它的导热系数、比热、汽化热、汽化速度、流量、流速等。一般来说,水溶液的冷却性能最好,切削油最差,乳化液介于两者之间而接近于水溶液。

2. 切削液的润滑作用

当切削金属时,切屑、工件与刀具间的摩擦可分为三类:干摩擦、流体摩擦、边界润滑摩擦。真正的干摩擦只发生在绝对清洁的表面之间,这时摩擦系数很大,摩擦力的值取决于金属的抗剪强度。在大气中进行干切削时,由于氧化作用,可以使摩擦系数稍微降低。

切削金属时使用切削液,在切屑、工件、刀具界面的油膜之间形成流体摩擦。此时,切削液的润滑效果较好。但在很多情况下,随着切屑、工件、刀具界面间承受的载荷增加,温度升高,油膜厚度减薄,直至部分被破坏,导致凸起的金属尖峰直接接触。此时,由于润滑液的渗透和吸附作用,部分接触面仍存在润滑液的吸附膜,起到减少摩擦系数的作用,这种状态称为边界润滑摩擦。边界润滑摩擦时摩擦系数值大于流体摩擦,但小于干摩擦。

大多数的金属切削过程是在边界润滑条件下进行的。边界润滑一般分为低温低压边界润滑、高温边界润滑、高压边界润滑、高温高压边界润滑等。一般切削液在200℃左右即失去其润滑能力,因此只适用于低温低压边界润滑。在某些切削条件下,切屑、刀具界面间可达到600℃~1 000℃左右的高温和1.47~1.96 GPa(150~

200 kg/mm²)的高压,这就形成了高温高压边界润滑,或称为极压润滑。

在流体润滑中,润滑液的承载能力随润滑液的粘度增加而增加。在边界润滑中,由于不存在完整的油膜,其承载能力已与油的粘度无关,而取决于润滑液中的"油性",即对金属有强烈吸附性的原子团。在一般金属的低速精加工切削时,切削液主要是添加了动植物油脂的油性添加剂,在切屑、工件、刀具界面间形成吸附膜,即润滑膜。在极压润滑状态时,必须依靠极压添加剂(如含硫、磷、氯的极压添加剂),在切屑、工件、刀具间形成化学吸附膜(如氯化铁、硫化铁等)。

3. 切削液的清洗作用

当切削金属产生碎屑时,要求切削液具有良好的清洗作用。切削液的清洗性能与切削液的渗透性、流动性、使用的压力有关。

4. 切削液的防锈作用

为了减少工件、机床、刀具受周围介质(空气、水分)的腐蚀,要求切削液具有一定的防锈作用。切削液的防锈作用取决于切削液的性能和加入的防锈添加剂的性能。

5. 切削液的选择和使用

切削液应当根据工件材料、刀具材料、加工方法和加工要求进行选用。一般情况下,高速钢刀具用于粗加工时,应选用以冷却作用为主的切削液;用于中、低速精加工时,应选用润滑性能好的极压切削液或高浓度的极压乳化液。硬质合金刀具用于粗加工时,可以不用切削液,必要时可以采用低浓度的乳化液或水溶液,但必须连续、充分地浇注(见图 5-41);用于精加工时,应以改善加工表面质量和提高刀具寿命为主,适当注意提高润滑性能。高强度钢和高温合金钢等难加工材料,对切削液的冷却、润滑作用有较高的要求,此时应尽可能采用极压切削油或极压乳化液。由于硫对铜、铝有腐蚀作用,故加工铜、铝及其合金时,不要使用含硫的切削液。

图 5-41 连续、充分浇注切削液　　　图 5-42 喷雾冷却

切削液的施加方法以浇注最多。使用此方法时,切削液浇注流量应充足,浇注位置应尽量接近切削区,以达到有效冷却、润滑、排屑的目的。另外,利用压缩空气使切削液雾化,并高速喷向切削区,微小液滴汽化带走大量的热量,起到冷却的作用,这种方法称为喷雾冷却法(见图 5-42)。

5.4.3 切削液使用基础知识

错误或不适当的使用冷却液可能会对生产造成负面影响,比如生产效率、零件成本、安全生产甚至环境污染。具体来说,不正确使用切削液会影响零件质量,缩短刀具寿命,造成不必要的停机时间。

在机床上,切削液被储存在一个箱体内,由泵吸出浇在切削区域上,或者喷洒在工件上。切削液的主要功能是润滑、冷却刀具和工件,冲走堆积的碎切屑,随后,混有金属碎屑的切削液流回箱体,其中的金属碎屑被过滤掉,而安装在箱体内的碟式除油器用来消除切削液中的油污,保持切削液的清洁。

切削液或磨削液,或者用于冲刷工件的液体,通常都被称为冷却液。它的主要功能就是润滑和带走热量。传统的冷却液是水基的,包括乳化油,或者是半合成切削液。它们不是机床润滑油。

单机的冷却液系统。单机有一套几百升的冷却液储存箱和一个泵水系统,回收系统装有过滤装置,用来去除切屑和油污。单机的冷却液需要更多的维护工作,冷却液更容易因挥发而浓缩,因泵的体积小和不连续流动致使冷却液变质。因此,要求冷却液适用品种繁多的工件材质,同时要有良好的抗菌性能。单机的冷却液要求有制度上的日常检测(主要是利用光学浓度仪检测浓度),每日添加。

中央管理的冷却液系统。中央冷却液箱体通常可以储存 3 785 升的冷却液,为数台机床提供冷却液。这些成组机床加工对象类似,例如磨床组或发动机箱体生产线。冷却液必须每天检测,并且是持续流动的。这样的冷却液一般是专门配制的,比如良好的过滤性和低泡沫性,为合成与半合成切削液。

机床制造商在设计机床时就考虑到了切削液将会对机床各部分造成怎样的影响,同时也考虑到机床各部分润滑液对于切削液来说,也应是兼容的或易于分离的。

在购买冷却液时,若只考虑价格,则肯定是不合适的。冷却液的价格还应包括处理废液的花费,使用时间的长短,浓度的高低,是否对操作者有害而增加劳保费用,停机时间,维护是否费时费力等。

高压和大流量冷却液现在使用得越来越多。那种要求高压、快速通过机床主轴与刀杆,喷溅在刀尖上的冷却液,品质要求是很高的,而合成液最适合这种工况。它透明、低泡沫,而且不产生油烟。高压冷却液可以打入切削区,快速排屑,延长刀具寿命,并获得很好的加工表面质量。

5.4.4 切削液的日常管理

机床的工作区域是封闭的,这样才能保障操作者的安全,并能收集切削液。

提供安全自锁装置。当高压切削液工作时,若操作者误开机床门,高压水泵则应立即停机。

高效的切削液必须是低泡沫的,具有好的混合稳定性、阻热性和抗分离性。泡沫有时是因为水质过软而引起的,当然含矿物质低的蒸馏水也不行。泡沫使空气阻挡切削液与切削区域的结合,不能起到冷却或润滑的效果,也不能使切削液得到好的过滤,更容易使切削液溢出水箱。泡沫无论是易破的大泡还是像刮脸霜那样的小泡都是有害的。添加使水质变硬的添加剂或降泡剂虽然作用的时间是临时的,但更易导致以后产生其他问题,当它们失效后会产生更多的泡沫,并使切削液变得不稳定。

切削液的热传导性也很重要。因为高泵速会使切削液升温,而切削液升温会生成大的泡沫,降低切削液的冷却效果,降低刀具寿命,影响工件加工尺寸精度。所以切削液应该是热传导很高,同时,储存箱要足够大,使回收的切削液降温,甚至有切削液降温设施。

5.5 卧式加工中心和立式加工中心

卧式和立式加工中心是切削金属的常用数控机床,下面分别介绍它们各自的优缺点。

1. 卧式加工中心

卧式加工中心的外形如图 5-43 所示。

优点:

易于排屑;

可安装交换工作台;

容易将 3 轴机床改装成 5 轴机床;

高速进给时易于实现正确的加速度;

可以安装大功率的自动换刀装置(ATC);

易于实现深孔加工。

缺点:

工件尺寸受局限;

对刀具重量有限制;

占据的地面空间大;

工件夹持比立式加工中心更困难。

图 5-43 卧式加工中心

2. 立式加工中心

立式加工中心的外形如图 5-44 所示。

优点:

机床刚度和精度容易保证；
适合于模具的加工；
可以配装很重的刀具；
容易将3轴机床改装成5轴机床；
夹具安装和工件装卸较为方便；
缺点：
很难进行快速进给的加工,加速度失真；
排屑困难；
自动换刀装置(ATC)复杂；
加工过程监视较困难。

图5-44　立式加工中心

加工中心加工过程可见视频《加工中心加工》、《加工中心加工机架》、《加工中心加工曲轴》。

5.6　数控机床的润滑及维护保养

对数控机床进行日常保养的宗旨是：延长各零部件的寿命和正常机械磨损周期,防止意外事故的发生,争取机床能在较长时间内正常工作。具体要求在机床说明书上都有明确规定,表5-9所示为某一著名机床厂商的机床维护保养规程。

表5-9　某型号机床维护保养规程

时间周期	保养维护项目
50 min	清理控制区 检查冷却、润滑装置过滤网 清理整个机床 清洁防护玻璃,检查破损情况 清理排屑器
250 min	检查液压系统液位 检查液压夹紧装置液位 更换冷却系统过滤网 检查冷却系统液位 检查冷却单元电气柜 检查夹紧系统夹紧力 功能性试验"急停"按钮 检查油雾系统——检查压缩空气 检查油雾系统过滤元件 检查油雾系统液位

续表

时间周期	保养维护项目
250 min	清理电气柜风扇过滤网 检查主轴冷却系统的冷却单元的液位 检查主轴冷却系统——清洁冷却单元散热板 清理刀具库 清理刀库刀具,确认传感器正常
500 min	检查油雾系统并注油 检查回转工作台油位 检查液位、润滑系统、旋转传递装置 检查中央润滑系统的液位
1 000 min	检查圆锥定位损坏情况 检查主轴——调整刀具夹紧系统 检查液压和冷却润滑单元——检查油管连接
2 000 min	检查防护刮板损坏程度,必要时更换 检查主轴——旋转传动装置,由客户服务部门更换 检查主轴——HSK 夹紧器械有密封圈,由客户服务部门更换 检查旋转 B 轴齿轮单元的液位 检查液压夹紧设备——换油 更换切削液 清理冷却润滑单元 检查油-气润滑系统。 清理或更换气动单元过滤系统 目检齿轮带损坏程度
4 000 min	液压系统换油 更换旋转视窗玻璃 更换观察玻璃

第6章 高速切削加工常识及在模具加工中的应用

6.1 高速切削加工常识

现在有很多纷繁复杂的关于高速切削的不同看法,也能经常看到与此有关的各种讨论。本节以简单的方式和实际的观点来讨论高速切削。

1. 历史背景

高速切削(HSM)一般是指在高转速和高进给下的立铣刀的铣削加工。例如,以很高的金属去除率对铝质工件材料的封闭槽型腔进行切削。在过去的60年中,高速切削已经广泛应用在金属与非金属材料的加工,包括有特定表面形状要求的零件和硬度高于或等于50HRC的材料切削。对于大部分硬度为32~42HRC的钢零件,当前的加工方法如下。

- 在软(退火)工况下,对材料的粗加工和半精加工切削。
- 为达到最终要求(硬度为63 HRC)对零件表面进行热处理。
- 在模具制造中,对某些零件的电极加工和放电加工(EDM),特别是金属切削刀具难以接近的小半径深型腔的加工。
- 用适合的硬质合金、金属陶瓷、整体硬质合金、混合陶瓷或多晶立方氮化硼(PCBN)刀具进行圆柱、平面、型腔的精加工和超精加工。

对于许多零件,生产过程牵涉以上方法的组合应用。在模具制造中,它还包括费时的手工抛光和精整加工,结果导致生产成本高且可能会拖延交付日期。

在模具制造业中非常普遍的是,同样的设计只用来生产一个或几个同一产品。之后,这一设计需要不断修改以适应不同产品,并且因对设计的修改又会产生对测量和修整工艺进行变化的需要。

模具的质量标准与尺寸、槽形和表面粗糙度有关。如果机加工的质量不能满足要求,就需人工的精整加工。手工精整加工可达到令人满意的表面质量,但是它总是对尺寸和槽形的精确性产生负面影响。

模具制造业的主要目标之一就是减少或免除手工抛光,从而提高模具质量、降低生产成本和缩短交付时间。

2. 高速切削发展的主要因素

随着时代的发展和科学技术的进步,使得高速切削的应用越来越广泛,实际上,也是经济和技术方面的因素促使了高速切削的发展。

(1) 企业生存。市场上日益激烈的竞争,导致了不断刷新原有标准,对时间和成本的要求也越来越高,企业生存的压力越来越大,这就迫使生产企业采用新的工艺和新的生产技术。高速切削正为此提供了希望和解决方案。

(2) 新材料。新出现的以及更难加工的材料再次强调了探寻新的切削解决方案的必要性。如航空航天领域应用抗高温不锈钢合金,汽车工业使用不同的双金属材料等。从粗加工到精加工,模具制造业始终面对切削高硬度工具钢的难题。

(3) 产品质量。空前激烈的竞争导致了对零件或产品质量更高的要求。高速切削如果使用正确,可以在这个领域提供一些解决方案。高速切削替代手工精加工就是一个例子,这对具有复杂 3D 槽形的模具尤为重要。

(4) 新工艺。采用高速切削,可在更少的配置和简化的流程(物流)基础上,能在很大程度上解决对缩短加工时间的要求。使用高速切削,也可以减少和免除费时费钱的电加工(EDM)工序。

(5) 快速制造。立于激烈竞争的不败之地就是不断地推陈出新。现在小汽车的平均生命周期是 4 年,计算机和配件是 1 年半,而移动电话仅为 3 个月……高速切削技术的应用就是顺应这种人们生活方式快速改变和快速开发产品的先决条件。

(6) 复杂产品的加工。零件的功能(表面)越来越多,例如新设计的涡轮叶片提供了新型和优化的功能。早期的涡轮叶片设计允许用手或机器人(机械手)来进行抛光,而新的、复杂形状的涡轮叶片必须通过自动机床加工来获得精确的表面几何精度,而最好的加工方法就是用高速切削(见视频《车-铣加工中心加工叶片》)。

(7) 制造设备的进步。随着切削材料、刀柄、机床、控制系统,特别是具有 CAD/CAM 特性的设备的迅猛发展,为采用高速切削提供了可能性。

3. 高速切削的原始定义

Salomons 把高速切削定义为"在很高速度下进行的加工",他假设:"在某一切削速度下(比传统加工速度高 5~10 倍),去除切屑的切削刃上的温度开始降低…",并得出结论:"在高切削速度下,使用传统刀具似乎为提高生产率提供了机会……"。

但是,现代的研究并没有全面验证这个假设。对于不同的材料,从某一切削速度开始,切削刃上的温度会相对降低,对于钢和铸铁来说,这种温度降低不大;而对于铝和其他有色金属来说却比较大。因此,高速切削的定义还必须依据其他因素。

4. 当今对高速切削的定义

目前,对高速切削的定义有许多观点,让我们看一下这些定义中的几个:
- 高切削速度的加工;
- 高主轴速度的加工;
- 高(大)进给加工;
- 高主轴速度和高(大)进给加工;
- 高生产率加工。

下面我们将讨论加工工艺与高速切削有联系的参数。从实用的观点描述高速切削非常重要,这也可为高速切削的应用提供了许多实用准则。

5. 真实的切削速度

由于切削速度取决于主轴转速和刀具直径,从某个角度上说,高速切削应当被定义为"真实的切削速度"。切削速度与进给速度的线性关系产生了"高速度下的高进给量"的结果。只要每齿进给量和齿数保持不变,如果选择使用较小的刀具直径,那么进给速度将变得更高(见图 6-1)。为了补偿较小的直径,必须增加主轴每分钟的转数,以保持切削速度不变,增加主轴每分钟的转数又导致更高的进给速度(v_f),即

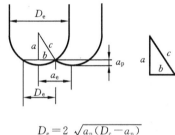

$$D_e = 2\sqrt{a_p(D_c - a_p)}$$

有效切削速度

$$v_c = \frac{\pi \times n \times D_e}{1\,000} /(\text{m/min})$$

图 6-1 真实的切削速度

$$f_n = f_z \times n \times z /(\text{mm/min})$$

6. 浅切削

对典型的高速切削来说,限定切削的深度是必要的。高速切削的 a_e(径向切削宽度)、a_p(轴向切削深度)和 h_m(平均切屑厚度)都比传统切削要低,因而材料去除率远比传统切削小得多。当然铝、有色金属材料的加工例外。

7. 应用技术

为了进行高速切削,必须使用专用的机床及具有特殊功能的数控系统。所有的生产设备必须根据高速切削的特殊工艺而设计。

采用有利刀具路径的先进编程技术也是必要的。为每个工步及相应的刀具保证恒定的切削余量是高速切削的先决条件和保证高生产率、工艺安全的基本准则。这种类型的加工必须要有适合高速加工的切削刀具和刀柄。

8. 在淬硬工具钢中的高速切削特性

在模具制造中,目前高速切削的最大工件尺寸约为 400 mm×400 mm×150 mm(长×宽×高)。最大尺寸与高速切削中相对低的材料去除率有关,当然也与机床的

动力特性和尺寸有关。

大部分模具使用高速切削完成所有的加工,其典型工序为粗加工、半精加工、精加工和许多情况下的超精加工。圆角和圆弧的去粗铣削总是要为后续工序的刀具留下一定的加工余量。在许多情况下会使用3~4种刀具。

立铣刀直径范围通常为1~20 mm。80%~90%的切削刀具是整体硬质合金立铣刀或球头立铣刀,也常常使用有大圆角半径的立铣刀。整体硬质合金刀具具有加强的切削刃,并且有0°前角或负前角(主要用于硬度在54 HRC以上的材料)。一个典型而重要的整体硬质合金立铣刀的特点是,为得到最大弯曲刚度而加大力芯的直径,也就是意味着较浅的容屑槽。

使用短切削刃球头立铣刀是非常有利的,另外就是球头立铣刀通常是大头细颈,当沿小间隙的陡壁切削时,这个特点是必需的。也可以使用带可转位刀片的尺寸较小的切削刀具,特别是用于粗加工和半精加工时。这些刀具应具有最大的刀柄稳定性和抗弯刚度,锥度刀柄也提高了刚度。

进行高速切削的模具槽形应当是浅的,不能太复杂。一些槽形形状也适合于具有高生产率的高速切削(见图6-2)。轮廓切削的刀具路径与顺铣结合得越好,切削效果就越佳。

图6-2 高速切削的典型工件——汽车零件的铸模和塑料瓶、耳机的模具

当采用高速切削对淬硬工具钢进行精加工或超精加工时,应采取浅深度切削,切削深度应不超过$0.2/0.2(a_e/a_p)$,这是为了避免刀柄、切削刀具产生过大的弯曲,保持模具的小公差和槽形精度。每道工序均匀分布的加工余量是保证恒定高生产率的条件,当a_e/a_p恒定时,切削速度和进给率应总是保持在恒定的高水平上,这样,机械变化和切削刃上的负载较小,刀具寿命也提高了。

9. 切削参数

采用TiCN或TiAlN涂层的整体硬质合金立铣刀高速切削淬硬钢(54~58HRC)的典型切削参数如下。

对粗加工,有:
实际切削速度 v_c 为 100 m/min;
轴向切削深度 a_p 为刀具直径的 6%～8%;
径向切削深度 a_e 为刀具直径的 35%～40%;
每齿进给量 f_z 为 0.05～0.1 mm/z。

对半精加工,有:
实际切削速度 v_c 为 150～200 m/min;
轴向切削深度 a_p 为刀具直径的 3%～4%;
径向切削深度 a_e 为刀具直径的 20%～40%;
每齿进给量 f_z 为 0.05～0.15 mm/z。

对精加工和超精加工,有:
实际切削速度 v_c 为 200～250 m/min;
轴向切削深度 a_p 为 0.1～0.2 mm;
径向切削深度 a_e 为 0.1～0.2 mm;
每齿进给量 f_z 为 0.02～0.2 mm/z。

这些典型(参考)切削参数还与悬伸、应用的稳定性、刀具直径、材料硬度等有关。在对高速切削的讨论中,有时所提到的切削速度值极高,在这种情况中,切削速度 v_c 可能是用刀具的名义直径计算,而不是按照有效切削直径进行计算的。

例如 90°的立铣刀,直径 6 mm,实际切削速度为 250 m/min 时的主轴转速为 13 262 r/min;球头立铣刀,名义直径为 6 mm,轴向切削深度 a_p 为 0.2 mm 时的有效切削直径为 2.15 mm,实际切削速度为 250 m/min 时的主轴转速为 36 942 r/min。

10. 高速切削的实用定义——结论

○ HSM 不是指简单意义上的高切削速度,它应当被认为是一种用特定方法和生产设备进行加工的工艺。

○ 高速切削无需高的主轴转速,许多高速切削使用的是主轴中等转速,并采用大尺寸刀具进行加工的。

○ 如果在高切削速度和高进给条件下对淬硬钢进行精加工,切削参数可为常规值的 4～6 倍。

○ 如果小尺寸零件的粗加工到半精加工、精加工,以及任何尺寸零件的超精加工全部采用高速切削,那么意味着极高的生产效率。

6.2 高速切削的应用

1. 高速切削的主要应用范围

(1) 铣削型腔。正如前面所讨论的,可以将高速切削技术用于硬度高达60～63HRC的高合金工具钢的铣削加工。

在这种硬度材料中铣削型腔时,为每一道工序即粗加工、半精加工和精加工选择合适的切削刀具和刀柄是至关重要的。为了能成功地进行切削,使用优化的刀具路径、切削参数和切削策略也很重要。

(2) 铣削锻模。大部分锻模(见图6-3)适合用高速切削技术进行加工,这是因为它们大部分为浅的槽形。使用的刀具较短,故其弯曲小(从而有更高的稳定性),因此总是能获得高生产率。由于锻模表面非常硬,常常有裂纹,所以锻模(槽形陷入的部分)要求极为苛刻,即要求高质量的表面精铣加工。

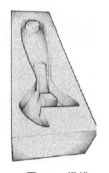  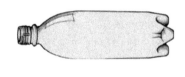

图6-3 锻模　　　　图6-4 铸模内芯　　　　图6-5 注塑模生产的成品

(3) 铣削铸模。因为大部分铸模内芯(见图6-4)是用要求很高的工具钢制造的,一般为中小尺寸,所以铸模制造是高速切削的高生产率应用领域。

(4) 铣削注塑模和吹塑模。这类模具(注塑模生产的成品见图6-5)也适合用高速切削技术进行加工。因为它们的尺寸非常小,这使得它们可以在一次装夹中即可非常经济地完成从粗加工到精加工的所有工序。这些模具中的许多部分有着相对深的型腔,这要求很好地规划进给方法、退刀程序和全部走刀路径。经常采用长而细的刀柄、加长杆与切削力小的刀具组合。

(5) 铣削石墨电极和铜电极。这是一个使用高速切削的理想领域。石墨电极和铜电极可用TiCN或金刚石涂层的整体硬质合金立铣刀以高生产率方式加工。

(6) 原型制造。这是高速切削最早的应用领域之一。这个领域一般采用易于加工的材料,如有色金属、铝和锌合金。切削速度常常高达1 500～5 000 m/min,因此进给量也非常高。

(7) 高速切削也常用于:
- 小批量零件加工;
- 航空航天、电气/电子、医药和国防等领域的铝、钛、铜零件的原型制造和初始系列制造;
- 飞机零件,特别是机身部分,也包括发动机零件的制造;
- 灰口铸铁和铝制汽车零件的制造;
- 切削刀具和刀柄(通体淬硬刀体)的铣削加工。

2. 模具的高速切削的目标

高速切削的主要目标之一是通过高生产率来降低生产成本。它主要应用于精加工工序,常常是用于加工淬硬工具钢。

另一个目标就是通过缩短生产时间和交货时间,提高企业整体竞争力。

为实现上述这些目标,高速切削的主要作用如下:
- 少量或单次调试模具的生产;
- 改善模具的槽形几何精度,同时可减少手工劳动和缩短试验时间;
- 使用CAM系统和面向车间的编程来帮助制订工艺计划,通过工艺计划提高机床的利用率。

3. 高速切削的优势

一方面,高速切削时,切削刀具和工件可保持低的温度,这在许多情况下延长了刀具的寿命;另一方面,在高速切削中,吃刀量小,切削刃的吃刀时间特别短,这就是说,进给时间比热传导的时间短(见图6-6(a)),而常规铣削热传导的时间要长一些(见图6-6(b))。

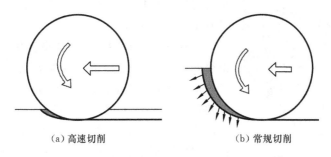

(a) 高速切削　　　　　　(b) 常规切削

图6-6　高速切削与常规切削的热传导比较

(1) 低切削力得到小而一致的刀具弯曲。这与恒定的每种刀具和工序所需的刀具库存结合,是高效和安全加工的先决条件之一。

由于高速切削中切削深度小,刀具和主轴上的径向力小(见图 6-7、图 6-8),减少了主轴轴承、导轨和球形螺钉的磨损。高速切削和轴向铣削也是良好的组合,它对主轴轴承的冲击力小。使用这种方式时,可以使用较长的刀具而振动的风险不大。

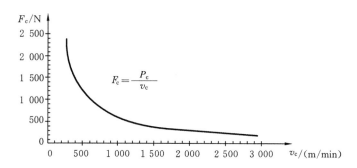

图 6-7 恒定切削功率(10 kW)时,切削力(F_c)与切削速度(v_c)的关系

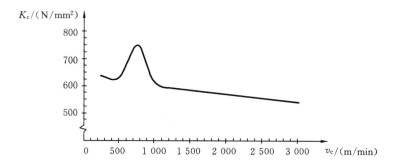

图 6-8 切削铝(牌号 7050)时单位切削力(K_c)与切削速度(v_c)的关系

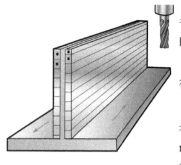

图 6-9 高速铣削薄壁

(2) 小尺寸零件的高生产率切削。如在粗加工、半精加工和精加工工序中,在总的材料去除率相对低时有很好的经济性。

高速切削可在精加工中获得高生产率,同时可获得很好的表面质量,表面粗糙度的值常低于 $R_a 0.2$。

采用高速切削,使薄壁零件的切削成为可能。如果使用图 6-9 所示的方法,就可以切削厚度为 0.2 mm、高度为 20 mm 的薄壁。切削时使用顺铣刀具路径,切削刃和工件之间的接触时间必须特别短,以避免振动和壁的偏斜,刀具的微槽形必须是正前角,切削刃必须非常锋利。

提高模具的几何精度,组装时就更容易和快捷了,不再需要手工修整。无论模具钳工的技能有多高,都不能与 CAM/CNC 高速切削的工件表面纹理和几何精度相比。如果花在切削上的时间多一些,则人工抛光时间可显著减少 60%~100%。

(3) 加工步骤的减少。高速切削可以省去诸如淬硬、电极铣削和放电加工(EDM)等生产工序,从而降低了投资成本和简化物流(见图 6-10),虽然仍需少量的 EMB 设备,但只占用很少的地面空间。高速切削的尺寸精度可以达到 0.02 mm,而 EDM 的公差则为 0.1~0.2 mm。

如果 EDM 未正确使用,会直接在熔化的金属表层下面生成一层薄的再淬硬层,再淬硬层的厚度可达 20 μm,硬度为 1 000 HV。由于它比模具整体结构硬得多,所以必须去除它,但这是一件费时而困难的抛光工作。EDM 还会在再固化的顶层形成垂直疲劳裂纹,在不利条件下,这些裂纹甚至会导致模具的损坏。因此,用高速切削代替 EDM,淬硬模具的寿命可以得到提高。

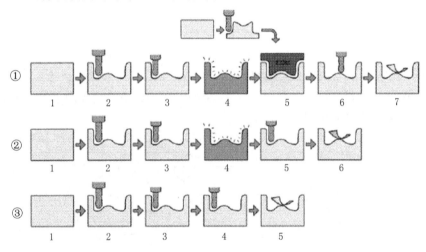

图 6-10 加工流程比较

图 6-10 所示中:

①的加工过程为传统加工过程,即

非淬硬毛坯 1→粗加工 2→半精加工 3→淬硬到工件要求 4→电极加工和 EDM 加工 5→精加工 6→人工抛光 7

②的加工过程为

非淬硬毛坯 1→粗加工 2→半精加工 3→淬硬到工件要求 4→精加工 5(高速切削)→手工抛光

③的加工过程为

毛坯淬硬到工件要求 1→粗加工 2(高速切削)→半精加工 3(高速切削)→精加工 4(高速切削)→手工抛光

③的加工过程与①的加工过程相比,一般可减少 30%～50%的时间。

4. 使用高速切削的缺点

○ 由于起始过程有高的加速度和减速度,对导轨、滚珠丝杠和主轴轴承产生相对较快的磨损,因此维护成本会提高。

○ 需要专门的工艺知识、编程设备和快速传送数据的接口。

○ 可能很难找到并长期雇佣合格的操作人员。

○ 常有相当长的调试和出故障时间。

○ 几乎不需要机床急停功能。因为急停功能来不及保护零件的加工,人为错误和软硬件故障会产生比较严重的后果。

○ 必须拥有良好的加工过程规划。

○ 必须有安全保护措施,使用带安全外罩及防碎片盖的机床;避免刀具的大悬伸;不能使用"重"刀具和接杆;定期检查刀具、接杆和螺栓是否有疲劳裂纹;仅使用注明了最高主轴速度的刀具;不要使用整体高速钢(HSS)刀具。

一个高速切削中刀具破损的实例如图 6-11 所示,在主轴速度为 40 000 r/min 时,直径为 40 mm 的立铣刀刀片破损,掉下的质量为 0.015 kg 的刀片碎片以 84 m/s 的速度飞离,其动能可达53 kg·m²/s²——相当于从手枪中飞出来的子弹。因此,机床防护罩要求安装防弹玻璃。

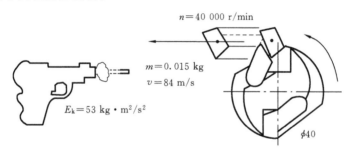

图 6-11 高速切削——刀具破损的危害程度

5. 高速切削中对机床及控制系统的一些典型要求

○ 主轴转速＞40 000 r/min。

○ 主轴功率＞22 kW。

○ 可编程进给率 40～60 m/min。

○ 快速横向进给＞90 m/min。

○ 轴向减速度/加速度＞1g($g \approx 9.8$ m/s²)。

○ 块处理速度 1～20 ms。

○ 增量(线性)5～20 μm。

- 或通过 NURBS 的圆弧插补(无线性增量)。
- 经 RS232 的数据流量＞19.2 kb/s。
- 经以太网的数据流量＞250 kb/s。
- 主轴具有高的热稳定性和刚度,主轴轴承具有高的预张力和冷却能力。
- 通过主轴的送风或冷却液。
- 具有高的吸振能力的刚性机床框架。
- 各种误差补偿——温度、象限、滚珠丝杠是最重要的。
- CNC 中的高级预见功能。

6. 对整体硬质合金切削刀具的典型要求
- 高精度磨削,跳动量小于 3 μm。
- 尽可能小的凸出和悬伸,很大的刚度,以及尽可能低的弯曲所需的粗芯体。
- 为了使振动的风险、切削力和弯曲尽可能小,切削刃和接触长度应尽可能短。
- 使用超尺寸和带锥度的刀柄,这在小直径加工时特别重要。
- 宏晶粒基底和高耐磨性/热硬度的 TiAlN 涂层。
- 具有送风或冷却液的孔。
- 适合淬硬钢的高速切削要求的坚固微槽形。
- 刀具具有对称性,最好通过设计来保证平衡。

7. 对带可转位刀片刀具的典型要求
- 设计保证平衡。
- 主刀片的最大跳动量小于 10 μm。
- 适合淬硬钢高速切削要求的牌号和槽形。
- 刀具体上有适当的间隙,以避免刀具弯曲(切削力)消失时产生摩擦。
- 具有送风或冷却液的孔。
- 刀具体上要标明允许的最大转速。

刀片跳动量对加工表面质量的影响如图 6-12 所示(两个切削刃的刀具加工后工件成形切深表面质量)。

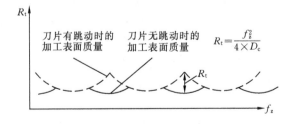

图 6-12 刀片跳动对加工表面质量的影响

8. 高速切削中的切削液

硬质合金,特别是涂层硬质合金刀片在切削时一般不需要切削液。在刀具寿命和可靠性方面,某些牌号的刀片在干切削环境下使用情况更好。

高切削速度会形成一个温度很高的切削区域,在切削的同时,在刀具和工件之间形成了一个温度约为 1 000 ℃ 或更高的区域,任何到达吃刀的切削刃附近的切削液都瞬时转变为蒸气,实际上没有起到一点冷却作用。

在刀片进入和退出切削时,切削区域及刀具的温度会发生变化,而切削液的影响又加剧了这种温度变化。在干切削中,这种变化会发生,但在等级范围之内(最大利用率)。切削液在刀具退出切削时冷却切削刃,温度变化或热冲击会导致刀具承受周期性的应力和热裂纹,这当然会严重影响刀具寿命。切削区域温度越高,越不适合使用切削液。现代硬质合金牌号、金属陶瓷、陶瓷和立方氮化硼刀具都是专为能承受恒定的高切削速度和高温而设计的。

当使用有涂层刀片时,涂层的厚度将起到至关重要的作用。以将沸腾的水倒在薄壁和厚壁玻璃上,观察哪块玻璃开裂为例,也可以说明在切削中应用切削液时,比较薄涂层和厚涂层刀片的不同点。

厚壁或厚涂层的热张力和应力大,因此,厚壁玻璃由于热的中间区域与冷的边缘区域之间温差大而导致开裂,同样的理论可以用于厚涂层刀片。不用切削液与用切削液之间的刀具寿命的差别可高达 40%,在一些特殊的情况下甚至更高,这也是干切削的优点。

在加工粘性材料时,例如低碳钢,必须注意在什么速度下切削刃上会形成积屑瘤,应采取一些措施,切削区域的温度应高于或低于适宜产生积屑瘤的温度。

温度高了,就会产生流动区域,自然就不会产生积屑瘤,或者只产生非常小的积屑瘤。在低的切削速度下,切削区域的温度低,使用切削液对刀具寿命的不良影响也很小。

但也有一些例外,在某些情况下使用切削液可以起到一定程度的"防护"作用。

- 耐热合金的切削一般是以低切削速度同时加切削液进行的。在某些工序中,使用切削液来润滑或冷却零件很重要,特别是在深槽工序中。
- 在不锈钢和铝的精加工中,应防止小颗粒粘结到表面纹理上,这种情况下,切削液有润滑作用,在一定程度上它还可以帮助排出细小的颗粒。
- 加工薄壁零件时使用切削液可防止其变形。
- 在加工铸铁和球墨铸铁时,切削液收集了材料粉尘(也可以用真空除尘设备收集粉尘),降低了污染。
- 使用切削液冲洗机床工作台、零件或机床上不可以粘着金属屑的部件(也可以用传统方法或通过改变设计消除金属屑)。

◦ 使用切削液防止零件和重要的机床零件被腐蚀。

如果必须使用切削液的湿切削,则须保证充足的切削液。应使用在湿切削和干切削条件下都推荐使用的硬质合金刀片,它可以是带韧性基体的现代(具有多层涂层)刀片,也可以是带薄 PVD(TiN 涂层)的微晶粒硬质合金刀片。

在常规切削中,可以使用切削液来防止过多的热量传导到工件、刀具、刀柄和机床主轴。

使用切削液可以冷却刀具和工件,但是可能影响公差。这个问题可以用其他方法来解决。一种方法是将模具的加工分为粗加工和精加工,并在不同的机床上进行,精加工中传导到模具和机床主轴上的热量可以忽略。另一种方法是使用不传导热量的切削刀具,例如金属陶瓷,热量的主要部分由切屑带走。

9. 干切削的优点

◦ 提高生产率。

◦ 降低生产成本。切削液成本及废弃液处理成本占总成本的 15%~20%。而刀具成本只占总成本的 4%~6%。

◦ 拥有更清洁和健康的车间。

◦ 无需维护冷却液罐和系统。通常需要定期清洁机床和冷却液设备。

◦ 一般情况下,在干切削中切屑形成比较好。

高速切削成功应用的主要因素是能将切屑从切削区域全部排除。在切削淬硬钢时,避免切屑的二次切削对于保证切削刃的刀具寿命以及工艺安全性都是至关重要的。如图 6-13 所示为高速切削时冷却与清除切屑的处理方法。

确保良好排屑的最佳方法就是使用压缩空气。如图 6-13(a)所示,压缩空气应直接对准切削区域。如果机床可以通过主轴送风则是最好的。

如图 6-13(b)所示,这种方法是使油雾在高压下对准切削区域,最适宜的是通过主轴。

如图 6-13(c)所示,这种方法是使用高压(压力约为 70 Pa 或更高)且有足够流量

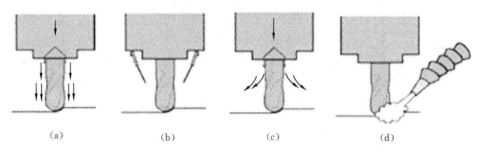

图 6-13 高速切削——冷却与处理切屑的方法

的切削液。最适宜的也是通过主轴。

如图 6-13(d)所示,这种方法是采用低压、低流量的外切削液,这种常规的冷却方法效果最差。

如果使用烧结硬质合金或整体硬质合金刀片,那么第一种方法比最后一种方法的刀具寿命能高 50%。

如果使用金属陶瓷、陶瓷和立方氮化硼刀片,则完全不需要使用冷却液。

6.3 数据传输和刀具平衡

高速切削必须使用专用机床,但相应的计算机软件和具有特定的机床数控系统同样重要,且刀柄和刀具平衡的重要性也不可忽视。

6.3.1 数据传输对高速切削的影响

1. CAD/CAM 和 CNC 结构

高速切削的应用强调了 CAM 和 CNC 技术的必要性。高速切削不仅是一个如何控制和驱动主轴以及如何使主轴转得更快的问题,还提出了工艺链中的不同单元之间数据通信更快的要求。常规 CNC(计算机数字控制)是不能完成高速切削的过程控制的。

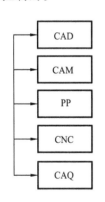

图 6-14 数据传输结构

如图 6-14 所示为现代制造切削加工工艺框图,这种结构的特性是每台计算机具有特定的数据结构,必须对这个加工链中的每台计算机之间交换的数据进行改编和编译,并且这一数据通讯的方向总是单向的。在没有共同标准的情况下,通常存在有多个类型的数据接口。

2. 常规 CNC 的问题所在

常规 CNC 必须对复杂曲线进行简化处理,将复杂曲线分割成很多的小线段,如图 6-15 所示。为了避免可见的折线、拐点的振动痕迹,保证零件的高表面质量,常将步距设得很小(两点间的典型距离值为 2~20 μm)。这样,一个程序就由大量的程序段组成。现在 CNC 处理一个程序段的时间可短到接近 1 ms,如此短的时间,要求 CNC 有非常强大的数据处理和传输能力。同时还要求其有巨量的内存和强的计算能力,这都对常规 CNC 系统提出了太高的要求,限制了其在高速切削技术方面的应用。

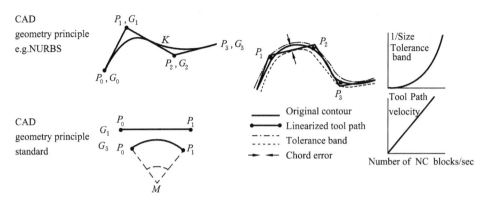

图 6-15　高速切削——CNC 程序的影响

3. 基于 NURBS 的新技术

基于许多直线连接的刀具路径是不连续过渡的,对 CNC 来说,这意味着机床在不同的轴方向上不断进行大的速率跳跃。CNC 在这一问题上的唯一解决办法是在"方向改变"的情况下,降低轴向进给速度,例如在转角处放慢走刀,但是这一办法也意味着生产率的损失。

NURBS 是由 3 个参数构成的,即端点、重量和节点。如图 6-16 所示,NUBRS 基于非线性运动,刀具路径具有连续过渡,因此使它可以具有比较高的加速、减速和插补速度,因此生产效率可以提高 20%～50%。由于机床的平稳运动,也可获得更好的表面质量和更高的尺寸和槽形精度。

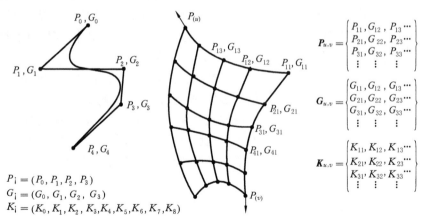

图 6-16　高速切削——NURBS 技术的应用

传统的 CNC 技术对切削条件的变化一无所知,它只关心几何尺寸。如今的 NC 程序包含了进给速度和主轴速度的定值,CNC 只在一个 NC 块里插入一个定值,这为改变进给速度和主轴速度提供了一个"阶梯函数"(见图6-17)。这些迅速而巨大的速度改变,也导致了切削力的波动和切削刀具的弯曲,从而对切削条件和工件质量产生负面影响。

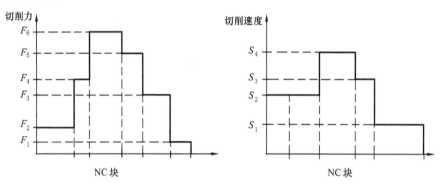

图 6-17　高速切削——"阶梯函数"的影响

如果数控编程采用 NURBS 插值法,那么这些问题就能够得到解决。利用 NURBS 能够对进给速度和主轴速度进行编程,这样能使切削条件产生非常平稳和有利的变化。恒定的切削条件意味着连续改变在切削刀具上的载荷。

与传统 CNC 程序相比较而言,NURBS 技术代表了高密度的 NC 数据。在给定的公差下,一个 NURBS 程序代替了大量的传统 NC 块,这表明在很大程度上解决了高速数据通信能力的问题和短的块循环时间的问题。

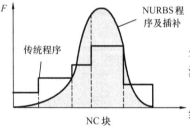

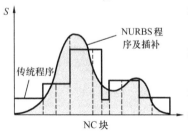

图 6-18　高速切削——对数控系统预读功能的要求

4. 高速切削对数控系统预读功能的要求

在高速切削的应用中,NC 块的执行时间有时少于 1 ms,这一时间远少于机床刀具功能(机械的、液压的、电气的)的反应时间。

对高速切削来说,数控系统带智能预读功能是绝对必要的。如果只有传统的预读功能,它只能事先读取几个块的数据,CNC 必须减速并在这样低的表面速度下控制轴向工作台进给,这样才能控制进给速度的变化,这当然不可能实现高速切削。

智能预读功能可适时读取并检查数百个 NC 块,并且确定在哪些情况下识别、定义的进给速度必须改变,哪里必须采取其他操作。

事先预读功能在操作中分析几何尺寸,并且根据曲率的变化优化进给速度和主轴转速(见图 6-18),它也在允许的公差内控制刀具路径。

在高速切削使用的数控系统中,预读功能是一个基本的软件功能,它的设计、实用性和通用性很大程度上取决于对预读功能的认识。

如图 6-19 所示,零件的上部路径是由没有预读功能的数控机床加工的,它与有预读功能的机床加工的下部路径相比较,它清楚地显示了工件圆角处被切除。

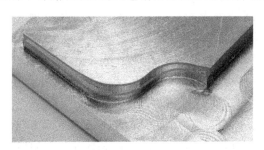

图 6-19　高速切削——有预读功能与无预读功能数控机床加工过程的比较

6.3.2　刀具平衡对高速切削的影响

1. 刀柄的选择

为获得最优的切削加工,刀柄、切削刀具的选择同样很重要。

选择刀柄和切削刀具的一个主要标准是跳动量应尽可能小。跳动量越小,切削刀具上的每个刀片上的负荷就越均匀(从理论上来讲,零跳动量可以获得最长的刀具寿命以及最佳的表面纹理和表面粗糙度)。

在高速切削中,跳动量的值特别关键。切削刃上的千分表总读数应不大于 10 μm。有经验表明:跳动量每增加 10 μm,刀具寿命就减少 50%。

为达到刀具平衡,典型步骤如下:
- 测量刀具、刀柄组件的不平衡;
- 通过变更刀具,通过切削去除一些质量,或移动刀柄上的配重来降低不平衡。
- 重复上述这些步骤,包括再次检查刀具,再次精确调整,直到达到平衡。

刀具平衡还牵涉几个未讨论过的工艺中的不稳定性。其中之一是刀柄与主轴之间的配合问题。刀柄与主轴之间夹紧时常常有可测量的间隙,也可能是锥柄上有切屑或脏污,这会造成锥柄每次定位不相同。即使刀具、刀柄和主轴在各个方面的状态都很好,但如果存在脏污,也会造成不平衡。

为了平衡刀具,会增加切削过程中的成本。如果刀具平衡对降低成本非常重要,就应对具体情况进行分析。

但是,为了很好地平衡刀具,除正确选择刀具外还有许多工作要做。以下是选择刀具时应考虑的方面。

- 购买高质量的刀具与刀柄,应选择预先已消除不平衡的刀柄。
- 最好使用短的和尽可能轻的刀具。
- 定期检查刀具和刀柄,检查是否有疲劳和变形的征兆。

切削中能接受的刀具不平衡由加工工艺自身的情况来确定。这些情况包括切削过程的切削力、机床的平衡状况及这两个因素彼此相互影响的程度。试验是找到最佳平衡的最好方法。用不同的不平衡值运行几次,例如不平衡值从 20 g·mm 或更低开始,每次运行后,再用更加平衡的刀具重复试验。最佳平衡应该是这样的一个点:超过这个点后,进一步提高刀具平衡不会提高工件的表面质量;在此点上,工艺能易于保证规定的工件公差。

关键是始终将重点放在工艺上,而不是将确定的平衡值作为目标。这牵涉权衡刀具平衡的成本和因此而获得的益处,应在成本与可获得的益处之间合理地选择刀具,平衡越好的刀具越能加工出光滑的表面。

按照 ISO 1940-1 中 G 级要求的平衡刀具,可能要求保持远低于机床所承受的切削力的不平衡力,实际上,以 20 000 r/min 运转的立铣刀需要的动平衡能力是确保偏心力不超过 20 g·mm,然而 5 g·mm 通常适合于更高的速度。如图 6-20 所示为重达 1 kg 的刀具和接柄有关的不平衡力,A 范围指 10 mm 直径的整体立铣刀的近似切削力。

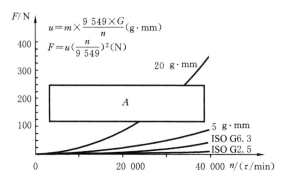

图 6-20　平衡刀具的选择

在图 6-20 给出的平衡方程中:

F 为不平衡力,单位为 N;

G 为 G 级数值,单位为 mm/s;

m 为刀具质量,单位为 kg;

n 为主轴速度,单位为 r/min;

u 为不平衡力矩,单位为 g·mm。

2. 系统精确性对不同刀具接口不平衡的影响

当主轴转速为 20 000 r/min,刀具和接杆质量为 1.2 kg 时,角度误差和同轴度误差对刀柄平衡性的影响如图 6-21 所示。

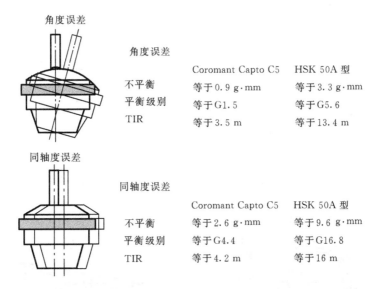

图 6-21 角度误差与同轴度误差对刀柄平衡的影响

高速切削时,离心力非常大,这将导致主轴孔慢慢变大。这对一些 V 形凸缘刀具会产生负面影响,因为 V 形凸缘刀具仅在径向与主轴孔接触。主轴孔变大会使刀具在拉杆恒定的拉力作用下被拉入主轴,这甚至会引起刀具粘住或 Z 轴方向的尺寸精度降低。

与主轴孔和端面同时接触的刀具,即径向和轴向同时配合的刀具更适用于高速下的切削。当主轴孔扩大时,端面接触可避免刀具在主轴孔内向上的移动。使用空心刀柄的刀具也容易受离心力的影响,但它们已设计成在高速下随主轴孔的增大而增大。我们也为在径向和轴向都接触的刀具、主轴提供了刚性刀具夹紧,使刀具可以进行高速切削。当你将采用多角设计的可乐满 Capto 接口应用于高扭矩传输和高生产率切削时,也使刀具具有杰出的性能。

当安排高速切削时,应尽量使用由对称的刀具和刀柄组合而成的刀具系统。有几种不同的刀具系统可供选择。先将刀柄加热使孔扩张,待它们冷却后刀具就被夹紧了,这就是过盈配合系统。对于高速切削来说,这是最好和最可靠的固定刀具方法。这首先是因为它的跳动量非常小;其次,这种连接能传递大扭矩;再次,它很容易构建定制刀具和刀具组件;最后,用这种方法组成的刀具组件有极高的总体刚度。

图 6-22 所示为主轴接口示意图。当主轴速度不同时,各主轴接口形式的表面接触面积也不同。表 6-1 所示的内容就说明了这种情况。

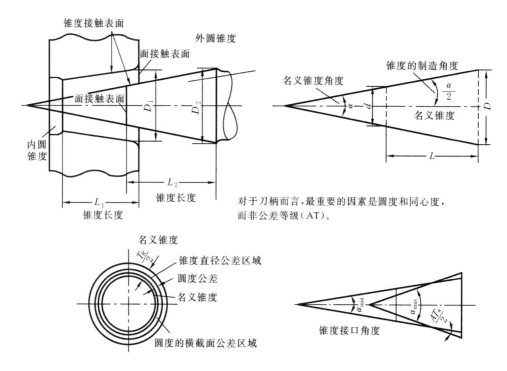

图 6-22　高速切削——主轴接口的表面接触面积

表 6-1　各主轴接口形式在不同转速下的表面接触面积

主轴转速/(r/min)	ISO40	HSK 50A	Coromant Capto C5
0	100%	100%	100%
20 000	100%	95%	100%
25 000	37%	91%	99%
30 000	31%	83%	95%
35 000	26%	72%	91%
40 000	26%	67%	84%

3. 刀具夹持形式的特点

表 6-2 所示为不同刀具夹持形式的比较。

表 6-2 不同刀具夹持形式的比较

	侧压式/侧楔式刀柄	弹性夹头，DIN 6499	强力夹头	HydroGrip 液压夹头	过盈配合刀柄	CoroGrip 液压-机械夹头
工序类型	重型粗加工-半精加工	粗加工-半精加工	重型粗加工-精加工	精加工	重型粗加工-精加工	重型粗加工-精加工
传动转矩	+++	++	++	+	+++	+++
精确度 TIR $4×D$ [mm]	0.01~0.02	0.01~0.03	0.003~0.010	0.003~0.008	0.003~0.006	0.003~0.006
适用于高速度	+	+	++	++	+++	+++
维护	没有要求	清洁并更换夹头	清洁并更换备件	没有要求	没有要求	没有要求
使用夹头的可能性	否	是	是	是	否	是

附录 A 常见工件材料单位切削力 K_c 值表

工件材料	硬度 HB	材质粗略分类	$K_c/(N/mm^2)$
非合金钢类	110	碳含量≤0.25%	2 200
	150	碳含量≤0.85%	2 600
	310	碳含量≤14%	3 000
低合金钢类	125~225	未硬化	2 500
	220~420	硬化	3 300
高合金钢类	150~300	退火态	3 000
	250~350	硬化的工具钢	4 500
可锻铸铁	110~145	短屑	1 200
	200~230	长屑	1 300
灰铸铁	180	低拉伸长度	1 300
	260	高拉伸长度、合金	1 500
球墨铸铁	160	铁素体态	1 200
铸钢类	150	非合金	2 200
	150~250	低合金	2 500
	160~200	高合金	3 000
不锈钢类	150~270	铁素体、马氏体型不锈钢,铬含量 13%~25%	2 800
	150~270	奥氏体型不锈钢,铬含量 18%~25%,镍含量>8%	2 450
	275~425	马氏体型不锈钢,碳含量>0.12%,淬火调质	2 800
	150~450	沉积硬化型不锈钢	3 500
铝合金	30~80	锻造或冷拔态	800
	75~150	锻造和固溶处理	800
	40~100	锻造态	900
	70~125	锻造,固溶处理并时效	400
	80	非合金,含铝量≥99%	900

附录B 山特维克可乐满面铣刀的芯轴接口的产品应用标准

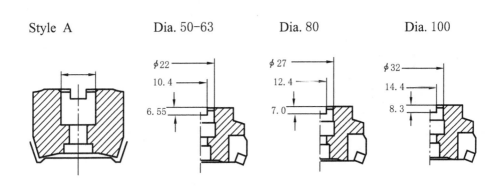

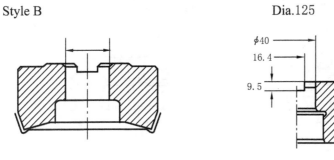

Style C

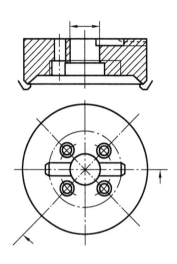

Dia. 160

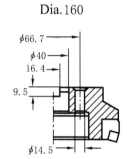

Dia. 200-250

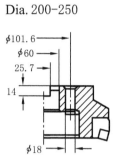

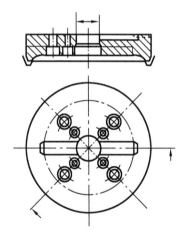

Dia. 315-500

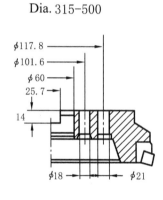

附录 C 切削加工中的毛刺及处理

1. 毛刺的基础知识

毛刺技术（bur technology）主要是寻求如何减少切削中发生的毛刺，如何高效地处理切削中发生的毛刺。

似乎未见在图纸上限制毛刺大小的例子，不过，在产品高精度化的要求下，毛刺的管理（Edge Qualty）[①]渐增重要性。

Schafer 提倡毛刺的定量表现，图 C-1 介绍了其内容，以毛刺的形状、尺寸及刚性表现具体的毛刺。图 C-2 为具体的说明。今后可能如此表现毛刺，并输入电脑，在图纸上指示处理毛刺的方法或加工上的限制条件。毛刺可分类如下。

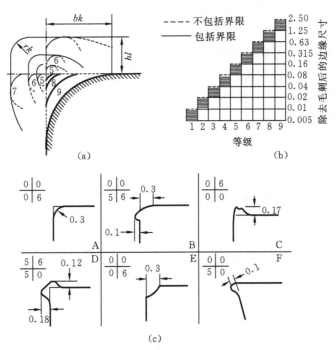

图 C-1 Schafer 提案的边缘品质表现

（1）毛刺的种类

① 拉断毛刺（切层从工件上破断形成的毛刺）。

---

① 毛刺的管理：在图纸上指示切削所发生的毛刺大小或方向等限制条件，管理毛刺，以便维持工件品质。尤其是高精度加工时须抑制毛刺的发生，或在图纸上指示毛刺的除去方法。

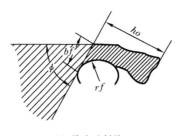 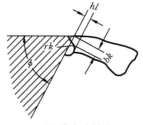

(a) 除去毛刺前　　　　　(b) 除去毛刺后

bf:毛刺根部厚度　rf:毛刺根部半径　ho:毛刺高度　ϕ:工件的边缘角
hl:残留毛刺高度　bk:失去的边缘宽度　rk:边缘的圆角半径

图 C-2　毛刺消除前后的边缘形状、尺寸表现法(Schafer)

② Poisson 毛刺(往工件侧面隆起发生的毛刺)。

③ Roll 毛刺(未成切层就完全除去的毛刺)。

④ 切断毛刺(切断切削或切断时残留的部分)。

(2) 大小的种类(毛刺根部的厚度尺寸)

① 大毛刺:0.5 mm 以上。

② 中等毛刺:0.5~0.1 mm。

③ 小毛刺:0.1 mm 以下。

(3) 依毛刺发生的位置分类

① 外毛刺。

② 内毛刺(发生于工件内部的毛刺)。

(4) 依毛刺发生处的形状分类

① 平面与平面交叉的角落。

② 平面与圆筒交叉的角落(键槽的入口部、轴切断的角落等)。

③ 平面与曲面交叉的角落(齿轮的端面角落等)。

2. 毛刺处理对策

(1) 车削时的毛刺对策

① 车刀刃尖愈锐利,愈少发生毛刺。

具体例:加工铝合金时,刃尖锐利的金刚石车刀很少发生毛刺。

② 进给量(旋转的进给量)愈大时,毛刺愈大。

③ 切断、开沟槽切削时,若增高刃尖的保持刚度,增大切刃的正倾角,则毛刺减少(见图 C-3)。

④ 镗孔时,切刃部的刚度增加(back-up)达最大限度,且使刃尖外伸量为最小,则可减少毛刺的发生(见图 C-4)。

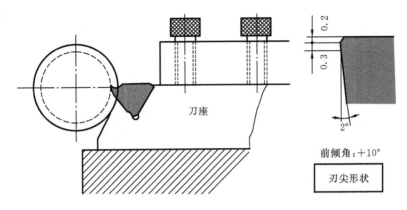

图 C-3　开沟车削时的毛刺对策

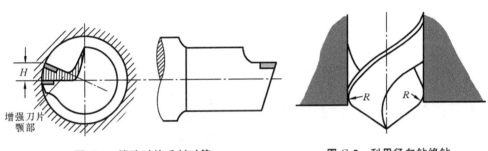

图 C-4　镗孔时的毛刺对策
（改善刀座形状防止振动）

图 C-5　利用径向钻缘钻头防止发生毛刺

(2) 孔加工时的毛刺对策

① 钻孔时的毛刺大小约正比于钻头旋转的进给量，因而钻孔时，在钻头即将贯穿孔时减低进给量，可减少毛刺。

② 如图 C-5 所示，使钻头肩部成 R 形的多面形状，可减少穿孔时发生的毛刺。

③ 如图 C-6 及图 C-7 所示，消除或减小毛刺的发生空间，可抑制毛刺的发生。

④ 也可用组合钻头(combination drill)[①]切削来除去发生的毛刺。

(3) 铣削的毛刺对策

① 在端铣削、正向铣削、精切削时用陶瓷刀具进行切削，使进给量最小。

② 对刃尖供给冷却液，可有效减少毛刺的发生。

③ 正向铣削时，用正倾角大的刀具和低切削力可减少毛刺的发生，此时，角落(corner angle)大较有利。

---

① 组合钻头：钻头的钻孔机能附加——刮孔口(spot racing)、去角刮削的多刃钻头，用于标准化的孔加工时，可实现高效率及高精度加工。

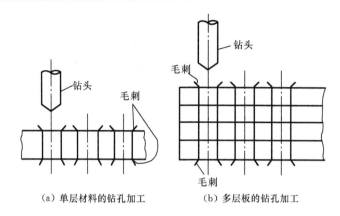

(a) 单层材料的钻孔加工　　(b) 多层板的钻孔加工

图 C-6　钻孔时抑制毛刺之一

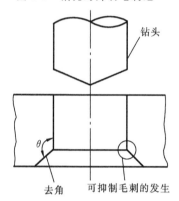

图 C-7　钻孔时抑制毛刺之二

④ 在切削开始处与切削终了处预先进行去角加工。
⑤ 增高铣刀要保持刚度,切削时要尽量减低振动。
(4) 毛刺消除法
① 利用去角工具等切削。
② 用手工具。
③ 用喷粒法。
④ 用滚磨法。
⑤ 用喷水法(水刀法)。
⑥ 用毛刺消除机器人(工具有钢刷、磨石、切削工具等)。
⑦ 用放电、电解加工法。
⑧ 用高能量加工法。

附录D 模具制造领域的25个常见问题及解答

1. 选择工具钢时什么是最重要的和最具有决定性的因素?

根据模具用途,工具钢可从两种基本材料中选择。

(1) 热加工工具钢能承受模铸、锻造和挤压时的相对高的温度。

(2) 冷加工工具钢用于下料和剪切、冷成形、冷挤压、冷锻和粉末加压成形。

一些塑性材料会产生腐蚀性副产品,例如 PVC 塑料。长时间的停工引起的冷凝和产生腐蚀性气体,酸、冷却/加热、水或储存条件等因素也会产生腐蚀。在这些情况下,推荐使用不锈钢材料。

模具尺寸:大尺寸模具常使用预淬硬钢;小尺寸模具常使用穿透淬硬钢。

模具使用次数:长期使用(>1 000 000 次)的模具应使用高硬度钢,其硬度为 48~65HRC;中等长时间使用(100 000 到 1 000 000 次)的模具应使用预淬硬钢,其硬度为 30~45HRC;短时间使用(<100 000 次)的模具应使用软钢,其硬度为 160~250HB。

表面粗糙度:许多塑料零件的模具对表面粗糙度有较高要求。当添加硫改善工具钢可加工性时,其表面质量会因此下降,硫含量高的钢也变得更脆。

2. 影响材料可切削性的首要因素是什么?

钢的成分很重要,钢的合金成分越高,就越难加工;当含碳量增加时,可加工性就下降。

钢的结构对可加工性也非常重要。不同的结构是指锻造、铸造、挤压、轧制和切削等。锻件和铸件有非常难于加工的表面。

硬度是影响可加工性的一个重要因素。一般规律是,钢越硬就越难加工。高速钢(HSS)刀具可用于加工硬度最高为 330~400HB 的材料;高速钢+钛化氮(TiN)刀具可用于加工硬度最高为 45HRC 的材料;对于硬度为 65~70HRC 的材料,则必须使用硬质合金、陶瓷、金属陶瓷和立方氮化硼(CBN)的刀具。

非金属掺杂材料一般对刀具寿命有不良影响。例如 Al_2O_3(氧化铝),它是纯陶瓷,很容易被磨蚀。

残余应力也能引起可加工性问题。常常推荐在粗加工后进行应力释放工序。

3. 模具制造的生产成本由哪些部分组成?

粗略地说,生产成本的分布情况如下:

(1) 切削占 65%;

(2) 工件材料占 20%;

(3) 热处理占 5%；

(4) 装配/调整占 10%。

这也非常清楚地表明:良好的可加工性和优良的总体切削方案对模具的经济生产的重要性。

4. 铸铁的切削特性是什么?

铸铁的硬度和强度越高,可加工性越低,刀片预期的寿命越短。铸铁其大部分类型的可加工性一般都很好。可加工性与材料结构有关,较硬的珠光体铸铁其加工难度也较大,片状石墨铸铁和可锻铸铁有优良的切削属性,而球墨铸铁相当不好。

加工铸铁时遇到的主要磨损类型为磨蚀、粘结和扩散。磨蚀主要由铸铁中的碳化物、沙粒掺杂物和硬的铸造表皮引起。有积屑瘤的粘结磨损在低的切削温度和切削速度条件下发生。铸铁的铁素体部分最容易粘结到刀片上,但这可用提高切削速度来解决。

扩散磨损与温度有关,在高切削速度时产生。特别是使用高强度铸铁牌号时,这些牌号的铸铁具有很高的抗变形能力,切削时导致了高温。这种磨损与铸铁和刀具之间的作用有关,这就使得一些铸铁需用陶瓷或立方氮化硼(CBN)刀具在高速下加工,以获得良好的刀具寿命和表面加工质量。

加工铸铁对刀具的要求为:高热硬度和化学稳定性,但与工序、工件和切削条件有关;要求切削刃有韧性、抗热冲击性和强度。切削铸铁的满意程度取决于切削刃的磨损如何发展;快速变钝意味着产生热裂纹和缺口,使切削刃过早断裂、工件破损、表面质量差、过大的波纹度等;正常的后刀面磨损、保持平衡和锋利的切削刃正是需要努力做到的方面。

5. 什么类型的工序是模具制造中主要、共同的工序?

切削过程至少应分为三个工序类型:粗加工、半精加工和精加工,有时甚至还有超精加工(大部分是高速切削)。间歇铣削是在半精加工工序后为精加工而准备的。在每一个工序中,都应为下一个工序留下均匀分布的余量,这一点非常重要。如果刀具路径的方向和工作负载很少有快速的变化,刀具的寿命就可能延长,并可预测。如果可能,应在专用机床上进行精加工工序,这会在更短的调试和装配时间内提高模具的几何精度和质量。

6. 在这些不同的工序中应主要使用何种刀具?

粗加工工序:圆刀片刀具、球头立铣刀及大刀尖圆角半径的立铣刀。

半精加工工序:圆刀具(直径范围为 10~25 mm 的圆刀片刀具)、球头立铣刀。

精加工工序:圆刀具、球头立铣刀。

间歇铣削工序:圆刀具、球头立铣刀、直立铣刀。

7. 在切削过程中是否有比其他任何标准都重要的标准?

切削过程中一个最重要的要求是在每一道工序中为每一种刀具创建均匀分布的加工余量。这就是说,必须使用不同直径的刀具(从大到小),特别是在粗加工和半精加工工序中。任何时候主要的标准应是在每道工序中加工后的形状与模具的最终形状尽可能地相近。

为每一种刀具创建均匀分布的加工余量,保证了恒定且高的生产率和安全的切削过程。当 a_p/a_e(轴向切削深度/径向切削深度)不变时,切削速度和进给率也可恒定地保持在较高水平上。这样,切削刃上的机械作用和工作负载变化就小,因此产生的热量和应变疲劳也少,从而提高了刀具寿命。

恒定的加工余量的另一个有利的方面是对机床导轨、滚珠丝杠和主轴轴承的不利影响小。

8. 为什么将圆刀片刀具作为模具制造中粗加工刀具的首选?

如果使用方肩铣刀进行型腔的粗铣削,那么在半精加工中就要去除大量的台阶状切削余量,这将使切削力发生变化,使刀具弯曲。其结果是给精加工留下不均匀的加工余量,从而影响模具的几何精度。如果使用的刀片为圆角断面相对弱的方肩铣刀(带三角形刀片),就会产生不可预测的切削效应。三角形或菱形刀片还会产生大的径向切削力。

圆刀片刀具可在材料中的各个方向上进行铣削,如果使用它,在走刀之间可以平滑过渡,也可以为半精加工留下较小的和较均匀的加工余量。圆刀片产生的切屑厚度是可变的,这就可使用比大多数其他刀片高的进给率。圆刀片的进入角从几乎为 0°(非常浅的切削)~90°,切削过程非常平稳。在切削的最大深度处,进入角为 45°,当沿带外圆的仿形切削时,进入角为 90°。这也说明了为什么圆刀片刀具的强度大——切削负载是逐渐增大的。粗加工和半粗加工应该将圆刀片刀具作为首选。在 5 轴切削中,圆刀片非常适合,特别是它没有任何限制。

通过良好的编程,圆刀片在很大程度上可代替球头立铣刀。跳动量小的圆刀片与磨削的正前角和轻切削槽形结合,也可以用于半精加工和一些精加工工序。

9. 什么是有效切削速度(v_e),为什么它对最大生产率非常重要?

实际或有效直径上的有效切削速度的计算是非常重要的。由于进给率取决于一定切削速度下的转速,如果未计算有效速度,则进给率就会出现计算错误。

如果在计算切削速度时使用刀具的名义直径(D_c)值,当切削深度浅时,则有效或实际切削速度要比计算速度低得多。这对圆刀片(特别是在小直径范围)、球头立铣刀、大刀尖圆角半径立铣刀和 CoroMill 390 立铣刀之类的刀具有效。当然,计算得到的进给率也低得多,这严重降低了生产率。更重要的是,刀具的切削条件低于它的能力和推荐的应用范围。

当进行 3D 切削时,切削过程中的直径在变化,它与模具的几何形状有关。此问题的一个解决方案是定义带陡壁的模具和几何形状浅的零件断面。如果对每个断面编制专门的 CAM 程序和确定切削参数,就可以达到良好的折中结果。

10. 对淬硬工具钢的铣削来说,重要的应用参数有哪些?

使用高速钢刀具对淬硬工具钢进行精加工时,一个需遵守的主要原则是采用浅切削。切削深度应不超过 $a_p=0.2$ mm。这是为了避免刀柄/切削刀具的过大弯曲和保持所加工模具拥有小的公差和高精度。

选择刚性夹紧和切削刀具也非常重要。当使用整体硬质合金刀具时,采用有最大核心直径(最大弯曲刚度)的刀具非常重要。一条经验法则是,如果将刀具的直径提高 20%,例如从 10 mm 提高到 12 mm,刀具的弯曲将减小 50%。也可以说,如果将刀具悬伸缩短 20%,刀具的弯曲将减小 50%。当使用可转位刀片的球头立铣刀时,如果刀柄用重金属制造,弯曲刚度可以提高 3~4 倍。

当用高速钢刀具对淬硬工具钢进行精加工时,选择专用槽形和牌号也非常重要。选择像 TiAlN 这样有高热硬度的涂层也非常重要。

11. 什么时候应采用顺铣,什么时候应采用逆铣?

主要建议是尽可能多地使用顺铣。

在顺铣中,当切削刃进行切削时,切屑厚度可达到其最大值,而在逆铣中,其为最小值。一般来说,在逆铣中刀具寿命比在顺铣中短,这是因为在逆铣中产生的热量比在顺铣中明显地高。在逆铣中,当切屑厚度从零增加到最大时,由于切削刃受到的摩擦比在顺铣中大,因此会产生更多热量。逆铣中径向力也明显提高,这对主轴轴承有不利影响。

在顺铣中,切削刃主要受到的是压缩应力,这与逆铣中产生的拉伸应力相比,对硬质合金刀具或整体硬质合金刀具的影响有利得多。

当然也有例外,当使用整体硬质合金立铣刀进行侧铣(精加工)时,特别是在淬硬材料中,逆铣是首选。这更容易获得更小公差的壁直线度和更好的 90°角。可以使用逆铣的另一个例子是,使用老式手动铣床进行铣削,老式铣床的丝杠有较大的间隙。逆铣能产生消除间隙的切削力,使铣削更平稳。

12. 型腔加工是采用仿形铣削还是采用等高线铣削?

在型腔铣削中,最好的方法是采用等高线型刀具路径。铣刀(例如球头立铣刀)外圆沿等高线铣削常常得到高生产率,这是因为在较大的刀具直径上,有更多的齿在切削。如果机床主轴的转速受到限制,采用这种刀具路径,工作负载和方向的变化也小,等高线铣削将有利于保持切削速度和进给率。在用高速钢刀具加工淬硬材料中,这一点特别重要。这是因为如果切削速度和进给量高的话,切削刃和切削过程便更容易受到工作负载和方向改变的不利影响,工作负载和方向的变化会引起切削力的变化和刀具弯曲。应尽可能避免沿陡壁的仿形铣削。仿形铣削下行时,低切削速度下的切屑厚度大,如果控制差,或数控系统无向前看的功能,就不能足够快地减速,最容易出现在中央发生碎片的危险。而沿陡壁向上仿形铣削对切削过程较好一些,这是因为在有利的切削速度下,切屑厚度为其最大值。

为了得到最长的刀具寿命,在铣削过程中应使切削刃尽可能长时间地保持连续切削。如果刀具进入和退出太频繁,会使切削刃上的热应力和热疲劳加剧,刀具寿命会明显缩短。仿形铣削路径常常是逆铣和顺铣的混合(之字形),这意味着切削中会频繁地吃刀和退刀。这种刀具路径对模具质量也有不好的影响,每次吃刀意味着刀具弯曲,在工件表面上便有抬起的标记。当刀具退出时,切削力和刀具的弯曲减小,在退出部分会有轻微的材料"欠切削"。

13. 为什么有的铣刀上有不同的齿距?

铣刀是多切削刃刀具,齿数(z)是可改变的。有一些因素可以帮助确定用于不同类型工序的齿距或齿数。工件材料、工件尺寸、总体稳定性、刀具悬伸尺寸、工件表面质量要求和可用功率是一些面向机床的因素,与刀具有关的因素包括足够的每齿进给量和至少同时有两个齿在切削,以及刀具的切屑容量,这些仅是其中的一小部分。

铣刀的齿距是刀片切削刃上的点到下一个切削刃上同一个点的距离。铣刀分为疏、密和超密齿距铣刀,大部分铣刀都有这三个选项。密齿距是指较多的齿和适当的容屑空间,可以高速率去除切屑,一般用于铸铁和钢的中等负载的切削。密齿距铣刀是通用铣刀的首选,推荐用于混合生产。疏齿距是指在铣刀圆周上有较少的齿和大的容屑空间。

疏齿距铣刀常常用于钢的粗加工到精加工,在钢加工中,振动对切削的影响很大。采用疏齿距铣刀是真正的问题解决方案,它是长悬伸铣削、低功率机床或其他必须减小切削力应用的首选。

超密齿距刀具的容屑空间非常小,可以使用高速进给。这种刀具适合于间歇断开的铸铁表面的切削、铸铁粗加工和钢的小深度切削,它们也适合于必须保持低切削速度的应用。

铣刀还可以有均匀的或不等的齿距。后者是指刀具上齿的间隔不相等,这也是解决振动问题的有效方法。当存在振动问题时,推荐尽可能采用疏齿距或不等齿距铣刀。由于刀片少,振动加剧的可能性就小。小直径的刀具也可改善这种情况。

14. 为了获得最佳性能,铣刀应怎样定位?

切削长度会受到铣刀位置的影响,而刀具寿命常常与切削刃必须承担的切削长度有关。定位于工件中央的铣刀的切削长度短,如果使铣刀在任一方向偏离中心线,切削的弧就长。要记住,切削力必须达到一个折中。在刀具定位于工件中央的情况下,当刀片切削刃进入或退出切削时,径向切削力的方向会改变,机床主轴的间隙也使振动加剧,导致刀片振动。

通过使刀具偏离中央,就会得到恒定的和有利的切削力方向。刀具悬伸越长,克服可能产生的振动也就越重要。

15. 为了消除切削过程中的振动,应采取什么措施?

当存在振动问题时,基本措施是减小切削力。这可通过选择正确的刀具、方法和切削参数达到。

遵守下面的已证明有效的建议。

- 选择疏齿距或不等齿距铣刀。
- 使用正前角、小切削力的刀片槽形。
- 尽可能使用小铣刀。当用回转接杆进行铣削时,这一点特别重要。
- 使用有小切削刃倒圆的刀片。从厚涂层到薄涂层,如需要可使用非涂层刀片。应使用有细颗粒母材的韧性牌号。
- 使用大的每齿进给量。降低转速,保持工作台进给量(等于较大的每齿进给量);或保持转速,并提高工作台进给量(较大的每齿进给量)。切勿减小每齿进给量!
- 减小径向和轴向切削深度。
- 选择稳定的刀柄。使用尽可能大的接柄尺寸,以获得最佳稳定性。使用锥度加长杆,以获得最大刚度。
- 对于大悬伸,使用与疏齿距和不等齿距铣刀结合的回转接杆。安装铣刀时,使铣刀与回转接柄直接接触。
- 使铣刀偏离工件中心。
- 如果使用等齿距的刀具——应拆下一些刀片,变为不同齿距的刀具。

16. 为了使刀具平衡,应采取的重要措施有哪些?

在整个切削过程中,为达到刀具平衡,典型步骤如下。

- 测量刀具/刀柄组件的不平衡。
- 通过变更刀具、切削它以去除一些质量,或移动刀柄上的配重来降低不平衡。
- 重复这些步骤,包括再次检查刀具,再次精确调整,直到达到平衡。

刀具平衡还牵涉几个未讨论过的工艺中的不稳定性。其中之一是刀柄与主轴之间的配合问题。刀柄与主轴之间夹紧时常常有可测量的间隙,也可能是锥柄上有切屑或脏污,这会造成锥柄每次定位都不相同。即使刀具、刀柄和主轴在各个方面的状态都很好,但如果存在脏污也会造成不平衡。为了平衡刀具,会增加切削过程中的成本。如果刀具平衡对降低成本非常重要,就应对具体情况进行分析。

但是,为了很好地平衡刀具,除在正确选择刀具外还有许多工作要做。以下是选择刀具时应给予考虑的。

- 购买高质量的刀具与刀柄,应选择预先已消除不平衡的刀柄。

○ 最好使用短的和尽可能轻的刀具。

○ 定期检查刀具和刀柄,检查是否有疲劳和变形的征兆。

切削中能接受的刀具不平衡由加工工艺自身的情况来确定。这些情况包括切削过程的切削力、机床的平衡状况及这两个因素彼此相互影响的程度。试验是找到最佳平衡的最好方法。用不同的不平衡值运行几次,例如不平衡值从 20 g·mm 或更低开始,每次运行后,再用更加平衡的刀具重复试验。最佳平衡应该是这样的一个点:超过这个点后,进一步提高刀具平衡不会提高工件的表面质量;或在此点上,工艺能易于保证规定的工件公差。

关键是始终将重点放在工艺上,而不是将确定的平衡值作为目标。这牵涉权衡刀具平衡的成本和因此而获得的好处,应在成本与好处之间合理地选择。

17. 在常规和高速切削应用中,为了得到尽可能好的效果,应使用何种刀柄?

在高速切削时,离心力非常大,会导致主轴孔慢慢变大,这对一些 V 形凸缘刀具会产生负面影响。因为 V 形凸缘刀具仅在径向上与主轴孔接触,主轴孔变大会使刀具在拉杆恒定的拉力作用下被拉入主轴,这甚至会引起刀具粘住或在 Z 轴方向的尺寸精度降低。

与主轴孔和端面同时接触的刀具,即径向和轴向同时配合的刀具更适合在高速下的切削。当主轴孔扩大时,端面接触可避免刀具在主轴孔内向上的移动。使用空心刀柄的刀具也容易受离心力的影响,但它们已设计成在高速下随主轴孔的增大而增大。当采用多角设计的可乐满 Capto 接口应用于高扭矩传输和高生产率切削时,使刀具具有杰出的性能。我们也为在径向和轴向都接触的刀具、主轴提供了刚性刀具夹紧,使刀具可以进行高速切削。

当进行高速切削时,应尽量使用由对称的刀具和刀柄组合而成的刀具系统。先将刀柄加热,使孔扩张后接入刀具,待冷却后刀具就被夹紧了,这就是过盈配合系统。对于高速切削来说,这是最好和最可靠的固定刀具方法。首先是因为它的跳动量非常小。其次,这种连接能传递大扭矩。再次,它很容易构建定制刀具和刀具组件。最后,用这种方法组成的刀具组件有极高的总体刚度。

另一种超级的和非常通用的刀具夹紧装置是可乐满高精度强力夹头。这种刀柄系统覆盖了从粗加工到超精加工的所有应用。这种夹头可夹紧使用直柄、惠氏刻槽或侧压式刀柄的面铣刀及钻头的所有类型的刀具,在 $4 \times D$ 处的跳动量仅为 0.002~0.006 mm,夹紧力和扭矩传递值特别高。平衡设计使它用于高速切削(小于 40 000 r/min)时有非常优越的性能。

18. 怎样切削圆角才能没有振动的危险?

传统切削圆角的方法是使用线性运动(G01),且在圆角的过渡不连续。这就是说,当刀具到达角落时,由于线性轴的动力特性限制,刀具必须减速。在电动机改变进给方向前,有一短暂的停顿,会因摩擦产生大量的热量。很长的接触长度会导致切削力不稳定,并常常使角落切削不足,典型的结果是振动。刀具越长,或刀具总悬伸越长,振动越强。

对此问题的最佳解决方案如下。

使用刀具半径比圆角半径小的刀具。使用圆弧插补生成加工路径。这种运动的轨迹在圆角处不会产生停顿,这就是说,刀具的运动提供了光滑和连续的过渡,产生振动的可能性大大地降低。

另一种解决方案是通过圆弧插补产生比图样上的规定稍大些的圆角半径。这是很有利的,这样就可在粗加工中使用半径较大的刀具,以保持高生产率,而在角落处余下的加工余量可以采用半径较小的刀具进行固定铣削或圆弧插补切削。

19. 什么是开始切削型腔的最佳方法?

共有以下四种主要方法。

(1) 起始孔的预钻削,角落也可预钻削。但不推荐这种方法:这需要增加一种刀具,同时刀具也要占据刀具室空间。单从切削的观点看,刀具在预钻削孔时,因切削力而产生不利的振动,常常会导致刀具损坏。在预钻削孔时,也会增加切屑的再切削。

(2) 如果使用球头立铣刀或圆刀片刀具,通常采用啄铣,以保证全部轴向深度都能得到切削。使用这种方法的缺点是,排屑问题和使用圆刀片刀具会产生非常长的切屑。

(3) 使用 X、Y 和 Z 方向的线性坡走切削,以达到全部轴向深度的切削。

(4) 以螺旋形式进行圆弧插补铣削。这是一种非常好的方法,因为它可产生光滑的切削表面,而只要求很小的开始空间。

20. 高速切削的定义是什么?

目前对高速切削的讨论在一定程度上仍是混乱的。目前定义高速切削(HSM)有许多定义,让我们看一下这些定义中的几个:

- 高切削速度切削;
- 高主轴速度切削;
- 高(大)进给量切削;
- 高主轴速度和大进给量切削;
- 高生产率切削。

一般的,对高速切削的描述如下。

- HSM 不是指简单意义上的高切削速度,它应当被认为是用特定方法和生产设备进行加工的工艺。
- 高速切削无需高的主轴转速。许多高速切削使用的是以主轴中等转速,并采用大尺寸刀具进行加工。
- 如果在高切削速度和高进给条件下对淬硬钢进行精加工,切削参数可为常规值的 4～6 倍。
- 在小尺寸零件的粗加工到精加工,以及任何尺寸零件的超精加工中,HSM 意味着高生产率切削。
- 目前,高速切削主要应用于主轴锥度为 40 的机床上。

21. 高速切削的目标是什么?

高速切削的主要目标之一是通过提高生产率来降低生产成本。它主要应用于精加工工序,常常是用于加工淬硬工具钢。另一个目标是通过缩短生产时间和交货时间,提高企业的整体竞争力。

为达到上述这些目标,高速切削的主要作用如下。
- 少量或单次调试模具的生产。
- 改善模具的几何精度,同时可减少手工劳动和缩短试验时间。
- 使用 CAM 系统和面向车间的编程来帮助制订工艺计划,通过工艺计划提高机床的利用率。

22. 高速切削的优点是什么?

一方面,高速切削时,刀具和工件可保持低的温度,这在许多情况下延长了刀具的寿命。另一方面,在高速切削中,吃刀量小,切削刃的吃刀时间特别短,这就是说,进给时间比热传播的短。

低切削力使得刀具弯曲小而一致。这与恒定的每种刀具和工序所需的库存结合,是高效和安全加工的先决条件之一。

由于高速切削中的切削深度小,刀具和主轴上的径向力小,减少了主轴轴承、导轨和滚珠丝杠的磨损。高速切削和轴向铣削也是良好的组合,它对主轴轴承的冲击力小。使用这种方式时,可以使用较长的刀具而振动的风险不大。

小尺寸零件的高生产率切削。如在粗加工、半精加工和精加工工序中,在总的材料去除率相对低时有很好的经济性。

高速切削可在精加工中获得高生产率,可获得很好的表面质量。表面粗糙度值常低于 $R_a 0.2$。

采用高速切削,使对薄壁零件的切削成为可能。使用高速切削对薄壁进行加工,因吃刀时间短,对薄壁的冲击和变形减小。

提高模具的几何精度,组装就容易和更快了。高速切削能获得很好的表面纹理和几何精度。如果花在切削上的时间多一些,则人工抛光时间可显著减少,常常可减少 60%～100%。

采用高速切削,一些加工工序,如淬火、电解加工和电火花加工(EDM)可以大大减少。这就可降低投资成本和简化后勤供应。用切削代替电火花加工(EDM),其耐用性、刀具寿命和模具的质量也得到提高。

23. 高速切削有风险或缺点吗?

- 由于起始过程有高的加速度和减速度,对导轨、滚珠丝杠和主轴轴承产生相对较快的磨损,这常常导致较高的维护成本。
- 需要专门的工艺知识、编程设备和快速传送数据的接口。
- 可能很难找到和挑选出高级操作人员。
- 常有相当长的调试和出故障时间。
- 实际上不需要紧急停车。人为错误和软件或硬件故障会很快地出现问题,以至无法使用紧急停车。
- 必须有大量的加工零件和加工计划——"向饥饿的机床提供食物"。
- 必须有完善的安全保护措施,使用带安全外罩及防碎片盖的机床,避免刀具的大悬伸。
- 不能使用"重"刀具和接杆;定期检查刀具、接杆和螺栓是否有疲劳裂纹;仅使用注明最高主轴速度的刀具;不能使用整体高速钢(HSS)刀具。

24. 高速切削对机床有哪些要求?

高速切削对机床的典型要求如下。

- 主轴转速<40 000 r/min。
- 主轴功率>22 kW。
- 可编程进给率 40~60 m/min。
- 快速横向进给<90 m/min。
- 轴向减速度/加速度>1g($g=9.8$ m/s^2)。
- 数控系统的块处理速度 1~20 ms。
- 数据传递速度 250 kb/s。
- 增量(线性)5~20 μm。
- 或具有 NURBS 插补功能。
- 主轴具有高的热稳定性和刚度,主轴轴承具有高的预张力和冷却能力。
- 冷却通过主轴送风或冷却液。
- 具有高的吸振能力的刚性机床框架。
- 具有各种误差补偿,而温度、象限、滚珠丝杠间隙是最重要的。
- 数控系统具有高级预见功能。

25. 高速切削对切削刀具的要求有哪些?

- 对整体硬质合金刀具的要求如下。
- 高精度磨削,跳动量小于 3 μm。

- 尽可能小的凸出和悬伸,很大的刚度,以及尽可能低的弯曲所需的粗芯体。
- 为了使振动的风险、切削力和弯曲尽可能小,切削刃和接触长度应尽可能短。
- 超尺寸和锥度刀柄,这在小直径加工时特别重要。
- 宏晶粒基底和高耐磨性的 TiAlN 涂层。
- 具有送风或冷却液的孔。
- 适合淬硬钢的高速切削要求的坚固微槽形。
- 对称刀具,最好是设计保证平衡。

对使用可转位刀片刀具的要求如下。
- 设计保证平衡。
- 主刀片的最大跳动量小于 10 μm。
- 适合淬硬钢高速切削要求的牌号和槽形。
- 刀具体上有适当的间隙,以避免刀具弯曲(切削力)消失时产生摩擦。
- 具有送风或冷却液的孔(立铣刀)。
- 刀具体上要标明允许的最大转速。

参 考 文 献

[1] 现代机夹可转位刀具实用手册编委会. 现代机夹可转位刀具实用手册[M]. 北京:机械工业出版社,1994.
[2] 郑修本. 机械制造工艺学[M]. 第2版. 北京:机械工业出版社,1998.
[3] 徐嘉元,曾家驹. 机械制造工艺学[M]. 北京:机械工业出版社,1999.
[4] 华茂发. 数控机床加工工艺[M]. 北京:机械工业出版社,2004.
[5] 赵长明,等. 数控加工工艺及设备[M]. 北京:高等教育出版社,2003.
[6] 赵长旭. 数控加工工艺[M]. 西安:西安电子科技大学出版社,2006.
[7] 田萍. 数控机床加工工艺及设备[M]. 北京:电子工业出版社,2005.
[8] 袁哲俊,刘华明. 金属切削刀具设计手册[M]. 北京:机械工业出版社,2008.
[9] 周泽华. 金属切削原理[M]. 第2版. 上海:上海科学技术出版社,1993.
[10] 赖耿阳. CNC切削加工技术[M]. 台南:复文书局,2003.